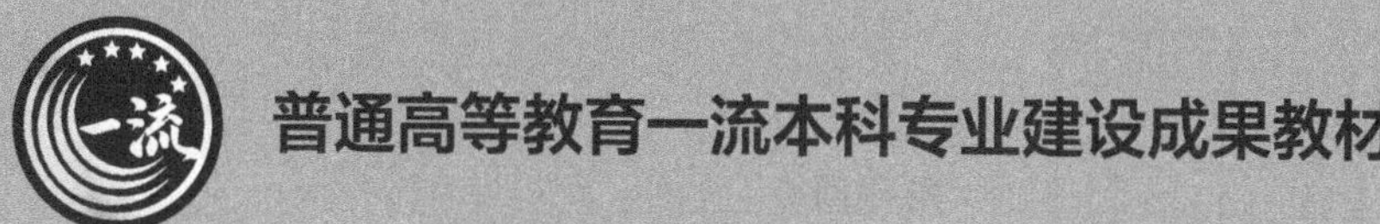

河南省“十四五”普通高等教育规划教材

高分子材料与工程系列
Polymer materials and Engineering

尼龙化工工艺

Nylon Chemical Technology

罗晓强　李青彬　主编

化学工业出版社
·北京·

内容简介

《尼龙化工工艺》以尼龙66、尼龙6及中间产品生产工艺和过程为主线，着重讲述了尼龙化工工艺基本原理，在较少课时条件下，紧贴生产实际，使教材在内容和形式上有较大的创新。全书共10章，内容主要包括尼龙化工生产原理、工艺流程、设备、安全生产等，基本涵盖了尼龙化工主要产品的生产技术。本书强化应用性化工教育思想，注重生产实践同理论结合，通过生产实际案例展开化工生产工艺流程和设计的教学，并提供丰富的资料。同时，适当引入尼龙化工生产过程中的异常处理案例，以增强学生对尼龙生产的化工基本技能和化工行业发展趋势的认识。

本书是高等院校化工专业、高分子材料专业尼龙方向的本科生教材，亦可作为尼龙行业的培训用书及参考手册。

图书在版编目（CIP）数据

尼龙化工工艺/罗晓强，李青彬主编．—北京：化学工业出版社，2024.2（2025.2重印）

ISBN 978-7-122-44448-6

Ⅰ.①尼…　Ⅱ.①罗…②李…　Ⅲ.①合成纤维-工艺学　Ⅳ.①TQ342

中国国家版本馆CIP数据核字（2023）第217118号

责任编辑：王　婧　杨　菁　李翠翠　　文字编辑：胡艺艺
责任校对：杜杏然　　装帧设计：张　辉

出版发行：化学工业出版社（北京市东城区青年湖南街13号　邮政编码100011）
印　　装：北京科印技术咨询服务有限公司数码印刷分部
787mm×1092mm　1/16　印张11¼　字数281千字　2025年2月北京第1版第3次印刷

购书咨询：010-64518888　　售后服务：010-64518899
网　　址：http://www.cip.com.cn
凡购买本书，如有缺损质量问题，本社销售中心负责调换。

定　　价：39.00元

前言

《尼龙化工工艺》是介绍以煤炭、石油制备的苯、氢气等产品为原料，经过加工制取尼龙化工系列产品的一门特色应用型教材。《尼龙化工工艺》介绍的内容包括化工生产反应原理、工艺流程、设备和安全生产管理等。为了适应应用型本科教学改革和发展，编写本书旨在适应课程的深化改革和满足应用型本科对尼龙化工专业课的教学需要。本教材以尼龙化工系列产品生产工艺和过程为主导，着重讲述尼龙化工工艺的一些最基本的理论和知识，以紧密结合产业实际、重点突出为特色，并顺应当前工科类专业课学时数减少的改革趋势，力求使教材在内容和形式上均有较大突破和创新。

本书主要特点是：在精选内容的基础上仍保持了一定的深度，全书共分 10 章，基本涵盖了尼龙化工主要产品的工艺技术，适用于少学时特色教学；强化应用型本科教育思想，结合生产实际案例，展开化工产品生产和工艺流程的教学，并提供丰富的资料；适当引入化工设计，适应学生基本技能培育和职业发展趋势。本书内容精练，可满足高等院校化工、材料等专业教学的要求。

全书由平顶山学院化学与环境工程学院的教师和中国平煤神马集团尼龙企业技术人员结合多年教学和生产实践而编写。本书由罗晓强、李青彬主编，并由罗晓强统稿。第 1～3 章和第 8 章由罗晓强编写；第 4 章、第 6 章由平煤神马集团高级工程师于新功编写；第 5 章由平煤神马集团吴化林编写；第 7 章由胡小明编写；第 9 章、第 10 章由冯云晓、王莉编写。在编写过程中，承蒙平顶山学院王莉老师、中国平煤神马集团许永锋、吴化林等提出了许多宝贵的意见，在此致以衷心的谢意。编写本书时参考了国内外相关专著、期刊等文献，统列在书后参考文献部分，并致以谢意。

由于编者水平有限，不妥之处恳请读者批评指正。

编者

2023 年于平顶山新城区

目录

1 绪论

学习目的及要求

1. 了解尼龙化工的发展概况；
2. 了解尼龙产品的分类、尼龙化工工艺的研究对象与内容；
3. 掌握煤的干馏及结焦原理、石油的简单加工过程；
4. 了解化工异常处理的基本概念和处理方法；
5. 了解本课程的性质和主要学习内容，为本课程的学习做好准备。

1.1 尼龙的概况

尼龙（nylon）学名聚酰胺（polyamide），简称PA，是分子链重复结构单元中含有酰胺基团—[NHCO]—高聚物的总称，是一种热塑性树脂。尼龙材料具有高强度、高韧性、耐磨耐冲击性以及耐化学试剂等优异性能，在合成纤维、工程塑料、薄膜、涂料和黏合剂等领域具有广泛的应用，并且在五大工程塑料尼龙（PA）、聚碳酸酯（PC）、聚甲醛（POM）、聚苯醚（PPO）、热塑性聚酯（PBT）中的用量排名第一。

1.1.1 尼龙发展简史

尼龙是美国科学家卡罗瑟斯（Carothers）及其科研团队研制出来的，是世界上出现的第一种合成纤维。1928年，美国杜邦公司卡罗瑟斯博士等人从事聚合反应方面的工业应用研究。1930年，卡罗瑟斯研究团队发现，二元醇和二元羧酸通过缩聚反应制取的高聚酯，其熔融物能像制棉花糖那样抽出丝来，而且这种纤维状的细丝即使冷却后还能继续拉伸，拉伸长度可达到原来的几倍，经过冷却拉伸后纤维的强度、弹性、透明度和光泽度都大幅度增加。1937年杜邦公司首次由己二胺和己二酸（ADA）合成出了聚酰胺66，并开发出了熔体纺丝技术，得到了聚酰胺66纤维。该物质不溶于普通溶剂，熔点为263℃，高于通常使用纤维的熨烫温度，拉制的纤维具有丝的光泽和外观，在性质和结构上同天然丝相似，耐磨性和强度超过当时任何一种纤维。1938年美国杜邦公司将这种合成聚酰胺66纤维命名为尼龙，并于1939年实现了工业化，然后命名为耐纶。尼龙66（PA66）是最早工业化的合成纤维。

第二次世界大战开始到1945年，尼龙产品工业上主要用于飞机轮胎、帘子布、军服、降落伞等产品。基于尼龙产品的优异性能，二战结束后尼龙产品推广到了丝袜、衣服、地毯、绳索、渔网等领域，得到了快速的发展。

中国第一批国产已内酰胺产品于1958年在辽宁省锦西化工厂试制成功，从此拉开了中国合成纤维工业的序幕。基于该产品诞生在锦西化工厂，这种合成纤维在中国后来被命名为"锦纶"，也就是尼龙。1974年，辽阳化工公司从法国罗地亚公司引进了年产4.5万吨的尼龙66盐生产线和年产1.2万吨的尼龙66民用丝生产线，同时具备了年产8000吨尼龙66树脂的生产能力。1988年，纺织工业部组织引进日本成套设备与技术建成投产了平顶山锦纶帘子布厂，不仅解决了中国尼龙66盐长期依赖进口的问题，更为发展中国尼龙66产业打下坚实基础。

1997年河南神马尼龙化工公司从日本旭化成公司引进的年产6.5万吨尼龙66盐生产线投产，该生产线经过引进、消化、创新、扩大生产规模，推动并引领了中国尼龙产业的快速发展。目前，中国平煤神马集团尼龙66盐的生产规模由引进之初的年产6.5万吨产能扩大到年产30万吨，形成集尼龙66盐、尼龙66中间产品、帘子布、工程塑料和特种工业丝研发生产为一体，上下游产品配套生产的尼龙化工产业链，中国平煤神马集团公司是目前亚洲最大的尼龙化工产业基地。图1-1为中国平煤神马集团尼龙化工公司厂区一览图。

图1-1 中国平煤神马集团尼龙化工公司厂区

1.1.2 尼龙产品分类

尼龙产品中的主要品种是尼龙6和尼龙66，其次是尼龙11、尼龙12、尼龙610（聚癸二酰己二胺，PA610）、尼龙612等，尼龙后面的数字有特定的含义，第一个数字代表二元胺分子中的碳原子数，第二个数字表示二元酸分子中的碳原子数，例如尼龙610是已二胺和癸二酸（癸是十的意思）缩聚而成。尼龙的改性品种数量繁多，如增强尼龙、高抗冲（超韧）尼龙、阻燃尼龙、单体浇铸尼龙（MC尼龙）、透明尼龙、导电尼龙、尼龙与其他聚合物的共混物和合金等。尼龙以其优异的机械强度、刚度、硬度、韧性、耐老化性能、机械减振能力以及良好的滑动性等广泛用作金属、木材等传统材料代用品，也可以作为结构材料使用。

1.1.3 尼龙的性能及用途

尼龙具有优良的综合性能，主要包括力学性能、耐热性、耐磨损性、阻燃性、耐化学药品性和自润滑性，而且摩擦系数低，易于加工，适用于同玻璃纤维（玻纤）和其他填料填充增强改性，通过提高性能可以扩大应用范围。

聚酰胺主要用于合成纤维，其最突出的优点是耐磨性高，比棉花耐磨性高 10 倍，比羊毛高 20 倍，在混纺织物中加入部分聚酰胺纤维，可大幅度提高其耐磨性；当聚酰胺纤维拉伸至3% ～ 6%时，弹性回复率可达 100%；聚酰胺纤维的强度比棉花高 1～2 倍，比羊毛高 4～5 倍，是黏胶纤维的 3 倍。聚酰胺材料广泛应用于代替金属铜等金属材料在机械、化工、仪表、汽车等工业中制造轴承、齿轮、泵叶及其他零件；聚酰胺熔融纺成丝后有很高的强度，主要作合成纤维，也可作为医用缝线。

聚酰胺工业上大量用来制造帘子线、工业用布、缆绳、传送带、帐篷、渔网等；在国防上主要用作降落伞及其他军用织物；在民用上可以混纺或纯纺成各种医疗及针织品。聚酰胺长丝多用于针织及丝绸工业，如单丝袜、弹力丝袜等各种耐磨锦纶袜，锦纶纱巾、蚊帐、锦纶花边、弹力锦纶外衣、各种锦纶绸或交织的丝绸品。锦纶短纤维主要用来与羊毛或其他化学纤维的毛型产品混纺，制成各种耐磨经穿的衣料，图 1-2 为尼龙 66 纺丝厂区。

图 1-2 尼龙 66 纺丝厂区

尼龙为韧性角状半透明或乳白色结晶性树脂，基于尼龙材料优异的性能，广泛应用于工程塑料领域。尼龙工程塑料的分子量一般为 15000～30000，具有很高的机械强度。尼龙工程塑料具有软化点高、耐热、摩擦系数低、耐磨损、自润滑性、吸震性和消音性、耐油、耐弱酸、耐碱和一般溶剂、电绝缘性好、有自熄性、无毒、无臭、耐候性好等优点。尼龙工程塑料缺点是染色性差、吸水性大，使用中会影响尺寸稳定性和电性能，但通过改性后可降低尼龙树脂的吸水率，改性后的尼龙工程塑料能够在高湿和较高温度下工作。尼龙与玻璃纤维有良好亲合性，聚酰胺材料改性后能广泛应用于汽车、机械、高铁和航空等领域。图 1-3 为部分尼龙 66 工程塑料制品。

(a) 拖链　　(b) 齿轮

图 1-3 尼龙 66 工程塑料制品

1.2 尼龙化工工艺的研究对象

尼龙化工产业是技术、人才、资本密集型的行业。尼龙化工系列产品从原料投料到生产出产品，都有其特定要求的工艺流程、控制条件、检测方法和贮存条件。尼龙化工工业发展迅速，新工艺层出不穷，产品质量不断提升，每种新产品的推出都要经过严格的设计、生产准备、试生产及正式生产。尼龙化工生产过程多数在高温、高压、密闭等特定条件下进行，尼龙化工产品生产要求有严格的安全生产管理标准和相应的技术保障措施。

1.2.1 尼龙化工产业链

尼龙化工工艺研究的是生产尼龙 66、尼龙 6 及其中间产品的加工过程，是从尼龙化工系列产品的生产实践中提炼出共性问题，分析指导新产品新工艺的生产开发设计过程。尼龙化工工艺本质上是研究产品生产的“技术”“过程”和“方法”，主要研究内容包括三个方面，即尼龙化工生产的工艺流程，生产的工艺操作控制条件和工艺技术原理，以及安全和环境保护措施。

尼龙化工工艺主要介绍尼龙 66、尼龙 6 及其中间产品成套装置合理、先进、经济的“工艺操作控制条件”和“生产工艺原理”，包括反应的温度、压力、催化剂、原料和原料准备、投料配比、反应时间、生产周期、分离水平和条件、后处理加工包装等，以及对这些操作参数监控、调节的手段。

尼龙化工生产是规范化的生产流程工艺，通过稳定、长周期、满负荷、安全生产给社会、企业及员工带来收益。尼龙化工工艺是研究从原料苯经过化学和物理处理，制成工业上用途广泛的己二酸、环己醇、环己酮、己二胺等中间产品及最终产品尼龙 6、尼龙 66 树脂的过程。图 1-4 为尼龙 66、尼龙 6 及中间产品加工框图。

尼龙 6、尼龙 66 是由粗苯、氢气等煤炭、石油加工的后续产品为原料加工制备而成，尼龙系列产品的加工有其独有的特征。尼龙化工研究的主要产品有尼龙 6、尼龙 66 树脂及深加工苯类系列产品，如己二酸、己二胺、环己酮、环己醇、环己烯和环己烷等。尼龙 6、尼龙 66 树脂是重要的工业有机原料，有广泛的市场需求。

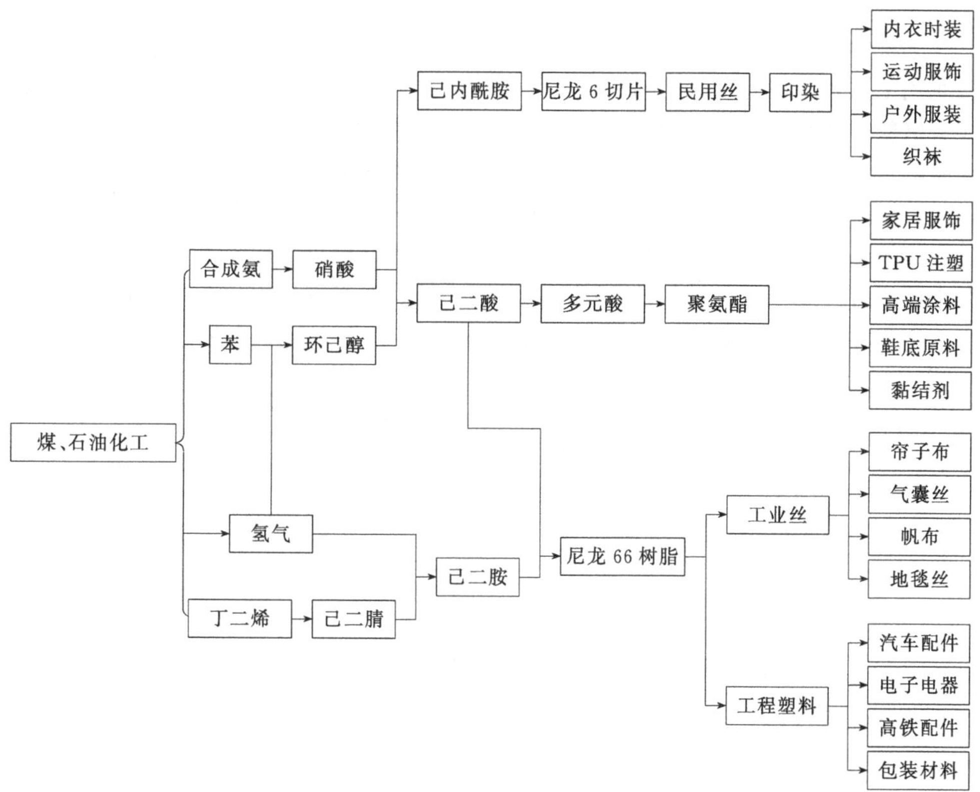

图 1-4 尼龙及中间产品加工框图

1.2.2 尼龙化工工艺流程

尼龙化工生产工艺是苯系列产品的深加工，在尼龙化工产品加工过程中，从氢气、苯、环己醇、环己酮、己二腈、己二胺、己内酰胺到尼龙 6、尼龙 66，具有高温、高压、易燃、易爆等特征。在尼龙化工生产工艺管理过程中，化工生产装置的安全运行管理具有非常重要的意义。

1.2.2.1 工艺流程的概念

化学工业的生产技术和化工产品加工工艺路线要不断发展并同先进科学技术相结合，从而提高生产效率和经济效益。不断寻求技术上最先进和经济上最合理的方法、原理、流程和设备是化学工业工艺创新追求的永恒目标。

尼龙化工产品生产的工艺流程是指由若干个单元过程、反应过程和分离过程、动量和热量的传递过程按一定顺序组合起来，完成从原料变成目标产品的全过程。尼龙化工生产工艺大体分四个步骤：

① 原材料、燃料、能源的准备和预处理过程；

② 化学反应过程，在这一步骤中得到目的产物，同时还会联产副产品和其他非目标产物；

③ 分离目的产物和非目的产物或未反应物；

④ 进行成品包装和储运，排除系统外的非目的产物。

1.2.2.2 尼龙化工工艺流程的组织

尼龙化工工艺流程的组织是确定各单元过程的具体内容、顺序和组合方式，并以图解的形式表示出整个生产过程的全貌。每一种尼龙化工系列产品都有自己特有的工艺流程，对同一种产品，由于选定的工艺路线不同，则工艺流程中各个单元过程的具体内容和相关联的方式也不同。此外，工艺流程的组成也与实施工业化的时间、地点、资源条件、技术条件等有密切关系。但是，如果对一般产品的工艺流程进行分析、比较之后，可能会发现组成整个流程的各个单元过程或工序在所起的作用上有共同之处，即组成流程的各个单元具有的基本功能是有一定规律性的。尼龙 6、尼龙 66 等尼龙化工系列产品生产过程的一般划分形式如图 1-5 所示。

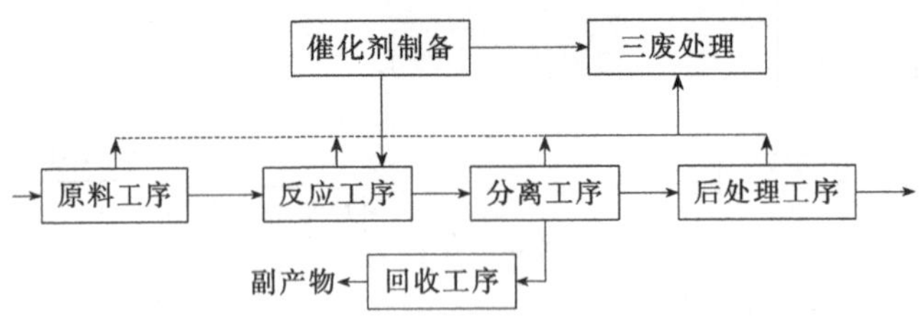

图 1-5 尼龙化工工艺流程中的主要单元组合形式

（1）生产准备过程

包括反应所需的主要原料、氧化剂、溶剂、水等的储存、净化、干燥以及配制等。例如在己二酸的生产准备过程中，要求主要原料环己醇、硝酸，生产用水，铜、钒催化剂就位，在进行投料前要做好水循环等工作。

（2）催化剂准备过程

包括反应使用的催化剂和各种助剂的制备、溶解储存、配制等。例如在己二胺生产中，要做好己二腈加氢催化剂的调试及准备工作。

（3）反应过程

是化学反应进行的场所，全流程的核心。以反应过程为主，还要附设必要的加热、冷却、反应产物输送以及反应控制等。

（4）分离过程

将反应生成的产物从反应系统分离出来，进行精制、提纯，得到目的产品。并将未反应的原料、溶剂以及随反应物带出的催化剂、副反应产物等分离出来，尽可能实现原料、溶剂等物料的循环使用。

（5）回收过程

对反应过程生成的一些副产物，或不循环的一些少量的未反应原料、溶剂以及催化剂等物料，进行必要的精制处理以回收使用，为此要设置一系列分离、提纯操作，如精馏、吸收等。

（6）后加工过程

将分离过程获得的目的产物按成品质量要求的规格、形状进行必要的加工制作以及储存和包装。

（7）辅助过程

除以上主要生产过程外，在流程中还有为回收能量而设的过程（如废热利用），为稳定生产而设的过程（如缓冲、稳压、中间储存），为治理三废而设的过程以及产品储运过程等辅助生产过程。

1.2.3 尼龙化工主要设备的选择

尼龙化工工艺过程为长流程的复杂生产过程，设备类型非常多，为实现同一工艺要求，不但可以选用不同的单元操作方式，也可以选用不同类型的设备。当单元操作方式确定之后，应当根据物料量和确定的工艺条件，选择一种合乎工艺要求而且效率高的设备类型。一般定型设备应按产品目录选择适宜的规格型号，非定型设备要通过计算来确定设备的主要工艺尺寸。设备的选择与计算要充分考虑工艺上的特点，尽量选用先进设备并力求降低投资，节省用料。同时，设备选择还必须满足容易制造维修、便于工业上实现生产连续化和自动化、减少工人劳动强度、安全可靠、没有污染等要求。

1.2.3.1 反应器的选择

反应器是用于完成化学反应过程的设备，各类化学反应过程大多数是在催化剂作用下进行的，但实现过程的具体条件却有许多差别，这些差别对反应器的结构类型有一定影响。因此，应该根据所要完成的化学反应过程的特点，分析过程具体条件对工艺提出的要求来选择反应器。一般情况下，可以从下述几方面的工艺要求来选择反应器。

（1）反应动力学要求

化学反应在动力学方面的要求，主要体现在要保证原料经化学反应达到一定的转化率和有适宜的反应时间。由此可根据反应达到的生产能力来确定反应器的容积以及反应器各项工艺尺寸。此外，动力学要求还对设备的选型、操作方式的确定和设备的台数等有重要影响。例如在己二酸反应器的选择过程中，要充分考虑环己醇（酮）在催化剂作用下的转化率及转化时间，并充分考虑反应器的体积同物料流动的关系。

（2）热量传递的要求

化学反应过程通常都伴随有热效应，必须及时移出反应放热或及时供给反应吸热。所以，必须有适宜的传热装置和合理的传热方式，同时辅以可靠的温度测量控制系统，以便有效地检测和控制反应温度。

（3）质量传递过程与流体动力学过程的要求

为了使反应和传热能正常地进行，反应系统的物料流动应满足流动形态等既定要求。如：物料的引入要采用加料泵来调节流量和流速；釜式反应器内要设置搅拌；一些气体物料进入设备要设置气体分布装置等。图 1-6 为釜式反应器结构。

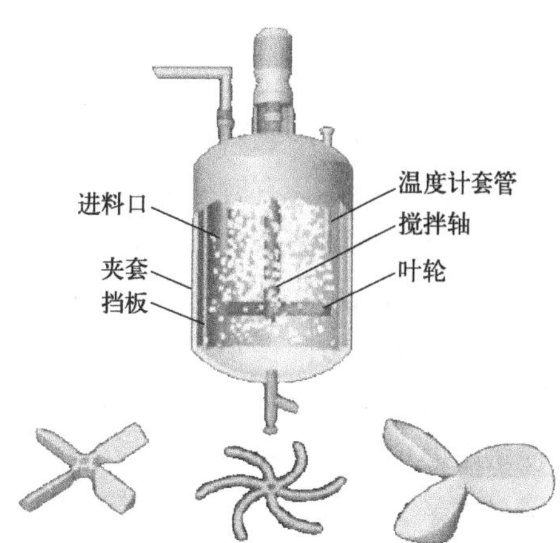

图 1-6 釜式反应器结构

（4）工程控制的要求

比工艺过程更重要的一点是一定要保证稳定、可靠、安全地进行生产。反应器除应有必要的物料进出口接管外，为便于操作和检修还要有临时接管、人孔、手孔或视镜灯、备用接管口、液位计等。另外有时偶然的操作失误或者意外的故障都会导致重大损失，因此对反应器的造型必须十分重视安全操作和尽可能采用自动控制方案。例如在反应器上设置防爆膜、安全阀、自动排料阀，在反应器外设置阻火器。为快速终止反应，需要认真考虑设置必要的事故处理用工艺接管、氮气保压管以及一些辅助设施等。此外尽量采用自动控制以使操作更稳定、可靠。

(5) 机械工程的要求

反应器在机械工程方面要保证反应设备在操作条件下有足够的强度和传热面积，同时便于制造；还要求设备所用的材料必须对反应介质具有稳定性，不参与反应，不污染物料，也不被物料所腐蚀。

(6) 技术经济管理的要求

反应器的造型是否合理，最终体现在经济效益上。设备结构要简单、便于安装和检修，有利于工艺条件的控制，最终能达到设备投资少，保证工艺生产符合优质、高产、低耗的要求。

1.2.3.2 精馏设备的选型

精馏设备按内部构件的不同主要可分为板式塔和填料塔两种，板式塔又有筛板塔、浮阀塔、泡罩塔、浮动喷射塔、斜孔塔等多种类型，填料塔也有多种类型的瓷环填料和波纹填料以及性能较好的新型填料。在选择精馏设备时要注意以下几方面的要求。

(1) 能力大、效率高、结构简单

化学工业的发展趋势是生产装置的大型化。因此，要求精馏设备生产能力大，效率比较高，设备体积尽可能小，结构简单，这样不仅制造、维修方便，成本也可以降低。

(2) 可靠性好

化工生产多为连续进行，要求精馏设备有较好的可靠性，能够保证长期运转不出故障。因此，设备的力学性能一定要好，同时设备要具有足够的操作弹性，以便处理量或气液比变化时，仍能保持较高的效率，稳定运转。

(3) 满足工艺

化学工业涉及的物料性能差异很大，对精馏操作提出的要求也有很大的区别。例如有加压精馏或减压精馏，有时又采用特殊精馏；有的物料有腐蚀性，有的又含有污垢或沉淀；许多单体在精馏的高温条件下很容易自聚或分解等。因此，在精馏设备的选型或选择材料时，都应充分考虑满足具体工艺特殊性的要求。

(4) 塔板压力降要小

精馏过程中，压力降对精馏过程操作有很重要的意义。例如减压精馏的塔板压力降过高会使塔釜温度上升到使产品变质的程度，而对塔板数多（如大于100层）的精馏塔，塔板压力降过大又会导致塔釜温度上升，再沸器加热温差显著减小。所以塔板压力降不能过大。

对精馏设备的上述要求，往往不能同时满足，有时甚至相互抵触，所以在选择塔设备时，必须根据塔设备在工艺流程中的地位和特点，注意满足主要的要求，同时结合化工原理所分析各种塔型的特点和性能选择确定。

1.3 尼龙化工原材料概述

化工生产的初始原料是人类在生产活动中通过开采、种植、收集等方法得到的，通常有空气、水、矿物资源原料；粮食、农产废料及林业中木材加工的副产物，可用于生产有机产品，如粮食发酵生产的乙醇、丙酮等。

化工原料可区分为有机原料和无机原料。有机原料主要包括石油、天然气、煤和生物质等；无机原料包括空气、水、盐、无机非金属矿物和金属矿物等。化工基本原料通常指对天然原料石油、天然气、煤及生物质通过设定的加工流程，在一定的加工条件下制备的原料，如低碳原子的烷烃、烯烃、炔烃、芳香烃和合成气。通过煤或焦炭生产合成氨、硝酸、乙炔、芳烃、苯等；通过石油和天然气生产低级烯烃、芳烃、苯、乙炔、甲醇和合成气等；通过淀粉或糖蜜生产酒精、丙酮和丁醇等。其中，硫酸、盐酸、硝酸（三酸），烧碱、纯碱（两碱），合成氨、工业气体（如氧气、氯气、氢气、一氧化碳、二氧化碳、二氧化硫）等无机物，乙炔、乙烯、丙烯、丁烯（丁二烯）、苯、甲苯、二甲苯、萘、苯酚和醋酸等有机物，经各种反应途径，可衍生出成千上万种无机或有机化工产品、高分子化工产品和精细化工产品，故又将它们称为基础化工原料。化工原料是化工生产中全部或部分转化为化工产品的物质。在化工生产过程中，原料的部分或全部必须转移到化工产品中去，一种原料经过不同的化学反应可以得到不同的产品，不同的原料经过不同的化学反应也可以得到同一种产品。经过单元过程和单元操作而制得的可作为生产资料和生活资料的成品，都是化工原料，但是通常把不再生产其他化学品的成品，如化学肥料、农药、塑料、合成纤维等称为化工产品。图1-7为化工原料分类。

尼龙化工原料主要为煤焦化粗苯制备的焦化纯苯、石油化工的石油纯苯；煤化工、天然气制备的氢气等基本化工原料。焦化粗苯主要来自钢铁工业的煤焦化企业，是焦炭生产过程中的副产物，焦化粗苯的产量与炼焦煤中的挥发分组成、炼焦条件、苯的吸收剂等相关。

化工原料
- →煤
- →石油
- →天然气
- →生物质(植物、动物)
- →矿物质(金属、非金属)
- →水资源
- →空气

图 1-7 化工原料分类

1.3.1 煤及煤的初步加工

煤是由远古时代植物残骸在适宜的地质环境下经过漫长岁月的天然煤化作用而形成的生物岩。煤是重要的能源和工业原料。

煤一般可以分为三大类：腐植煤、残植煤和腐泥煤（图1-8）。高等植物形成的煤称为腐植煤；高等植物中稳定组分（角质、树皮、孢子、树脂等）富集而形成的煤称为残植煤；低等植物（以藻类为主）经过部分腐败分解形成的煤称为腐泥煤，包括藻煤、胶泥煤和油页岩。腐植煤在自然界中分布最广、最常见，泥炭、褐煤、烟煤、无烟煤属于腐植煤。煤以有机物为主要成分，除含C元素外，还含有H、O、S、P等元素以及无机矿物质。煤的主要元素组成见表1-1。

表 1-1 煤的主要元素组成

种类	质量分数/%		
	C	H	O
泥煤	60～70	5～6	25～35
褐煤	70～80	5～6	15～25
烟煤	80～90	4～5	5～15
无烟煤	90～98	1～3	1～3

煤不仅可以直接用作燃料，而且可以转变为电、热、气及化工产品。通过采用不同的加工方法和生产工艺，煤可以制备化肥、塑料、合成橡胶、合成纤维、炸药、染料、医药等多种重要化工原料。在化学工业领域，煤既是燃料，也是重要原料。近代工业革命促进了煤的开采和利用，同时也推动了近代化学工业的兴起。

1.3.1.1 煤的形成过程

煤 { 腐植煤 / 残植煤 / 腐泥煤 }

图 1-8 煤的分类

当地球处于不同地质年代，随着气候和地理环境的改变，生物也在不断地发展和演化。植物从无生命发展到被子植物，在进化过程中，这些植物在相应的地质年代中逐渐转变成了大量的煤。煤炭形成过程中，由于古代植物长时期轮回大量沉积，被埋在地层下，大量植物受到高压和高温，经过长达几亿年的时间，变成煤炭、煤岩和其他矿物。煤种之间的性质千差万别，不仅不同煤田的煤质差别较大，即使是同一煤田中不同煤层的煤质，其差异也很大。成煤过程主要分为三个阶段。

(1) 泥炭化阶段

泥炭化阶段就是菌解阶段。大量植物堆积在水下被泥砂覆盖起来以后，便逐渐与大气中的氧气隔绝，由厌气细菌参与作用，促使有机质分解而生成泥炭。通过这种作用，植物遗体中氢、氧成分逐渐减少，而碳的成分逐渐增加。泥炭表观质地疏松，呈褐色，无光泽，相对密度小，从泥炭中可看出有机质的残体，用火柴可以引燃，烟浓灰多，图 1-9 为泥炭形成示意。

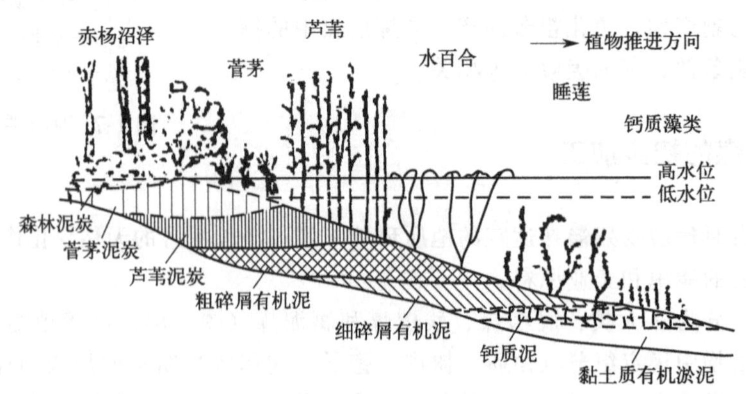

图 1-9 泥炭形成示意

(2) 褐煤阶段

褐煤阶段即煤化作用阶段，当泥炭被沉积物覆盖形成顶板后，便成了完全封闭的环境，细菌作用逐渐停止，泥炭开始压缩、脱水而胶结，碳的含量进一步增加，过渡成为褐煤，这称为煤化作用。褐煤颜色为褐色或近于黑色，光泽暗淡，外观基本上看不到有机物残体，褐煤质地较泥炭致密，用火柴可以引燃。

(3) 烟煤及无烟煤阶段

烟煤及无烟煤阶段即为变质阶段，烟煤及无烟煤是褐煤在低温和低压下长期形成的。褐煤埋藏在地下较深位置时，就会受到地壳高温高压的作用，长期的高温高压使褐煤的化学成分发生变化，主要是水分和挥发成分减少，含碳量相对增加；在物理性质上也发生改变，主要是相对密度、光泽和硬度增加，而成为烟煤。这种作用是煤的变质作用。烟煤颜色为黑色，有光泽，致密状，用蜡烛可以引燃，火焰明亮，有烟。烟煤进一步变质，成为无烟煤。无烟煤颜色为黑色，质地坚硬，有光泽，燃烧无烟。

1.3.1.2 煤的形成条件

煤是由植物遗体经过生物化学作用和物理化学作用演变而成的沉积有机岩。成煤过程主要受成煤的物质和地质条件影响。在成煤初始时，成煤物质受地质条件和环境的影响，植物遗体在沼泽、湖泊或浅海中在微生物参与下分解、化合、聚积。在煤化作用过程中，泥炭、腐泥在以温度和压力为主的作用下逐渐变化为煤。温度和压力条件是煤化作用过程的主要影响因素，温度越高压力越高，越有利于煤化作用，图 1-10 为煤化过程温度、压力对煤的形成影响示意。

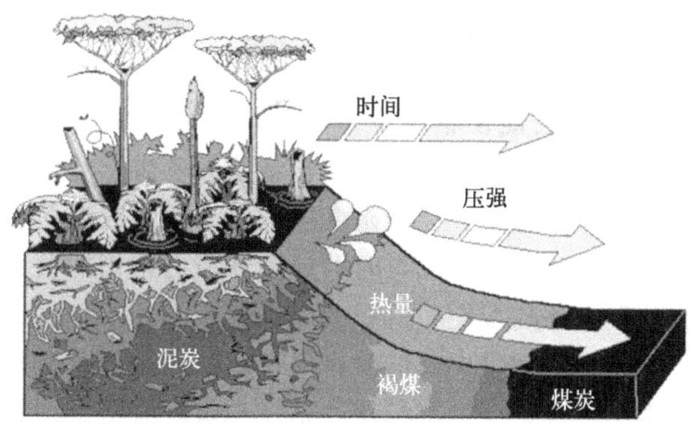

图 1-10 煤化过程温度、压力对煤的形成影响示意

1.3.1.3 煤的组成

(1) 煤中的有机质

煤中的有机质主要由碳、氢、氧、氮、硫等元素组成，其中碳和氢占有机质的 95%以上。煤燃烧时，主要是有机质中的碳、氢与氧的化合并放热。硫在燃烧时为放热反应，产生的二氧化硫气体为有害气体，不但腐蚀设备而且污染环境。

① 煤是由带脂肪侧链的大芳环和稠环所组成的。这些稠环的骨架是由碳元素构成的，因此，碳元素是组成煤的有机高分子的最主要元素。煤中还存在着少量的无机碳，主要来自碳酸盐类矿物，如方解石和石灰石等。碳质量分数随煤化程度（煤化度）的升高而增加，泥炭中干燥无灰基碳质量分数为 55%～62%；成为褐煤以后就增加到 60%～75%；烟煤的为 77%～93%；一直到高变质的无烟煤，为 88%～98%，个别煤化度更高的无烟煤多在 90%以上，如北京、四望峰等地的无烟煤高达 95%～98%。

② 煤中的氢是煤中第二个重要的组成元素，除有机氢外，在煤的矿物质中也含少量的无机氢。它主要存在于矿物质的结晶水中，如高岭土（$Al_2O_3 \cdot 2SiO_2 \cdot 2H_2O$）、石膏

($CaSO_4 \cdot 2H_2O$) 等都含有结晶水。在煤的整个变质过程中，随着煤化度的加深，氢含量逐渐减少，煤化度低的煤，氢含量大；煤化度高的煤，氢含量小。通常是氢含量随碳含量的增加而降低，尤其在无烟煤阶段尤为明显。当碳质量分数由92%增至98%时，氢质量分数降到1%以下；通常碳质量分数在80%～86%之间时，氢质量分数最高，即在烟煤的气煤、气肥煤段，氢质量分数能高达6.5%；在碳质量分数为65%～80%的褐煤和长焰煤段，氢质量分数小于6%。

③ 煤中的氧是煤中第三个重要的组成元素。它以有机氧和无机氧两种状态存在。有机氧主要存在于含氧官能团，如羧基（—COOH)、羟基（—OH）和甲氧基（$—OCH_3$）等；无机氧主要存在于硅酸盐、碳酸盐、硫酸盐和氧化物中。煤中有机氧随煤化度的加深而减少，甚至趋于消失。褐煤在碳质量分数小于70%时，其氧质量分数高达20%以上，烟煤碳质量分数在85%附近时，氧质量分数几乎都小于10%，当无烟煤碳质量分数在92%以上时，其氧质量分数都降至5%以下。

④ 煤中的氮含量比较少，一般为0.5%～3.0%（质量分数），氮是煤中完全以有机状态存在的元素。煤中有机氮化物被认为是比较稳定的杂环和复杂的非环结构的化合物，其原生物可能是动、植物脂肪，植物中的植物碱、叶绿素和其他组织环状结构中的氮，而且相当稳定，在煤化过程中不发生变化，成为煤中保留的氮化物。以蛋白质形态存在的氮，仅在泥炭和褐煤中发现，在烟煤中很少，几乎没有发现，煤中氮含量随煤变质程度的加深而减少，随氢含量的增高而增大。

⑤ 煤中的硫是有害杂质，它能使钢铁设备腐蚀，燃烧时生成的二氧化硫（SO_2）污染大气，危害动、植物生长及人类健康。所以，硫含量是评价煤质的重要指标之一。煤中含硫量的多少，与煤化度没有明显的关系，无论是变质程度高的煤或变质程度低的煤，都存在着或多或少的有机硫。煤中硫分的多少与成煤时的地理环境有密切的关系。在内陆环境或滨海三角洲平原环境下形成的和在海陆相交替沉积的煤层或浅海相沉积的煤层，煤中的硫含量就比较高，且大部分为有机硫。根据煤中硫的贮存形态，一般分为有机硫和无机硫两大类。各种形态的硫分的总和称为全硫分，所谓有机硫，是指与煤的有机结构相结合的硫。有机硫主要来自成煤植物中的蛋白质和微生物的蛋白质。煤中无机硫主要来自矿物质中含硫化合物，如硫化物和硫酸盐，有时也有微量的单质硫。硫化物硫主要以黄铁矿（FeS_2）为主，其次为闪锌矿（ZnS)、方铅矿（PbS）等，硫酸盐硫主要以石膏（$CaSO_4 \cdot 2H_2O$）为主，也有少量的绿矾（$FeSO_4 \cdot 7H_2O$）等。

(2) 煤中的矿物质及水分

煤中的矿物质是煤中无机物的总称，包括在煤中独立存在的矿物质（高岭土、蒙脱石、硫铁矿、方解石、石英等)，也包括与煤中有机质结合的无机元素，此外，煤中还有许多微量元素，其中有的是有益或无害的元素，有的则是有毒或有害的元素。按矿物质的成因或来源可分为以下几种。

① 原生矿物质。存在于成煤的植物中，主要是碱金属、碱土金属的盐类，原生矿物与有机质紧密结合，很难用机械方法分开，这部分矿物质较少，占灰分总量的1%～2%，对煤的最终灰分影响不大。

② 次生矿物质。主要是指植物遗体在沼泽中堆积时，通过外来水流和风带来的细黏土，沙或水中钙、镁离子及硫铁矿的沉淀。这部分矿物与泥炭混合，有的均匀分散在泥炭的有机质中，呈浸染状；有的则形成独立的包裹体，呈透镜状、条带状、薄片状等。此外，煤层形

成后，地下水中溶解的矿物质由于条件变化而沉淀并充填在煤的裂痕中，主要有方解石、石膏等次生矿物质，它们的存在形态，决定了煤的可选性难易程度。煤中的原生矿物质和次生矿物质合称为内在矿物质。一般来说，呈细分散状的矿物质难以用常规选煤方法分离出来，呈粗颗粒状的则易于通过常规方法予以脱除。

③ 外来矿物质。外来矿物质不在煤层中，通常是由在煤炭开采过程中混入煤中的矸石等物质形成，外来矿物质同煤是两种独立的物质，不影响煤的可选性能。矿物质主要是碱金属、碱土金属、铁、铝等的碳酸盐、硅酸盐、硫酸盐、磷酸盐及硫化物。除硫化物外，矿物质不能燃烧，但随着煤的燃烧过程，变为灰分。正是由于矿物质的存在，使煤的可燃部分比例相应减少，影响煤的发热量。

(3) 煤中的水分

煤中的水分，主要存在于煤的孔隙结构中。水分的存在会影响燃烧稳定性和热传导，本身不能燃烧放热，还要吸收热量汽化为水蒸气。根据煤中水分的结合状态分为游离水和化合水两大类。

① 游离水。游离水是以物理吸附或附着方式与煤结合，又分为外在水分和内在水分两种。外在水分又称表面水分，它是指附着于煤粒表面的水膜和存在于直径大于等于 10^{-4}mm 的毛细孔中的水分，它是在一定条件下煤样与周围空气达到平衡时所失去的水分。此类水分是在开采、贮存及洗煤时带入的，覆盖在煤粒表面上，其蒸汽压与纯水的蒸汽压相同。内在水分是指吸附或凝聚在煤粒内部直径小于 10^{-4}mm 的毛细孔中的水分，它是在一定条件下煤样与周围空气达到平衡时所保持的水分，由于毛细孔的吸附作用，这部分水的蒸汽压低于纯水的蒸汽压，故较难蒸发出去，需要在 105～110℃下经过 1～2h 才可蒸发掉。煤的外在水分和内在水分的总和称为全水分。

② 化合水。化合水是指以化合的方式同煤中的矿物质结合的水，即通常所说的结晶水。如存在于石膏（$CaSO_4 \cdot 2H_2O$）、高岭土中的水。结晶水要在 200℃以上才能解析，在煤的工业分析中通常不考虑结晶水。

1.3.1.4 煤的炼焦（干馏）

煤在焦炉内隔绝空气加热到 950～1050℃，经过干燥、热解、熔融、黏结、固化、收缩等阶段，获得焦炭、化学产品和煤气，此过程称为高温干馏或高温炼焦，简称为炼焦。炼焦是煤炭转化最古老的方法，炼焦工业的发展与冶金工业的发展和技术进步有密切的关系。炼焦工业为冶金工业提供了焦炭这种特殊的燃料，通常用于高炉冶炼，除此之外，焦炭还用于铸造、气化和化工等工业部门，作为燃料和原料。在炼焦过程中，干馏煤气经回收、精制可得到的化学产品种类很多，包括多种芳香烃和杂环化合物，为合成纤维、染料、涂料、医药和国防等工业提供宝贵的原料；经净化后的焦炉煤气既是高热值燃料，也是合成氨、合成燃料、生产化学肥料等一系列有机合成工业的原料，此外，炼焦厂还是城市煤气的重要气源。可见，炼焦化学工业与许多部门都有关系，煤的焦化是煤炭综合利用的重要方法之一。煤焦化产品粗苯是尼龙化工环己醇、环己酮、环己烷等中间产品的主要原材料。

煤炼焦是指煤在隔绝空气或惰性气氛条件下的热分解过程，是一个庞杂的物理变化和化学变化过程。它具有一般高分子化合物的分解规律，同时又因各煤种结构的不同而具有自身独有的特点。弄清煤的热解机理对于合理利用煤炭资源具有重要的工业应用与学术理论意义。在隔绝空气条件下，煤中的有机质组分会因温度的上升而产生连续性变化，依次产生气态（煤气）、液态（煤焦油）和固态（半焦或焦炭）产物。图 1-11 为煤干馏过程示意。

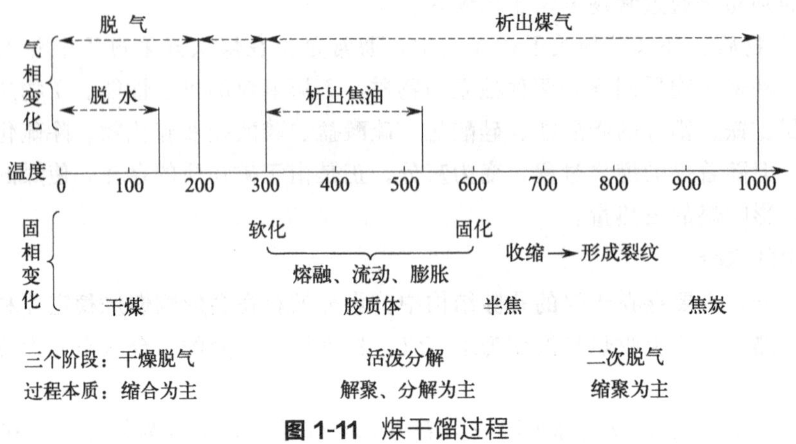

图 1-11 煤干馏过程

（1）煤的干馏过程

① 从常温到活泼热分解温度（一般在 350～400℃）。该阶段称作干燥脱气阶段。烟煤在这个阶段主要发生缩合作用，120℃前脱水，至 200℃左右时完成脱气过程。褐煤在 200℃以后进行脱羧反应，至 300℃左右时发生热分解反应，图 1-12 为煤低温干馏示意。

② 400℃～550℃。此阶段主要发生解聚反应和热分解反应，形成和析出煤气与煤焦油，焦油量排出量最大值出现在 450℃左右，而煤气析出量最大值出现在 450～550℃。烟煤约在 350℃时初步软化，然后经历熔融、膨胀直至 550℃时再固化成半焦，中间产生了气、液、固三相并存的胶质体。煤的黏结性能和结焦性能在很大程度上受胶质体的数量和质量影响。相比原煤结构，产物半焦的芳香层片的形态与密度等变化较小，这证明在形成半焦的过程中，缩聚反应进行得并不完全。

③ 550℃～1000℃。该阶段称作二次脱气阶段，发生的是缩聚反应。从半焦转化成焦炭，析出大量煤气，同时芳香核增大，排列的有序性提高，密度增加，体积收缩，形成质地坚实、多孔并含有裂纹的固状焦炭。焦炭的强度和块度与半焦的收缩情况有重要关系。因此，在成焦过程中，煤料主要经历煤热解形成胶质体与半焦收缩形成固状焦炭两个过程。图 1-13 为煤高温干馏示意。

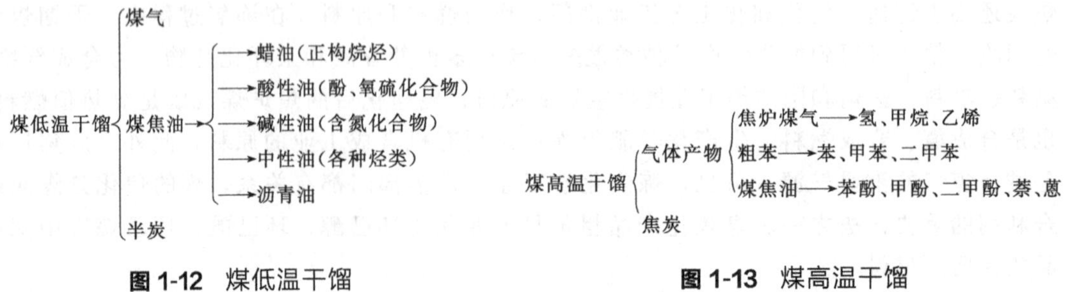

图 1-12 煤低温干馏

图 1-13 煤高温干馏

（2）结焦机理

配合煤中有机质的结构单元以芳香族稠环为主体，侧链杂环和官能团大分子则环绕在其周围。炼焦过程中，当温度达到350～450℃时，有机大分子物质逐渐分解，裂解后的侧链会继续分解，此时分子量不同的组分会呈现不同的物态，小分子量的组分呈现气态，中等分子量的组分呈现液态，大分子量的组分和不熔融组分会呈现固态，胶质体就是此阶段三相相互渗透的混合物。胶质体数量的多少和质量的好坏直接决定了煤的黏结性强弱。当温度升至450～650℃，液相产物会继续裂解，一部分转化成煤气逸出，余下的部分与固相颗粒逐渐融为一体，最终缩聚形成半焦。此过程中，通过胶质体而析出的气态产物产生的膨胀压力会使固体颗粒之间结合得愈加紧密，但同时气态产物的析出会使固相产物形成气孔。当温度升至700 ～1000℃，固体半焦析出气体，碳网进一步收缩，焦质变硬，最后形成了多孔的焦炭。此时，煤热解的产物中已经没有了液相的生成。由于升温速率以及不同部分温度的差异，造成半焦收缩量和收缩速度不均匀，焦炭裂纹也由此形成。

1.3.1.5 影响煤干馏的主要因素

(1) 煤的性质

随着煤变质程度的不同，其低温干馏产物生产率有所区别，变质程度越高，焦油产率降低，气体产率也有所降低。煤中所含水分、挥发分、灰分、固定碳及其热稳定性、强度对干馏有一定的影响。水分较多必然导致干燥脱水吸收大量热量，延迟挥发分的析出，这样会为了给低阶煤脱水而引入干燥设备，增加设备投入费用；煤中的挥发分含量高，气液产率较大，这需要考虑干馏煤气和焦油气的分离；煤的灰分较低，这样干馏后半焦的灰含量相对较少；煤中固定碳的含量相对较低，这样对干馏气液产率是有利的；煤中含水率较高，其热稳定性较差，所以大块煤干馏会出现崩裂现象，不利于煤的干馏。

(2) 加热温度

加热温度是影响煤干馏的重要因素之一，往往我们通过加热温度来区别低温干馏和高温干馏。煤内部发生化学反应的过程主要是打破化学键的过程，而活化能是化学键能否被打破的依据。温度能够改变化学反应的方向，即改变化学反应的活化能。温度越高，活化能较高的反应能够提前发生，这样导致煤内部的物理变化和化学变化过程的优先顺序发生变化。故干馏产物会因加热温度的不同，发生很大的变化，例如温度越高，气体产物中甲烷成分降低，氢气含量增加。

(3) 升温速率

煤从室温加热到干馏温度需要一定的时间，故改变升温速率即是改变加热到干馏温度的时间。煤干馏产物的成分和产率会随升温速率的改变有所变化。升温速率越大，半焦产率和煤气产率降低，焦油产率有所提高，热解比较彻底，生成较多的小分子物质；升温速率越小，会发生一些变化和选择性反应，加热强度相对于较高的升温速率，其提供的能量较弱，故半焦结构比较稳定，气体产物以大分子物质居多。

(4) 保温时间

保温时间对煤的干馏产物有一定的影响，半焦的组织结构会发生较大的变化，其半焦的化学活性也有所不同；保温时间对气体产物的变化影响较小。一般认为，保温时间太短，影响干馏深度，气体产率小；干馏时间太长，虽然干馏程度深，但会增加了投入和降低设备的生产效率。

(5) 煤的粒径

煤开采后的粒径大小有差异，煤的粒径大小影响焦油发生二次分解。干馏过程中，煤的受热是由外表面开始，热量传递方向是向煤内部的，因煤的热导率较差，导致煤的内外温差较大，内部生成的焦油气体通过微孔向外扩散时，遇到外表面高温区域，会发生二次分解，原本的焦油成分会发生变化，由重质焦油变成轻质焦油，二次分解的气体改变了原本的气体组成比例；另一方面，粒径越大，焦油蒸气向外扩散所需的动力越大，所需时间越长，增加了发生二次裂解的时间，这样也间接改变了干馏产物的成分。表 1-2 列出了煤的粒径对低温干馏产品产率的影响。

表 1-2 煤的粒径对低温干馏产品产率的影响

名称	指标	
煤粒度/mm	20～30	100～120
焦油产率/%	10.3	8.1
半焦产率/%	41.4	46.5
干馏煤气产率/%	8.8	10.3

（6）压力

随着压力的升高，半焦和煤气产率都会增加，但焦油产率却有所降低，这表明压力对低温干馏有一定的影响。研究证明压力增加会抑制挥发物的释放，促使焦油产物发生一定的化学变化过程，焦炭发生缩聚反应，分子间的作用力不断增强，这样就提高了半焦的强度。

（7）其他因素

除了上述因素以外，某些添加剂的使用也影响着热解产物的分布和煤热解行为。煤形成的过程和储存的过程都会受到氧化，氧化后会使得煤的含氧量增大，黏结性减小，更甚至完全丧失黏结性。在炼焦过程中加入添加剂可改变煤的黏结性，有机添加剂可以促进煤热解，最终增加热解的转化率。而不同的热解反应器类型也由于操作工序不同，会对煤热解有影响。

1.3.2 石油及石油的初步加工

石油又叫原油，称为工业的血液，是一种呈黏稠状、深褐色的液体。石油是贮存在地下多孔的储油地质构造中的气态、液态和固态（三相）的烃类混合物，主要成分是各种烷烃、芳香烃、环烷烃，并含有少量的硫、氧和氮的有机化合物。

石油是由低级动植物在地压和细菌的作用下，经过复杂的化学变化和生物化学变化而形成的，石油外观一般显现黄色、黑色及青色等。石油的相对密度为 0.7～1.0g/cm^3，平均碳（C）质量分数为 85%～87%、氢（H）为 11%～14%，氧（O）、硫（S）、氮（N）合计约为 1%，图 1-14 为石油开采示意。

石油中所含硫化物主要有硫化氢（H_2S）、三硫化物、硫醇和杂环化合物等，多数石油含硫总量小于 1%，通常硫化物都有一种臭味，并对设备和管道有腐蚀性，部分硫化物如硫醚、二硫化物等物质，虽然自身无腐蚀性，但是加热后会分解生成腐蚀性较强的硫化氢与硫醇等物质。石油经过燃烧后生成的二氧化硫会造成空气污染，硫化物在工业生产中容易使催化剂中毒，所以去除油品中的硫化物是石油深加工中的重要环节。

石油中的氮化物含量为万分之几至千分之几之间，通常石油形成过程中的胶质体越多，氮含量越高，含氮化合物主要是吡啶、吡咯、喹啉和胺类等，石油中胶状物质（胶质、沥青

质、沥青质酸等）对热有稳定性，很容易产生叠加和分解作用，所得产物的结构非常复杂，分子量也很大，绝大部分集中在石油的残渣中，油品越重，所含胶质体也越多，含氮化合物还会使某些催化剂中毒，故在石油加工和精制过程中必须将其脱除。石油中的氧化物含量变化很大，从千分之几到百分之一，主要是环烷酸和酚类等，氧化物通常是石油中有用的化合物，要进行回收利用，同时氧化物通常呈酸性，对设备和管道也有腐蚀性。

不同产地的石油中，各种烃类的结构和所占比例相差很大，石油成分复杂，还含有水和氯化钙、氯化镁等盐类，经过脱水、脱盐后的石油主要是烃类的混合物，通过分馏就可以把石油分成不同沸点范围的蒸馏产物，分馏出来的各种成分叫作馏分，可得到溶剂油、汽油、航空煤油、煤油、柴油、重油（润滑油、凡士林、石蜡、沥青）、石脑油等。石油按烃类相对含量多少可分为烷基石油（石蜡基石油）、环烷基石油（沥青基石油）、芳香基石油和中间基石油，图 1-15 为原油。

图 1-14 石油开采

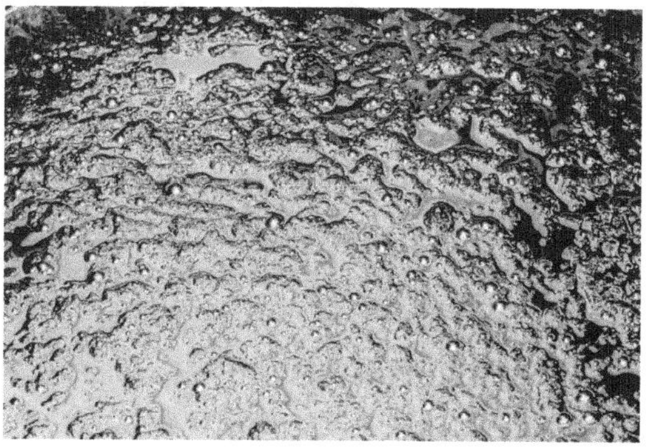

图 1-15 原油

1.3.2.1 原油的预处理

原油脱过水后仍然会含有一定量的盐和水，所含盐类除有一小部分以结晶状态悬浮于油中，绝大部分盐类溶于水，并以微粒状态分散在油中，形成较稳定的油包水型乳化液。

原油中的盐和水对后续的加工工序会带来不利影响，水会增加能量消耗和蒸馏塔顶冷凝冷却器的负荷，原油中所含无机盐主要是氯化钠、氯化钙、氯化镁等，其中以氯化钠的含量为最多（约占 75%），这些盐类受热后易水解生成盐酸，腐蚀设备，也会在换热器和加热炉管壁上结垢，增加热阻，降低传热效果，严重时甚至会烧穿炉管或堵塞管路。原油中盐类大多残留在重馏分油和渣油中，原油中盐类还会影响油品二次加工过程及其产品的质量，因此，在进入炼油装置前，要将原油中盐的质量分数脱除至一定比例。

原油形成的是一种比较稳定的乳化液，炼油企业通常采用的加破乳剂和高压电场联合作用的脱盐方法，即电脱盐脱水，为了提高水滴的沉降速率，电脱盐过程是在 80～120℃甚至更高的温度（如 150℃）下进行的。

为了减少原油中的硫化物对设备的腐蚀，通常在对含硫原油加工时加入适量碱性缓蚀剂。图 1-16 为二级电脱盐原理流程图，从图中可知，原油自油罐用泵抽出后与破乳剂、洗涤水按比例进行混合，混合后的原油经预热送入一级电脱盐罐进行第一次脱盐、脱水，在电脱盐罐内，在破乳剂和高压电场的作用下，乳化液被破坏，小水滴聚结生成大水滴，通过沉降分离后，排出污水（主要是水及溶解在其中的盐，还有少量的油）。一级电脱盐的脱盐效率为 90%～95%，经过一级脱盐后的原油再与破乳剂及洗涤水进行混合后送入二级电脱盐罐进行第二次脱盐脱水。通常二级电脱盐罐排出的水中含盐量不高，可将它回流到一级混合阀前，这样既节省用水又减少含盐污水的排出量。在电脱盐罐前注水的目的在于溶解原油中的结晶盐，同时也可减弱乳化剂的作用，有利于水滴的聚集。经过两次电脱盐工序后，原油中的含盐和含水量达到要求，可送炼油车间进一步加工。

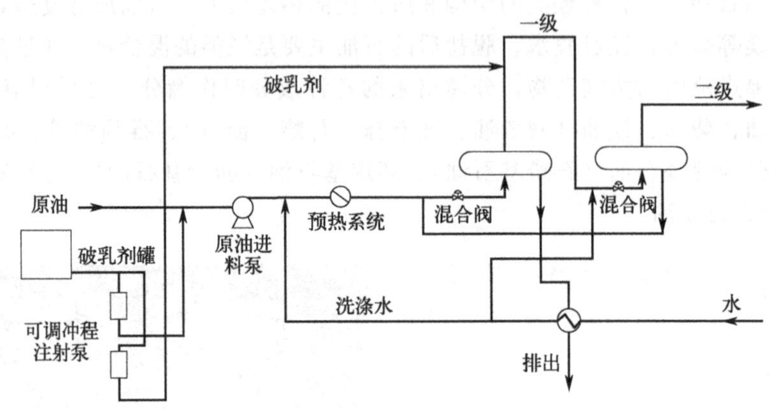

图 1-16 二级电脱盐原理流程图

1.3.2.2 常减压蒸馏

原油常减压蒸馏流程如图 1-17 所示，原油经预热至 200～240℃后，进入初馏塔，轻汽油和水蒸气由塔顶蒸出，冷却到常温后，进入分离器分离出水和未凝气体，分离器底部的产品为轻汽油（石脑油），是生产乙烯和芳烃的原料。未凝气体称为“原油拔顶气”，占原油质量的 0.15%～0.4%，其中乙烷占 2%～4%，丙烷约占 30%，丁烷约占 50%，其余为 C_5 及 C_5 以上组分，可用作燃料或生产烯烃的裂解原料。初馏塔底油料，经加热炉加热至 360～370℃，进入常压塔，塔顶出汽油，第一侧线出煤油，第二侧线出柴油。为了同油品二次加工所得汽油、煤油和柴油区分开来，在它们前面冠以“直馏”两字，以表示它们是由原油直接蒸馏得到的产品。

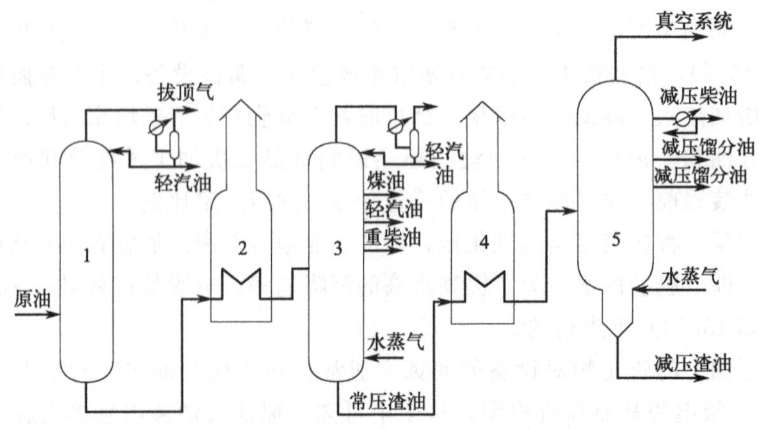

1—初馏塔；2—常压加热炉；3—常压塔；4—减压加热炉；5—减压塔

图 1-17 原油的常减压蒸馏流程

常压塔釜重油在加热炉中加热至380～400℃，进入减压蒸馏塔。采用减压操作是为了避免在高温下重组分的分解。减压塔侧线油和常压塔三、四线油，称为常减压馏分油，用作炼油厂催化裂化等装置的原料，减压塔底得到的减压渣油可用于生产石油焦或石油沥青。

1.3.2.3 催化裂化

通过常减压蒸馏的原油，可以制备汽油、煤油和柴油等轻质液体燃料，但产量较低，仅占石油总质量的25%左右，主要为直链烷烃，辛烷值低，通常不能直接用作发动机燃料使用。减压塔塔釜流出的渣油产量很大，约占原油质量的30%，还有常减压馏分油、润滑油制造和石蜡精制的下脚油、延迟焦化的重质馏分油、催化裂化回炼油等，沸点范围为300～550℃，分子量较大，工业上用处小。因此，石油加工企业利用这些油料通过裂解反应来增产汽油，并建设了相应的石油加工生产装置。此外，在部分领域也可以利用轻质油品作裂解原料油，例如，以生产航空汽油为主要目的时，常常采用直馏柴油（瓦斯油）、焦化汽油、焦化柴油等作裂解原料，这样可显著增产汽油，并且提高汽油和柴油的品质。

石油裂化是在一定条件下，重质油品的长链烃断裂为分子量小、沸点低的烃的过程。裂化有热裂化和催化裂化两种生产方法。由于热裂化所生产的汽油质量较差，并且在热裂化过程中还常会发生结焦现象，影响生产的进行，因此在炼油厂中热裂化已逐步被催化裂化所取代。在催化剂作用下，催化裂化反应可以在较低的压力（常压或稍高于常压）下进行。

催化裂化反应器有固定床、移动床和流化床三种。催化裂化采用流化床催化裂化反应器，催化剂是平均粒径为60～80μm的微球，又称为微球型催化剂。催化剂在反应器中呈流化状态，油品加热到反应温度，在催化剂作用下发生裂解反应。反应中有少量粒径较小的催化剂随裂解产物一起，在旋风分离器中分开，气体上升、催化剂下降至流化层继续参与催化反应。积满焦炭而又失去了活性的催化剂，由于粒大且重，沉在流化层下层，并通过输送管，送往再生器中。在此，通入空气烧焦，催化剂粒子变小，活性恢复并被加热到一定温度，再返回反应器重新使用。因此，再生器不仅能恢复催化剂的活性，而且能提供裂解反应所需的温度和大部分热量。

催化裂化与热裂化相比，烷烃分子链的断裂在中间而不是在末端，因此产物以C_3、C_4和中等大小的分子（即从汽油到柴油）居多，C_1和C_2的产率明显减少。异构化、芳构化（如六元环烷烃催化脱氢生成苯）、环烷化（如烷烃生成环烷烃）等的反应在催化剂作用下得到加强，从而使裂解产物中异构烷烃、环烷烃和芳香烃的含量增多，使裂化汽油的辛烷值提高。在催化剂作用下，氢转移反应（缩合反应中产生的氢原子与烯烃结合成饱和烃的反应）更易进行，使得催化汽油中容易聚合的二烯烃类大为减少，汽油稳定性较好。

催化裂化和热裂化一样，也会发生聚合、缩合反应，从而使催化剂表面结焦。由于进行的裂解、缩合（脱氢）、芳构化等反应都是吸热的，因此从总体上说，和热裂化一样，催化裂化也是吸热的。催化裂化产物主要是气体（称为催化裂化气）和液体。固体产物（焦炭）生成量不多，且在催化剂再生器中已被烧掉。催化裂化气产率为原料总质量的10%～17%，其中乙烯为3%～4%，丙烯为13%～20%，丁烯为15%～30%，烷烃约占50%。

理论上讲，一个处理能力为1.2×10^6t/a的催化裂化装置，可副产乙烯5000～7000t，丙烯 38000 t，异丁烯 12000 t，正丁烯 45000 t，剩余约 50%的烷烃是生产低级烯烃的裂解原料。因此，催化裂化气实际上是一个很有经济价值的化工原料气源。在国内外的大中型炼油厂中，都建有分离装置，将催化裂化气中的烯烃逐个地分离出来，经进一步提纯后用作生产高聚物的单体或有机合成原料。

催化裂化所得液体产品以催化裂化汽油居多，约占裂解原料总质量的 40%～50%。见表 1-3，国内催化裂化汽油的典型组成中芳烃质量分数比较低（小于 25%），苯远低于 1%，但烯烃严重超标。同新配方汽油（RFG）标准相比较，还要在原料、操作和催化剂上做出种种创新以降低汽油中烯烃的含量。在催化裂化汽油中因有芳烃、环烷烃和异构烷烃，辛烷值可达 70～90，是一种优质车用汽油，若用来驱动货车，只需辛烷值为 70 的汽油，此时在催化裂化汽油中还可以掺入部分直馏汽油。

表 1-3 催化裂化汽油组成

项目	质量分数/%										
	C_4	C_5	C_6	C_7	C_8	C_9	C_{10}	C_{11}	C_{12}	C_{13}	合计
烷烃	0.81	7.03	7.28	5.82	4.94	3.54	3.02	2.55	1.33	0.06	36.38
烯烃	3.50	10.66	9.26	7.65	4.94	2.50	0.51	0.61			39.63
环烷烃			1.33	2.17	1.67	1.87	0.67	1.14			8.85
芳烃			0.35	1.63	4.41	5.04	3.59				15.02
合计	4.31	17.69	18.22	17.27	15.96	12.95	7.79	4.30	1.33	0.06	

催化裂化柴油占裂化原料油质量的 30%～40%，其中轻柴油的质量占柴油总质量的 50%～60%。催化裂化柴油中含有大量芳烃，是抽提法回收芳烃的原料。经抽提后，可大幅度提高柴油的十六烷值，改善柴油的品质。抽提所得芳烃中含有甲基萘，经加氢脱烷基后可制萘（又称石油萘）。柴油中含有烯烃，稳定性差，因此柴油出厂前还需经过加氢处理。汽油和柴油的重质油馏分，可以返回催化裂化装置作原料用，故它又称回炼油（因里面包含较多的催化剂微粒，容易磨损燃油泵和堵塞燃料油喷嘴，不宜作燃料使用），但因含重质芳烃多，易结焦，也不是理想的催化裂化原料油，现多用作加氢裂化原料油。

1.3.2.4 加氢裂化

加氢裂化是催化裂化技术的改进。在加氢条件下进行催化裂化，可抑制催化裂化时发生的脱氢缩合反应，避免了焦炭的生成。操作条件为压力 6.5～13.5MPa、温度 340～420℃，可以得到不含烯烃的高品位产品，液体收率可高达 100%（氢加入油料分子中），原料可以是城市煤气厂的冷凝液（俗称凝析油）、重整后的抽余油、由重质石脑油分馏所得的粗柴油、催化裂化的回炼油等。

加氢裂化的工艺特点为：

(1) 生产灵活性强，原料范围广

高硫、高芳烃、高氮的劣质重馏分油都可以加工并可根据需要调整产品方案。因此，加氢裂化过程逐渐成为炼油工业中最先进、最灵活的过程。

(2) 产品收率高、质量好

产品中含不饱和烃和重芳烃少，由于通过加氢反应可以除去有害的含硫、氮、氧的化合物，因此非烃类杂质更少，故产品的安定性好、无腐蚀。加氢裂化副产气体以轻质异构烃为主。

(3) 抑制焦炭生成

焦炭生成量少，不需要再生催化剂，可以使用固定床反应器。总的反应过程是放热的，所以反应器中需冷却，而不是加热。

加氢裂化催化剂是具有加氢活性和裂化活性的双功能催化剂，主要有非贵金属（Ni、Mo、W）催化剂和贵金属（Pd、Pt）催化剂两种。这些金属的氧化物与氧化硅-氧化铝或沸石分子筛组成双功能催化剂。其中催化剂加氢活性功能由上述金属或金属氧化物提供，裂化活性功能由氧化硅-氧化铝或沸石分子筛提供。

表 1-4 为加氢裂化各产品的组成。由表可知，加氢裂化产品中的加氢减压柴油，虽仍是重质油，但与减压柴油比较烷烃含量增加，重芳烃的含量显著减少，可作裂解制烯烃的原料。

表 1-4 减压柴油加氢裂化产品的组成　　单位：%（质量分数）

组成	原料	加氢裂化产品		
	减压柴油	加氢轻油	加氢汽油	加氢减压柴油
烷烃	22.5	24	27.7	74
环烷烃	39.0	43.2	56.1	24.6
芳烃	37.5	32.6	16.2	1.2

加氢裂化的缺点是：所得汽油的辛烷值比催化裂化低，必须经过重整来提高其辛烷值；加氢裂化需在高压下进行，并且消耗大量的氢，所以操作费用和生产设备的成本比催化裂化高。工业上，加氢裂化是作为催化裂化的一个补充，而不是代替催化裂化。例如，它可以加工从催化裂化得到的沸点范围在汽油以上的、含有较多多环芳烃的油料，而这些油料是很难进一步催化裂化的。

1.3.2.5 催化重整

催化重整是将直馏汽油、粗汽油等轻质原料油，在催化剂的作用下，对油料中的烃类结构进行重新调整，提高芳烃产量的工艺过程。催化重整最初是用来生产高辛烷值的汽油，随着有机化工的发展，对芳烃的需求量骤增，由煤干馏得到芳烃不能满足市场的需要，而通过重整油料中芳烃的质量分数高达 30%～60%，甚至高达 70%，比催化裂化汽油中的芳烃含量高，因此成为取得芳烃的重要途径。

催化重整是在铂催化剂作用下，使环烷烃和烷烃发生脱氢芳构化反应而生成芳烃。主要包括环烷烃脱氢芳构化、环烷烃异构化脱氢生成芳烃、烷烃脱氢异构化。除上述三类主要反应外，还有正构烷烃的异构化、加氢裂化等反应。正构烷烃的异构化反应对提高汽油辛烷值有利。但加氢裂化反应的发生，不利于芳烃的生成，降低了液体产率，因而应尽量抑制这类反应。

重整原料油经过催化重整后，可得到总质量 85%左右的催化重整汽油，其中芳烃的含量最高可达 65%，因此，该方法是获取芳烃的优质原料。工业上常用液液抽提的方法从重整油中提取芳烃，即用一种对芳烃和非芳烃具有不同溶解能力的溶剂，将所要的芳烃抽提出来，使芳烃和溶剂分离，洗涤后获得基本上不含非芳烃的各种芳烃化合物，再经精馏得到产品苯、甲苯和二甲苯。因此，催化重整装置的工艺流程主要有三个组成部分——预处理及催化重整、抽提和精馏。催化重整的原料油不宜过重，一般终沸点不得高于 200℃，通常是以轻汽油为原料。重整过程中对原料杂质含量有一定的要求，如砷、铝、钼、汞、硫、氮等都会使催化剂中毒而失去活性，特别是铂催化剂对砷最为敏感，要求原料油中含砷量不大于0.1μg/g。

图 1-18 为催化重整部分的工艺流程，原料油在预分馏塔 1 中进行分馏，沸点低于 60℃的馏分从塔顶馏出，经过冷凝和分离后，一部分回流，一部分作为轻馏分收集；从预分馏塔底引出的 60～145℃的原料油，通过泵送到预加氢加热炉 2 与氢气混合加热到 340℃，送至预加氢反应器 3，在压力 1.8～2.5MPa 和催化剂的作用下，进行脱硫、脱氮等反应，同时还吸附砷、铅等易使铂催化剂中毒的化合物。预加氢反应后，反应物进入预加氢汽提塔 4，在塔的中下部吹入一部分来自重整工段的含氢气体，以脱除预加氢生成的硫化氢、氨及水等。从汽提塔底获得预处理后的重整原料油进入第一加热炉 5，根据催化剂类型的不同，炉的出口温度控制在 490～530℃，反应压力一般为 2～3MPa，进入第一反应器 6，由于生成芳烃的反应都是强吸热反应，因此，一般重整反应分成三个反应器，中间加热以补偿热量消耗。经连续三次反应后便完成重整反应。再经加氢除烯烃及稳定塔和脱戊烷塔处理，塔底得重整油。重整油中芳烃经抽提后，所余下的部分称抽余油，可混入商品汽油，也可作为裂解制乙烯的原料。将抽提出来的混合芳烃经精馏后可分别得到纯苯、甲苯、二甲苯。

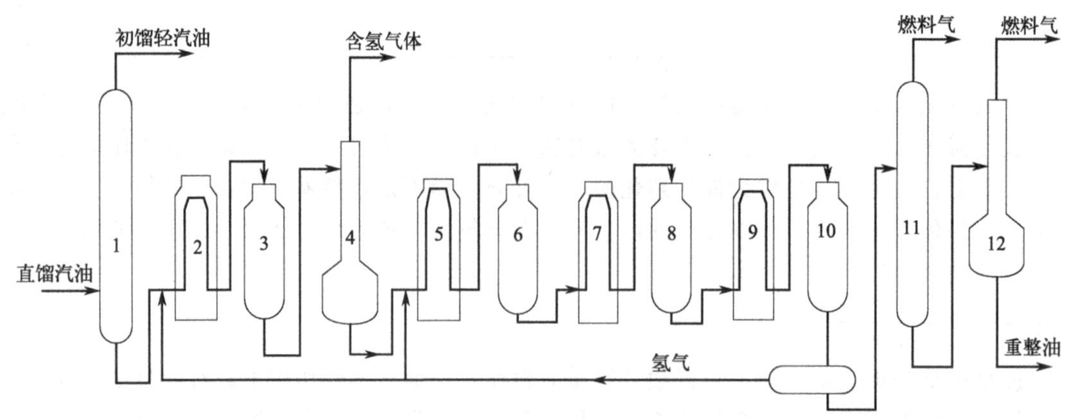

1—预分馏塔；2—预加氢加热炉；3—预加氢反应器；4—预加氢汽提塔；5—第一加热炉；6—第一反应器；7—第二加热炉；8—第二反应器；9—第三加热炉；10—第三反应器；11—稳定塔；12—脱戊烷塔

图 1-18 催化重整部分的工艺流程

1.4 化工生产过程的异常问题处理

异常过程故障诊断方法最早可追溯到 20 世纪 70 年代，美国学者 Beard 提出了利用解析冗余代替物理冗余的故障诊断思想，奠定了故障诊断理论的基础。化工生产过程具有易燃、易爆、高温、高压、有毒等特点，而且各个生产环节之间紧密联系。化工异常问题处理是在化工生产过程中，工艺过程、产品质量、工艺控制参数等要素发生异常时，能得到快速妥善处理，并有效反馈与矫正，确保生产过程稳定运行的一种工艺管理办法。

1.4.1 化工生产过程异常问题特点

化工生产的研究对象多为分子结构组成复杂的体系，分子间的作用复杂多样，建立解析及关联性难度较大。在化工系统中采集到的原始数据，大多呈非线性、高噪声、变量间存在多重相关性等特征。

基于化工过程的特性，难以获得研究对象的精确数学模型，使基于数学模型的故障诊断方法在实际应用中面临着巨大的挑战。化工生产系统中，无论是整个工厂还是单独一个生产单元，生产过程都有大量的仪器仪表，产生大量的数据，虽然可以从这些过程中获得许多信息，但是要从观测的数据中实现对过程情况的评估，已超出操作员或工程师的能力范围。

1.4.2 异常过程检测和诊断

异常过程是指其运行行为偏离了正常状态，过程检测与诊断的任务是选取有效的方法发现过程中的异常事件，并能识别和诊断出生产过程异常事件的根源，进而指导操作人员正确处理异常问题。化工生产过程中，常规的过程监控方式是以关键变量的报警为主，辅以操作人员的经验，但这种操作的缺点是单变量报警未考虑各变量之间的组合关联，且过度依赖仪表的可靠性和操作员经验。通常单变量报警出现时，故障实际上已经发生甚至进入尾声，导致技术人员不能及时察觉，然而在故障发生的早期能及时预警并识别故障才是异常过程的关键。

（1）过程检测

过程检测是过程故障诊断系统中最重要的部分，直接影响着过程故障诊断系统的准确性。过程检测部分的主要任务是根据采集的样本数据判定过程中是否存在故障，若存在故障则给出故障警告，若未发现异常则对下一个样本进行检测。

（2）故障识别

过程检测部分发现故障后，故障识别部分将对故障的性质、类型等信息进行识别，并将信息呈递给管理人员。因此，故障识别部分能帮助管理人员找到故障发生的原因和位置，为下一步决策提供有效信息。目前，故障识别的主要研究集中在两个方面：锁定故障状态下的异常变量；根据历史故障信息，判定故障的具体类型。

1.4.3 化工生产过程异常问题及常用的分析

化工生产装置有高度自动化、现代化和连续化的特点，由设备和管线相连接组成的各种生产工序和自动化调节的仪表、电气组成。在生产过程中，操作人员借助设备、仪表来控制生产工艺参数，如温度、液位、压力、流量等，使这些条件在所确定的范围内进行波动，从而实现安全、稳定生产，若运行中出现不符合规定的工艺条件，生产过程就会发生异常现象。

化工生产装置异常现象包括工艺的异常波动和外界的异常影响，其中工艺的异常波动主要由工艺操作和机械、电气、仪表等方面的原因所致，异常影响如果处理不当，会导致各类事故发生。而异常工艺波动如果不能准确找出原因及时处理，也会演化为事故。

化工生产异常问题的处理方法通常按照异常（故障）检测、故障识别、故障隔离、故障分析、故障修复、恢复正常生产的过程展开，图 1-19 为化工生产过程故障处理流程图。

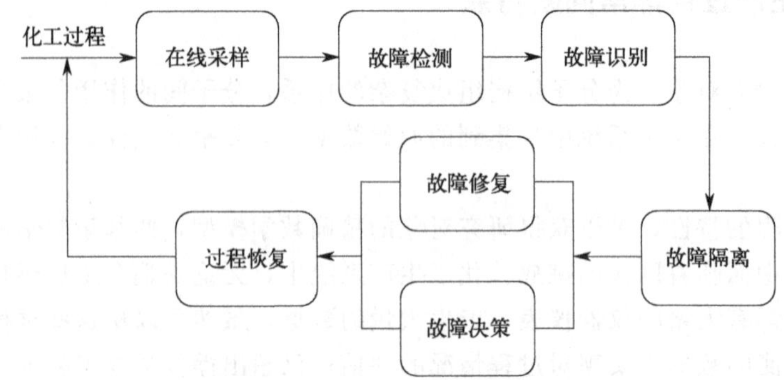

图 1-19 化工生产过程故障处理流程

化工生产通常发生异常现象的原因很多，主要有以下几种：

① 生产中由于原材料的质量和数量发生变化，引起产品质量和产量的下降。

② 生产故障引起的异常现象。

③ 公用工程中供汽、供水、供电、供冷等发生变化，导致生产出现异常现象。

④ 由于调节回路和仪表发生故障、失灵而造成的生产事故。

⑤ 因分析检验的错误引起的事故。如炉内的煤气和氧含量失误，点火可能会引起爆炸等。

化工生产异常问题处理要求迅速、精准，并能够快速恢复正常生产。在化工生产异常问题处理过程中，问题分析通常是异常问题处理过程的关键环节。异常问题处理分析常采用管理学的人、机、料、法、环、测的分析思路展开，图 1-20 为化工生产过程异常问题处理分析方法。

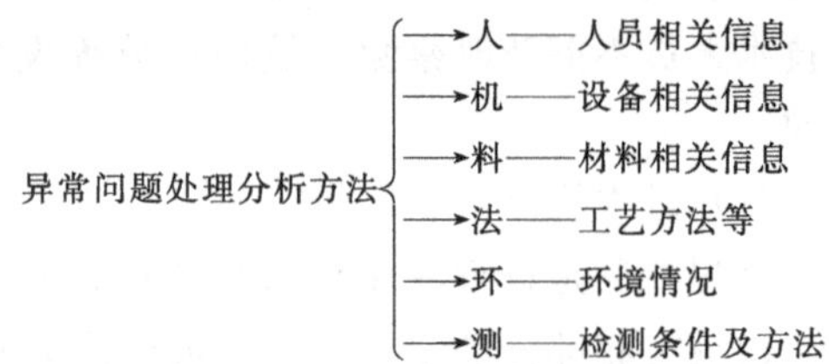

图 1-20 化工生产过程异常问题处理分析方法

为了便于对化工生产异常问题进行准确分析，在生产实际中，很多企业采用鱼刺图的形式对异常问题进行分析，并能把异常问题透彻分析到最末端的要素。图 1-21 为化工生产过程异常问题处理分析鱼刺图。

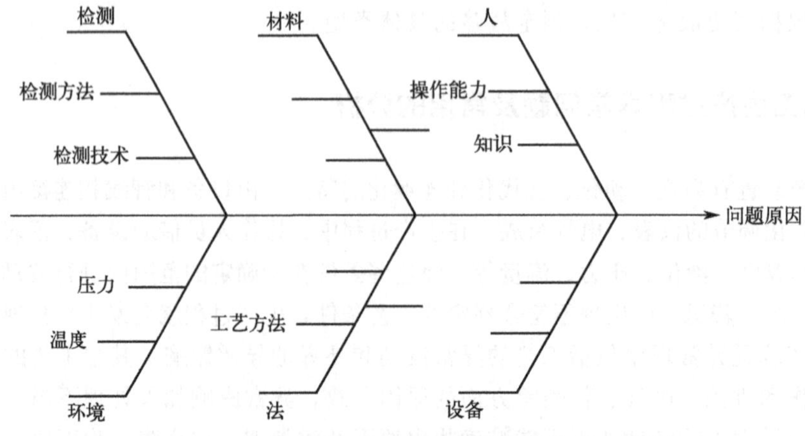

图 1-21 化工生产过程异常问题处理分析鱼刺图

化工生产中一旦出现异常现象，操作人员要迅速而准确地做出判断，并熟练地加以调整，通过专业人员的处理，使工艺条件恢复到正常。因此要求操作人员对本岗位的生产工艺、参数条件、设备情况、仪表和分析等各个方面具有全面的知识和熟练的操作技术，以增强对事故的判断力。同时要求操作人员总结本岗位历史发生的不正常现象，从而找出规律防止生产事故的发生。

1.5 尼龙化工工艺课程的性质和主要学习方法

1.5.1 尼龙化工工艺课程的性质

尼龙化工工艺是化工类的一门专业课，要求学生具备化学基础、化工制图、化工单元操作、化学反应、化工分离过程等基本知识后进行学习。尼龙化工工艺以市场需求为原则，是为满足地方社会经济发展需要而产生的应用型本科院校专业课程，行业特色鲜明。该课程以面向尼龙化工产业培养行业人才为主要目的。

（1）尼龙化工工艺课程的特点

尼龙化工工艺课程建立了以提高基本技能与专业技能为目标的实践教学体系，以提高综合能力和化工设计为目标的创新体系。课程教学侧重实践和应用训练，注重由课堂向化工生产实际的延伸，能够确保实习、实训环节协同进行。课程主要培养学生解决工程实际问题的科学方法和实际能力。课程为了培养学生适应社会的能力、创业发展的能力，在理论教学体系与实践教学体系之外，构建了以化工生产异常处理为主线的课外创新体系，其内涵不仅包括学生专业素养与专业技能进一步提高，还包括其综合能力的扩充。该课程为学生提供了充分参与实践的条件，成为学习与实践之间的桥梁、师生互动的纽带。

（2）教学方法

尼龙化工工艺课程科学合理控制课时授课量，确保知识点高质量地被学生吸收。通过调节授课内容，通过板书、实例等方式，把课程的难点、重点在课堂上详细讲解，使学生对所学内容充分吸纳和梳理。课程能够把握学科的前沿，在学习过程中通过对工艺、设备及过程控制的详细介绍使专业学生认识到化工生产安全、稳定、长周期、满负荷生产的意义。

（3）学习任务

尼龙化工工艺课程的主要任务是以尼龙化工生产过程的共性为基础，介绍必备的尼龙化工系列产品基础知识，通过工艺过程中的物理因素、化学因素和工艺影响因素的分析进行工艺过程的优化处理，培养学生的知识应用能力、分析问题和解决问题的能力，使学生学会并掌握工艺影响因素分析的方法和步骤、具备流程配置和设计的基本能力，重点掌握化工生产中实现所确定工艺条件的手段，为学习后续专业课和将来从事相关工程技术工作打好基础。

1.5.2 尼龙化工工艺课程学习方法

尼龙化工工艺课程是根据化学工业的结构特点，按照“掌握基本知识，注重能力培养”的目的，讲述尼龙化工工艺的基础知识、基本原理及应用技术。其主要内容包括尼龙化工艺的基本概念与基础知识，化工资源路线及其产品网络，化工生产过程中工艺影响因素的分析和生产工艺条件的确定以及工程实现的手段，工艺流程的配置与评价，化工过程的安全和“三废”处理技术，以典型化工生产过程来总结和概括原料路线和生产路线的选择以及对生产过程分析的目的、意义、方法和手段。

本课程是尼龙化工工艺知识与理论的提炼及归纳，突出理论与实际的结合，强调基础知识与工艺原理的应用。学习时，应注意运用基础科学理论、化学工程原理和方法及相关工程学知识，分析、组织和评价典型尼龙化工产品生产工艺，通过作业、现场实践教学、课堂讨论、参加实际生产装置的学习和技术改造等多种方式，培养分析和解决工程实际问题的能力及创造能力。教学以学生为主体，突出案例教学、项目化教学、过程教学，采取形式多样的考核方式。

习题

1. 影响煤干馏的主要因素有哪些？
2. 在进入炼油装置前，原油为何要脱除水和盐？
3. 简述尼龙化工生产工艺的四个步骤。
4. 简述煤干馏过程中经过的三个阶段。
5. 简述煤的结焦机理。
6. 简述加氢裂化工艺的优缺点。
7. 简述下列催化重整工艺流程。

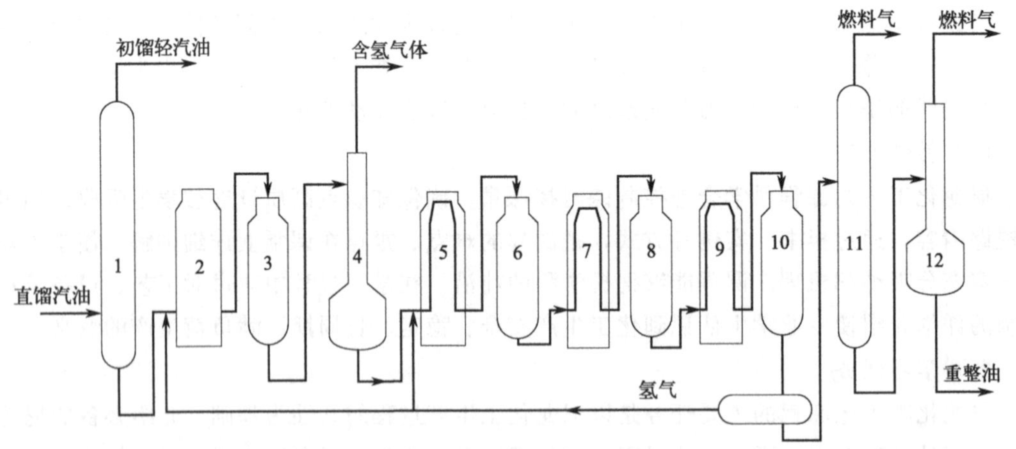

催化重整工艺流程

1—预分馏塔；2—预加氢加热炉；3—预加氢反应器；4—预加氢汽提塔；5—第一加热炉；6—第一反应器；7—第二加热炉；8—第二反应器；9—第三加热炉；10—第三反应器；11—稳定塔；12—脱戊烷塔

8. 在石油加工和精制过程中为何要脱除其中的胶状物质？
9. 煤化作用是什么？
10. 简述煤的变质作用。

2 氢气加工工艺

学习目的及要求

1. 了解氢气的性质和用途；
2. 理解氢气的制备方法、氢气的制备原理、甲烷制备氢气的主要设备及结构特点；
3. 掌握甲烷制备氢气的工艺原理、工艺条件和工艺流程。

2.1 概述

氢是自然界含量最丰富的元素，氢气常温常压下是一种极易燃烧、无色无味且难溶于水的气体。氢气是已知的密度最小的气体，也是分子量最小的物质。氢气不仅是一种应用十分广泛的化学原料，也是一种十分清洁的能源，工业上广泛应用于合成氨、石油炼制、煤化工、燃料、过氧化物的生产等等，主要用作还原剂。氢气具有燃烧清洁和无温室气体排放等特点，这使其拥有成为未来替代能源的巨大潜力。

地球上存在的天然氢极少，氢主要以水（H_2O）、甲烷（CH_4）、氨（NH_3）等化合物的形式存在。作为一种清洁、高效、可再生的二次能源，氢的燃烧焓约为140MJ/kg，反应速度快，释放能量后的副产物是水，对环境无污染，但是，氢气在空气中燃烧会和其他燃料一样产生NO_x，但比石油基燃料产生的NO_x低80%。当空气中氢气的体积分数为4%～75%时，遇到火源，可引起爆炸。氢气可以循环使用，图2-1为氢气燃料电池循环图。

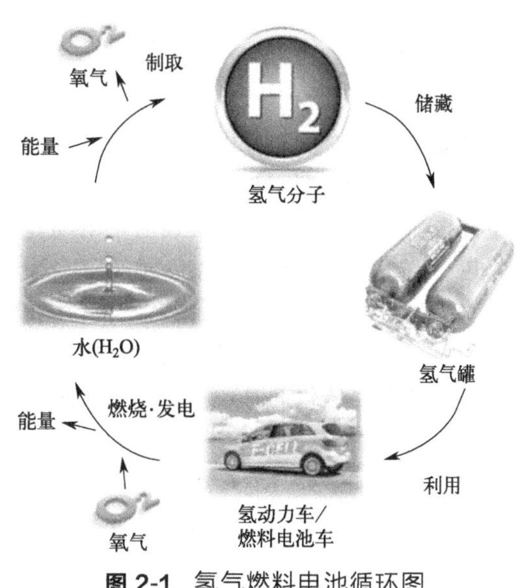

图 2-1 氢气燃料电池循环图

2.1.1 氢的性质

氢是元素周期表中第一种元素，也是最轻的元素，原子量为1.0079，分子量为2.016，它是组成水、石油、煤炭及有机生命体等的一个重要元素。两个氢原子结合在一起成为氢分子，氢极难溶于水，也很难液化。在1个标准大气压下，氢气在－252.8℃时，变成无色无味的液体，在－259.2℃时能变成雪花状的白色固体。在标准状态下，1L氢气的质量为 0.0899g，氢气质量约是同体积空气的 1/14。氢主要以化合状态存在于水和碳氢化合物中，氢在地壳中的质量分数为 0.01，图 2-2 为氢气分子模型图。

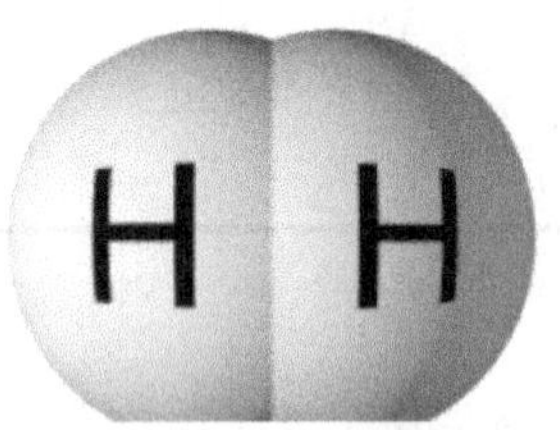

图 2-2 氢气分子模型

氢气的制备在工业上通常采用天然气或水煤气制氢气，一般不采用高耗能的电解水方法。氢气分子可以进入许多金属的晶格中，造成“氢脆”现象，使得氢气的存储罐和管道需要使用特殊材料，使设计和加工过程更加复杂，气态氢的物理性质见表 2-1。

表 2-1 气态氢的物理性质

性质(单位)	数据
密度/(g/L)	0.089
焓/(J/mol)	8468
黏度/(mPa·s)	0.0101

液氢是氢气的液体形式，氢气的化学性质，液氢都具有，氢气常温下性质稳定，在点燃或加热的条件下能跟许多物质发生化学反应。液氢是高能、低温液体燃料，液氢主要用于火箭发动机推进剂，液氢的物理性质见表 2-2。

表 2-2 液氢的物理性质

性质	数据	性质	数据
熔点(三相点)/K	13.947	临界压力/kPa	1315
沸点/K	20.38	临界体积/(cm^3/mol)	66.949
临界温度/K	33.18	汽化热/(J/mol)	899.1

氢气在一般溶剂中的溶解度很低。表 2-3 为氢气在常见溶剂中的溶解度（25℃）。氢在气态、液态和固态都是绝缘体。

表 2-3 氢气在常见溶剂中的溶解度

溶剂	溶解度/(mL/L)	溶剂	溶解度/(mL/L)
水	19.9	丙酮	76.4
乙醇	89.4	苯	75.6

氢能和很多物质进行化学反应，在进行化学反应形成化合物时其具有价键特征。氢原子失去其 1s 电子就成为 H^+ 离子，实质上就是氢原子核或质子。质子的半径比氢原子的半径要小许多倍，使质子有相对很强的正电场。因此它总是和别的原子或分子结合在一起形成新的物质。由于 H—H 键键能大，在常温下，氢气比较稳定。除氢与氯可在光照条件下化合及氢与氟可在冷暗处化合外，其余反应均在较高温度条件下才能进行。虽然氢的标准电极电势比 Cu、Ag 等金属低，但当氢气直接通入其盐溶液后，一般不会置换出这些金属。在较高温度（尤其存在催化剂时）下，氢很活泼，能燃烧，并能与许多金属、非金属发生反应。

（1）与金属的反应

因为氢原子核外只有一个电子，它与活泼金属，如钠、锂、钙、镁、钡等作用而生成氢化物，可获得一个电子，呈负价。其与金属钠、钙的反应式为

$$H_2 + 2Na \longrightarrow 2NaH \tag{2-1}$$

$$H_2 + Ca \longrightarrow CaH_2 \tag{2-2}$$

在高温时，氢能将许多金属氧化物中的氧夺取出来，使金属还原。如氢与氧化铜、四氧化三铁的反应式为

$$H_2 + CuO \longrightarrow Cu + H_2O \tag{2-3}$$

$$4H_2 + Fe_3O_4 \longrightarrow 3Fe + 4H_2O \tag{2-4}$$

（2）与非金属的反应

氢能与很多非金属作用，均失去一个电子而呈现正 1 价，其反应式为

$$H_2 + F_2 \longrightarrow 2HF\text{(爆炸性化合)} \tag{2-5}$$

$$H_2 + Cl_2 \longrightarrow 2HCl \tag{2-6}$$

$$H_2 + I_2 \rightleftharpoons 2HI \tag{2-7}$$

$$H_2 + S \longrightarrow H_2S \tag{2-8}$$

$$2H_2 + O_2 \longrightarrow 2H_2O \tag{2-9}$$

在高温时，氢能将氯化物中的氯夺取出来，使金属和非金属还原，其反应式为

$$SiCl_4 + 2H_2 \longrightarrow Si + 4HCl \tag{2-10}$$

$$SiCl_3 + 3/2H_2 \longrightarrow Si + 3HCl \tag{2-11}$$

$$TiCl_4 + 2H_2 \longrightarrow Ti + 4HCl \tag{2-12}$$

2.1.2 氢能的特点

氢能是指以氢及其同位素为主体的反应或氢的状态变化过程所释放的能量，包括氢核能和氢化学能两大部分，氢能是未来最理想的二次能源。

作为能源，氢能有许多优异的性能。氢是元素周期表中的第一号元素，在所有元素中，氢原子结构最简单，它由一个带正电的原子核和一个核外电子组成；在所有气体中，氢气的导热性最好，比大多数气体的热导率高出 10 倍，因此在能源工业中，氢是最好的传热载体；氢气来源广泛，地球上的水储量为 1.36×10^{18}t，是氢取之不尽，用之不竭的重要源泉；除核燃料外，氢的发热值为 1.4×10^{5}kJ/kg，是汽油发热值的 3 倍，是所有化石燃料、化工燃料和生物燃料中最高的；氢燃烧性能好，点燃快，与空气混合时有广泛的可燃范围，而且燃点低，燃烧速度快；氢气无色无味无毒，并可循环使用；氢能利用形式多样，既包括氢与氧燃烧所放出的热能、在热力发动机中产生的机械功，又包括氢与氧发生电化学反应用于燃料电池直接获得的电能；氢还可以转换成固态氢，用作结构材料，用氢代替煤和石油，不需对现有的技术设备做重大的改造，将现在的内燃机稍加改装即可使用；氢能存储方式多样，可以气态、液态或固态的形式出现，能满足储运及各种应用环境的不同要求；氢气环保性能好，与其他燃料相比，氢燃烧时清洁，不会对环境排放温室气体，除生成水和少量氮化氢外，不会产生诸如 CO、CO_2 的碳氢化合物、铅化物和粉尘颗粒等对环境有害的污染物质；氢气潜在的经济效益高，目前，氢的主要来源是石油产品的提炼、煤的气化和水的分解等，成本比较高，未来可以通过利用太阳能等能源大量制氢，使氢的成本进一步降低，促使制氢的价格与化石燃料的价格相匹配。

2.1.3 氢的用途

氢的用途是由氢的性质决定的。氢是重要工业原料，工业上用来制备合成氨和甲醇，也

用来提炼石油；氢化有机物质作为压缩气体，可以用在火箭燃料中；在高温下用氢还原金属氧化物以制取金属，能够得到高纯度金属；氢气广泛用于钨、钼、钴、铁等金属粉末和高纯锗、硅等材料的生产；氢气与氧气化合时能够放出大量的热，可以用来进行金属切割。

氢作为清洁能源，能用于汽车等的燃料。美国于 2002 年提出了国家氢动力计划，但是由于技术还不成熟，还没有进行大批的工业化应用。2003 年科学家发现，使用氢燃料会使大气层中的氢增加 4～8 倍。认为可能会让等温层的上端更冷、云层更多，还会加剧臭氧洞的扩大。但是一些因素也可抵销这种影响，如氯氟甲烷的使用减少、土壤的吸收以及燃料电池新技术的开发等。图 2-3 为氢能源汽车模型图。

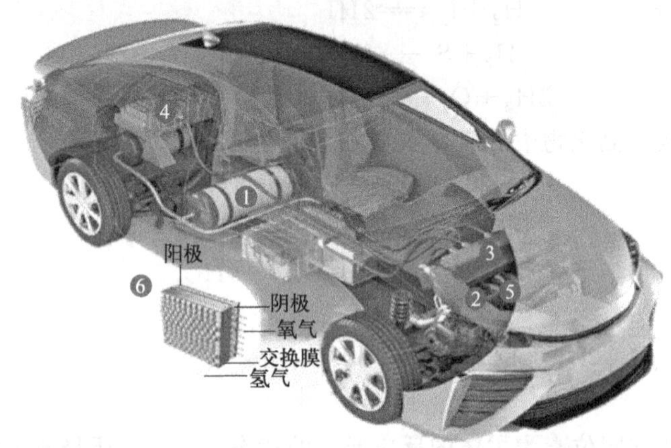

1—高压氢气罐；2—进气格栅；3—动力控制单元；4—动力电池；5—驱动电机；6—燃料电池

图 2-3 氢能源汽车模型

常温下，氢不太活泼，但可用合适的催化剂使之活化。在高温下，氢是高度活泼的，除稀有气体元素外，几乎所有的元素都能与氢生成化合物。非金属元素的氢化物通常称为某化氢，如卤化氢、硫化氢等；金属元素的氢化物称为金属氢化物，如氢化锂、氢化钙等。

利用氢的同位素氘和氚的原子核聚变时产生的能量能生产杀伤和破坏性极强的氢弹，其威力理论上是原子弹的 8 倍，实际能达到 100 倍；产生的能量也能用于发电，但因为技术原因，核聚变发电目前还无法大量应用。

2.2 氢气制备技术

自然界没有纯的氢气，氢气是通过其他化学物质分离、分解得到。制氢技术可分为传统制氢技术和新型制氢技术，氢气的制备原料为烃类化合物或水等含氢化合物。

传统制氢技术是以煤炭、石油、天然气等化石能源为原料，经过一系列变化过程生产氢气。化石能源制氢工艺技术成熟，原材料相对廉价，制取成本低，是目前最主要的制氢技术。传统制氢过程中会排放大量的温室气体，消耗大量的水，对环境造成污染。随着环境问题日益受到人们的重视，基于可再生能源利用的新型制氢技术越来越受到重视。新型制氢技术包括太阳能制氢、风能制氢、生物质制氢等。新型制氢技术与氢能结合起来，可以实现全过程二氧化碳零排放。但大多数新型制氢技术还处于实验室阶段，无法进行产业化。

2.2.1 煤制氢技术

煤制氢技术是指煤气化制氢，即原料煤在特定的气化炉内与加入的气化剂（水蒸气）和空气在一定的温度和压力下发生化学反应，使煤炭中的有机质最大限度气化，产生氢气与一氧化碳。再经过一氧化碳变换和分离，最后提纯得到一定纯度的氢气产品。煤气化制氢工艺路线一般包括原料预处理、煤气化、煤气净化、一氧化碳变换、氢气提纯等生产单元。煤气化制氢技术路线一般流程如图 2-4 所示。

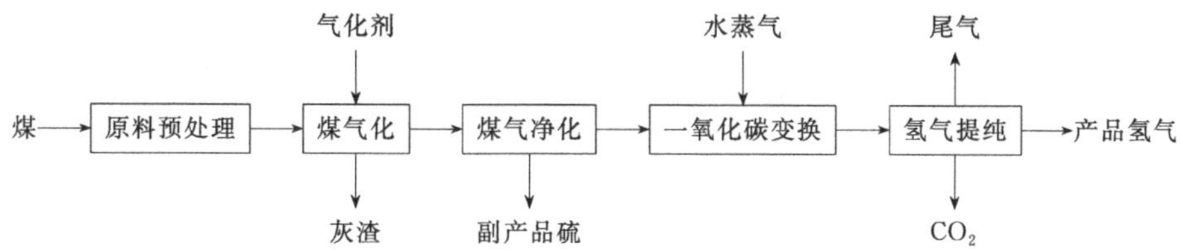

图 2-4 煤气化制氢技术路线

煤气化制氢的关键技术在气化发生装置，按照原料煤与气化剂在气化发生装置内流动过程中的不同接触方式，将煤气化制氢分为固定床气化技术、流化床气化技术、气流床气化技术、地下气化技术等。

2.2.2 甲醇制氢技术

甲醇水蒸气重整制氢相对于其他制氢工艺具有耗能低、操作简单、无污染、投资少等特点，因此选择甲醇制氢工艺比较经济。甲醇制氢工艺为吸热反应，反应通常在温度为 250～300℃、压力为 1～5MPa、H_2O 与 CH_3OH 摩尔比为 1.0～5.0 的条件下进行，工艺流程大致有以下几个过程。

(1) 原料汽化过程

将甲醇和水按确定的比例送入原料液储罐，在其中充分混合后由计量泵加压打入预热器中，原料在其中进行预热至转化温度后进入汽化塔。

(2) 催化转化过程

在汽化塔内经过高温汽化后的甲醇、水蒸气混合物经过加热器被外部导热油加热至反应温度后进入列管式反应器内，在反应器床层内催化剂的作用下完成气相催化裂解和 CO 转化反应。反应方程式为：

$$CH_3OH \longrightarrow CO + 2H_2 \qquad \Delta H = -90.8\text{kJ/mol} \tag{2-13}$$

$$CO + H_2O \longrightarrow CO_2 + H_2 \qquad \Delta H = -41.19\text{kJ/mol} \tag{2-14}$$

(3) 混合气冷却、冷凝过程

列管式反应器底部出来的混合气进入预热器与混合原料液进行换热降温后进入通有冷却水的冷凝器，冷却水将反应生成的混合气的热量带走，混合气被冷凝至液体，冷凝后的混合物进入水洗塔除去剩余的甲醇，经过水洗塔后的转化气再经解析塔将含碳物质从混合物中分离出来，分离后的物质从解析塔塔底流出后由泵返回水洗塔继续除杂，而从水洗塔塔顶流出的物质则进入变压吸附工段，按照工艺要求对氢气进行提纯。甲醇制氢工艺流程如图 2-5 所示。

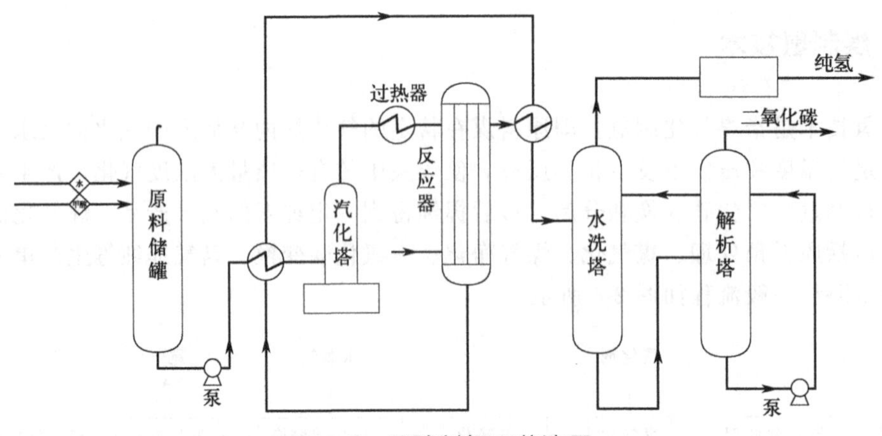

图 2-5 甲醇制氢工艺流程

2.2.3 天然气制氢技术

甲烷是煤层气、沼气和天然气的主要成分。随着石油资源的日益枯竭，储量丰富的天然气资源已成为能源和化工的主要原料之一。

甲烷的化学化工利用大致可分为以下途径。

(1) 间接转化法

将天然气（CH_4）转化成合成气（CO 和 H_2 的混合气体），再转化成其他的化工原材料。合成气作为化工原料，在化学工业上用途广泛，可用于合成液体燃料，特别是通过合成可制备甲醇、甲醛等一系列重要的化工产品。其中某些生产过程如氨和甲醇的生产等早已实现工业化，但是由于合成条件的苛刻及能耗较大，仍然有必要对合成气的工艺技术及其催化剂做进一步的开发研究以期达到降耗节能、减排优化的目的。

(2) 直接转化法

甲烷直接转化成某种化工产品。例如，甲烷氧化制乙烯，选择氧化制备甲醇或甲醛等。由于乙烯、甲醇和甲醛都是重要的化工基本原料，而且又可由储量丰富的天然气转化而来，所以具有十分明显的应用前景，图 2-6 为天然气制氢产品图。

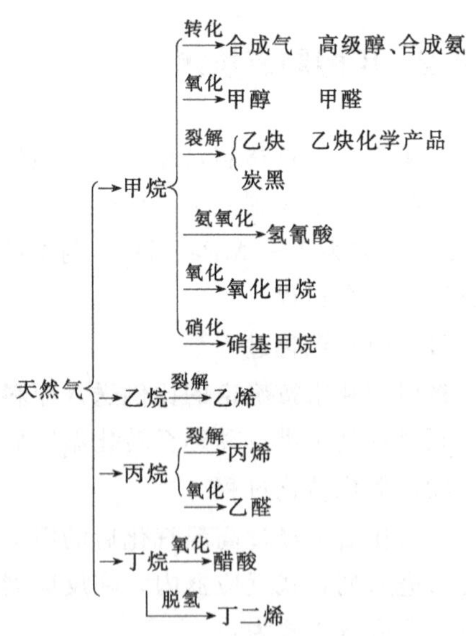

图 2-6 天然气制氢产品

2.2.4 新型制氢技术

新型制氢技术是指新能源制氢技术，使用绿色能源代替传统化石能源，实现制氢，该过程中二氧化碳为零排放。新能源制氢技术包括太阳能发电制氢技术、风能发电制氢技术、生物质制氢技术。

(1) 太阳能、风能发电制氢技术

太阳能发电制氢与风能发电制氢都是指通过太阳能、风能发电，用产生的电能电解水，在阴极产生氢气，阳极产生氧气。由于电解水制氢时不涉及其他反应，因此制备的氢气纯度很高，且全过程不直接使用化石燃料，制氢过程无污染。但由于电解水的速率低，氢气生产速度不够快，无法进行大规模生产。这种制氢技术比较简单便捷，适合在任何地方任何时候制备、储存和消费，适合未来分布式能源设备。

(2) 生物质制氢技术

生物质是指直接或间接利用光合作用形成各种有机物的总称，具有可再生性、存量丰富、低污染性和可储存性等优点。

农业及林业废弃物如秸秆、稻壳、纤维素、锯屑、动物粪便等是常见的生物质。生物质制氢是指通过一定的技术手段，使生物质里的有机成分经过一系列的化学变化，得到分解转化为富含氢气的混合气体，然后再经过分离提纯工艺，生产纯净的氢气。根据不同的生物质转化方法可以将生物质制氢分为生物质热化学制氢、生物制氢和电解生物质制氢。

生物质热化学制氢是指生物质在一定的热力学条件下发生裂解，转化为富含氢气的可燃性气体，将副产物焦油催化裂解为小分子气体，将CO经过一氧化碳变换与水蒸气反应转化为CO_2和H_2。生物质热化学制氢工艺流程简单，但生物质热解过程是一个复杂的热力学转化过程，易受到热解温度、压力、反应时间、催化剂等因素的影响。同时热解是一个强吸热过程，需要消耗一定量的化石燃料，造成一定的环境污染。

生物制氢的工艺流程简单，反应条件温和，不需要额外消耗化石燃料，具有全过程清洁、节能等诸多优点。但是该方法在降解大分子有机物方面存在一定困难，有机质利用率低，氢气产率不高，可操控能力差，运行成本较高，难以实现工业化生产，目前还处于实验室研发阶段。电解生物质制氢法是指先将生物质进行预处理，与液相催化剂一起制成混合液，然后再电解，制得氢气的一项技术。

同另外的制氢技术相比较，电解生物质制氢可以得到高纯度的氢气，无需分离杂质，且操作简单，产氢率高。但是电解过程中的中间产物和最终产物不明确，对电解后电解液中产生的有机物进行处理会造成一定的环境污染。

从表2-4可以看出，煤制氢费用低，但是环境污染严重。天然气制氢与煤制氢相比，污染小，催化剂要求较高。新型制氢技术最为清洁，但由于工艺不成熟，目前还无法进行大规模生产。

表2-4 制氢工艺比较表

制氢工艺	优点	缺点
煤制氢	原料资源丰富、价格便宜、工艺成熟、制取便宜	能耗高、水耗高、温室气体排放高、环境污染严重
天然气制氢	产量高、废物排放少、较煤制氢水耗少、更清洁	催化剂要求较高
电解水制氢	产品纯度高、副产物少、工艺清洁污染少	耗电量大、费用高、产氢速率低
太阳能制氢、风能制氢	技术简单快捷、全程无污染	产氢速率低，无法进行大规模工业化生产
生物质制氢	原料可再生、工艺清洁无污染	产氢速率低，过程不可控，还无法进行大规模生产

2.3 甲烷水蒸气重整制氢

甲烷是结构最简单的碳氢化合物，是优质的气体燃料。自然界甲烷作为天然气、页岩气、沼气、瓦斯、可燃冰的主要成分而存在，甲烷也是制造合成气和许多化工产品的重要原料。工业用甲烷主要来自天然气，经裂解、炼焦时副产的焦炉煤气及炼油时副产的炼厂气。此外，煤气化产生的煤气也提供一定量的甲烷。表 2-5 列出了部分气体的甲烷的体积分数。

表 2-5 部分气体的甲烷的体积分数

气体类别	天然气	焦炉煤气	烃类裂解气	煤气	沼气
甲烷体积分数/%	30～99	23～28	4～34.3	1～12	50～55

天然气指天然蕴藏在地下的气体混合物，一般指存在于岩石圈、水圈、地幔以及地核中的以烃类（甲烷、乙烷）为主的混合气体。全球天然气探明贮量丰富，2020 年探明为 188.1 万亿立方米。甲烷制氢指利用天然气中的甲烷制备氢气。

甲烷制氢方法主要有甲烷水蒸气重整、甲烷部分氧化、甲烷自热重整等。其中甲烷水蒸气重整法（SMR）是工业最为成熟的制氢技术，占世界制氢量的 70%，图 2-7 为甲烷制氢工艺分类图。

甲烷制氢：甲烷水蒸气重整；甲烷部分氧化；甲烷自热重整

图 2-7 甲烷制氢工艺分类

2.3.1 甲烷水蒸气重整反应的热力学分析

1926 年工业上开始甲烷水蒸气重整制氢，经过 90 多年的工艺改进，目前甲烷水蒸气重整制氢生产工艺为工业上最成熟的制氢技术之一，被广泛用于氢气的工业生产。甲烷在水蒸气重整转化反应的过程中主要发生的反应有（焓值均为常温 25℃时的值）

$$CH_4+H_2O \rightleftharpoons 3H_2+CO \qquad \Delta H=206.29\text{kJ/mol} \tag{2-15}$$

$$CO+H_2O \rightleftharpoons CO_2+H_2 \qquad \Delta H=-41.19\text{kJ/mol} \tag{2-16}$$

反应式(2-15) 和反应式(2-16) 为可逆反应，前者是强吸热反应，后者是放热反应。因此，由于两步反应的温度不同，需要在不同的反应器中分开进行。一定的条件下，在重整转化过程容易在催化剂表面发生积炭的反应式为

$$2CO \longrightarrow CO_2+C \qquad \Delta H=-172.5\text{kJ/mol} \tag{2-17}$$

$$CH_4 \longrightarrow 2H_2+C \qquad \Delta H=74.9\text{kJ/mol} \tag{2-18}$$

$$CO+H_2 \longrightarrow H_2O+C \qquad \Delta H=-131.47\text{kJ/mol} \tag{2-19}$$

2.3.1.1 反应平衡常数

根据甲烷水蒸气重整转化的两个可逆反应式(2-15) 和反应式(2-16)，其平衡常数分别为 K_{p_1} 和 K_{p_2}，平衡常数的表达式如下：

$$K_{p_1}=\frac{p_{CO}p_{H_2}^3}{p_{CH_4}p_{H_2O}} \tag{2-20}$$

$$K_{p_2}=\frac{p_{CO_2}p_{H_2}}{p_{CO}p_{H_2O}} \tag{2-21}$$

式中，p_i 分别表示系统处于反应平衡时 i 组分的分压，MPa。

甲烷水蒸气重整转化是在加压和高温下进行的，但是压力不太高，故可以忽略压力对平衡常数的影响。K_{p_1} 和 K_{p_2} 与温度的关系可用下式分别计算：

$$\lg K_{p_1}=-9864.75/T+8.366\lg T-2.0814\times10^{-3}T+1.8737\times10^{-7}T^2-11.894 \tag{2-22}$$

$$\lg K_{p_2}=2183/T-0.0936\lg T+0.632\times10^{-3}T-1.08\times10^{-7}T^2-2.298 \tag{2-23}$$

式中，T 为温度，K。

表 2-6 列出了计算得到不同温度下的反应式(2-15) 和反应式(2-16) 的平衡常数和热效应。

表 2-6 不同温度下反应式（2-15）和反应式（2-16）的平衡常数和热效应

温度/K	反应式(2-15)		反应式(2-16)	
	ΔH/(kJ/mol)	K_{p_1}	ΔH/(kJ/mol)	K_{p_2}
300	206.37	2.107×10^{-23}	−41.19	8.975×10^{4}
400	210.82	2.447×10^{-16}	−40.65	1.479×10^{3}
500	214.72	8.732×10^{-11}	−39.96	1.260×10^{2}
600	217.97	5.058×10^{-7}	−38.91	2.703×10
700	220.66	2.687×10^{-4}	−37.89	9.017
800	222.80	3.120×10^{-2}	−36.85	4.038
900	224.45	1.306	−35.81	2.204
1000	225.68	2.656×10	−34.80	1.374
1100	226.60	3.133×10^{2}	−33.80	0.944
1200	227.116	2.473×10^{3}	−32.84	0.697
1300	227.43	14.28×10^{4}	−31.90	0.544
1400	227.53	64.02×10^{4}	−31.00	0.441
1500	227.45	2.354×10^{4}	−30.14	0.370

由表 2-6 可见，在 900K 及以下的相同温度条件下，反应式(2-16) 的反应速度比反应式(2-15) 的反应速度快，相反，当反应温度高于 900K 时，则反应式(2-15) 的反应速度比反应式(2-16) 快。

2.3.1.2 反应平衡组成的计算

由于反应式(2-15) 和反应式(2-16) 是可逆反应，在某一反应温度条件下，反应各组分的含量会达到一个平衡值。可以利用反应平衡常数进行热力学计算得到一定条件下理论上各组分的平衡含量。

若进气中只含有甲烷和水蒸气，设水碳物质的量比为 m，系统压力为 p（单位为 MPa)，转化温度为 T（单位为℃)，假定没有其他副产物产生，计算的基准为 1mol CH_4。在甲烷转化反应达到平衡时，设 x_1 为甲烷重整转化反应式(2-15) 中甲烷的转化率，x_2 为变换反应式(2-16) 中一氧化碳的转化率，则达到平衡时各组分及分压见表 2-7。

表 2-7 各组分的平衡组成及分压表

组分	气体组成		平衡分压/MPa
	反应前	平衡时	
CH_4	1	$1-x_1$	$p_{CH_4}=\frac{1-x_1}{1+m+2x_1}p$
H_2O	m	$m-x_1-x_2$	$p_{H_2O}=\frac{m-x_1-x_2}{1+m+2x_1}p$
CO	—	x_1-x_2	$p_{CO}=\frac{x_1-x_2}{1+m+2x_1}p$
H_2	—	$3x_1+x_2$	$p_{H_2}=\frac{3x_1+x_2}{1+m+2x_1}p$
CO_2	—	x_2	$p_{CO_2}=\frac{x_2}{1+m+2x_1}p$
总计	$1+m$	$1+m+2x_1$	p

将表 2-7 中各组分的分压分别代入式(2-20) 和式(2-21)，得

$$K_{p_1}=\frac{p_{CO}p_{H_2}^3}{p_{CH_4}p_{H_2O}}=\left[\frac{(x_1-x_2)(3x_1+x_2)^3}{(1-x_1)(m-x_1-x_2)}\right]\left(\frac{p}{1+m+2x_1}\right)^2 \tag{2-24}$$

$$K_{p_2}=\frac{p_{CO_2}p_{H_2}}{p_{CO}p_{H_2O}}=\frac{x_2(3x_1+x_2)}{(x_1-x_2)(m-x_1-x_2)} \tag{2-25}$$

给定温度后，可根据式(2-22) 和式(2-23) 计算出 K_{p_1} 和 K_{p_2}，两个方程有 x_1、x_2 两个未知数，利用式(2-24) 和式(2-25) 联立求解非线性方程组，即可求得平衡条件下平衡气体的组成。表 2-8 列出了操作压力为 3.0MPa、水碳物质的量比为 3.0 时，不同温度下的平衡气体组成。

表 2-8 不同温度下的平衡气体组成

温度/℃	平衡常数		各组分浓度/%				
	K_{p1}	K_{p2}	CH_4	H_2O	H_2	CO_2	CO
400	5.737×10^{-5}	11.70	20.85	74.42	3.78	0.94	0.00
500	9.433×10^{-3}	4.878	19.15	70.27	8.45	2.07	0.05
600	0.5023	2.527	16.54	64.13	15.39	3.59	0.34
700	1.213×10^{1}	1.519	13.00	56.48	24.13	4.98	1.40
800	1.645×10^{2}	1.015	8.74	48.37	33.56	5.55	3.79
900	1.440×10^{3}	0.7329	4.55	41.38	41.84	5.14	7.09
1000	8.982×10^{4}	0.5612	1.69	47.00	47.00	4.36	9.85
1100	4.276×10^{5}	0.4497	0.49	48.85	48.85	3.71	11.33

由表 2-8 可见，随着温度的升高，数值增大明显，甲烷的浓度不断降低，说明甲烷转化率随温度增加而提高。氢气浓度和 CO 浓度随反应温度的升高而增大，K_{p_2} 数值减小，CO_2 的浓度是反应式(2-15) 和反应式(2-16) 的综合结果，因此，CO_2 浓度表现为先增加后降低的趋势。

2.3.1.3 影响反应平衡组成的因素

从反应式(2-15) 的平衡常数表达式分析，影响甲烷水蒸气转化平衡组成的因素有温度、压力和原料气中水蒸气对甲烷的物质的量比（即水碳物质的量比），影响关系如图 2-8 所示。

(1) 温度

甲烷水蒸气重整反应转化是吸热的可逆反应，从图 2-8 (a) 中可以明显看出温度对整个反应的影响。反应温度增加，甲烷平衡含量下降。因此，从降低残余甲烷含量考虑，操作中的转化温度应该高一些。但实际操作中由于受到反应管材质的限制，温度的选择一般在 650～1000℃之间。

(2) 压力

甲烷水蒸气转化是体积增大的反应，提高反应压力不利于反应向生成氢气方向进行。由图 2-8 (b) 可见，增加反应压力，甲烷平衡含量也随之增大。在实际操作中，一般采用 2.0～2.5MPa 的压力，这主要是为了减小反应器体积，并且减少在氢气输送过程中的能耗。

(3) 水碳物质的量比

所谓水碳物质的量比（简称水碳比）是指进口气体中水蒸气与含碳原料中碳分子总数之物质的量比。当原料都为甲烷时水碳比即为水蒸气和甲烷物质的量之比。这个指标表示在转化操作条件下工艺的蒸汽量。由图 2-8 (c) 可见，随着水碳物质的量比的增大，甲烷平衡含量减小，即甲烷的转化率增高。但是过高的水碳比会增加能耗，降低设备的生产能力。应该在考虑经济的条件下，选择合适的水碳比。工业上通常将水碳比选在 2.8～3.5 之间。

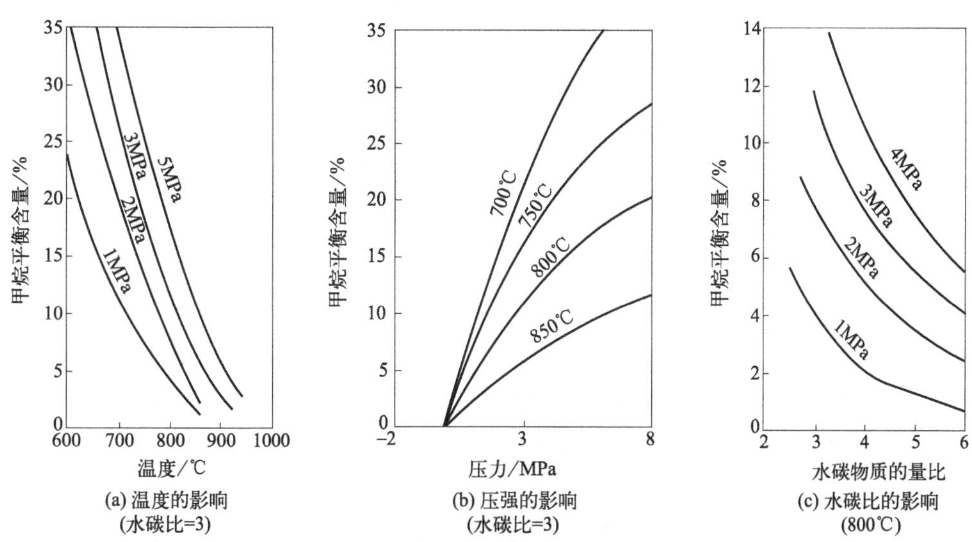

图 2-8 甲烷水蒸气转化中的影响因素

总之，从热力学角度来看，由于存在可逆平衡，甲烷水蒸气转化应尽可能在高温、高水碳比以及低压下进行。但是，在相当高的温度下，反应的速度仍很慢，这就需要催化剂来加快反应。为此，下面从动力学方面加以讨论。不同的催化剂决定反应的活化能不同，活化能不同决定了反应速率不同，而反应速率决定了反应器设计。因此，反应动力学的研究能为反应器设计和其他相应的工艺设计提供理论依据。

2.3.2 甲烷水蒸气重整反应的动力学分析

2.3.2.1 反应机理

在金属钌催化剂表面上，甲烷转化速率比甲烷分解速率快得多，中间产物不会生成炭。

甲烷和水蒸气离解成次甲基和原子氧，并在催化剂表面吸附，互相作用，最后生成 CO_2、H_2 和 CO。根据有关数据提出如下反应机理：

$$CH_4 + {}^* \rightleftharpoons CH_2^* + H_2 \tag{2-26}$$

$$H_2O + CH_2^* \rightleftharpoons CO^* + 2H_2 \tag{2-27}$$

$$CO^* \rightleftharpoons CO + {}^* \tag{2-28}$$

$$H_2O + {}^* \rightleftharpoons O^* + H_2 \tag{2-29}$$

$$CO + O^* \rightleftharpoons CO_2 + {}^* \tag{2-30}$$

式中，* 代表反应活性位点。

另外一种反应机理的解释为：甲烷可以通过多步离解生成 CH 碎片分子，并有可能进一步产生炭。机理分析如下：

$$CH_4 + {}^* \rightleftharpoons CH_x^* + 0.5(4-x)H_2 \tag{2-31}$$

$$CH_x^* \rightleftharpoons C^* + 0.5xH_2 \tag{2-32}$$

$$H_2O + {}^* \rightleftharpoons O^* + H_2 \tag{2-33}$$

$$C^* + O^* \rightleftharpoons CO + 2{}^* \tag{2-34}$$

式中，* 表示镍表面活性中心；上标 * 表示该组分被活性中心吸附。

以上两种反应机理，后者被更多的研究者支持，因为它可以解释反应积炭的现象。两者的共同点是：甲烷在催化剂下吸附、离解的速率是整个反应过程的控制步骤。

2.3.2.2 甲烷水蒸气反应动力学

根据上述甲烷水蒸气重整反应机理，表面甲烷的吸附为整个反应的控制步骤，整个反应的速率是由甲烷的吸附、离解过程控制的，于是甲烷水蒸气转化反应式(2-15) 的反应速率可以表示为

$$r = kp_{CH_4}\theta_z \tag{2-35}$$

式中，r 为甲烷转化反应速率，mol/(m^2 · h)；k 为反应速率常数，mol/(m^2 · h · MPa)；p_{CH_4} 为甲烷分压，MPa；θ_z 为活性镍表面上的自由空位分率。

当反应远离平衡时，经实验测定，式(2-35) 可以简化为一级不可逆反应，则

$$r = kp_{CH_4} \tag{2-36}$$

还可以列举出一些其他本征动力学表达式，见表 2-9。

表 2-9 甲烷水蒸气转化反应的动力学方程

序号	反应动力学	催化剂	压强/MPa	温度/℃
1	$r=\dfrac{p(CH_4)\times p(H_2O)}{10p(H_2)+p(H_2O)}$	NI-Al_2O_3	0.1	400～700
2	$r=p(CH_4)$	Ni	0.1	340～640
3	$r=\dfrac{p(CH_4)}{1+a\dfrac{p(H_2O)}{p(H_2)}+bp(CO)}$	Ni	0.1	800～900
4	$r=k\dfrac{p(CH_4)}{p(H_2)}$	-3^*	0.1	400～500
5	$r=k\dfrac{p(CH_4)}{p^{0.5}(H_2)}$	-3^*	0.1	600

续表

序号	反应动力学	催化剂	压强/MPa	温度/℃
6	$r=k\dfrac{p(CH_4)}{p^{0.5}(H_2)}\left[1-\dfrac{1}{K_p}\dfrac{p(CO)p^3(H_2O)}{p(CH_4)p(H_2O)}\right]$	—3*	4.1	600～800
7	$r=k\times p(CH_4)\ p(H_2O)$	Z-105*	3.0	650～800
8	$r=k\times p(CH_4)$	Z-105*	0.1～2.6	650～850

注：表中带 * 为催化剂型号。

2.3.2.3 甲烷水蒸气反应的宏观动力学

气-固相催化反应除了存在气-固两相之间的质量传递和热量传递过程外，还涉及反应组分在催化剂内的扩散和催化剂颗粒的导热性能的影响，所以要用宏观动力学来表示。

在气-固相催化反应中，气体的扩散速率对反应速率有显著的影响。在工业生产条件下，由于反应器内流速很大，所以普遍认为，在甲烷转化的过程中外扩散造成的阻力的影响可以忽略不计，而内扩散则有显著的影响。图 2-9 表明，随着催化剂粒度增大，反应速率和催化剂内表面利用率都明显降低，这反映了甲烷水蒸气转化反应为内扩散控制。因此，工业生产中采用粒径较小的催化剂颗粒或将催化剂制成环状或带槽沟的圆柱体都能提高转化反应的速率。

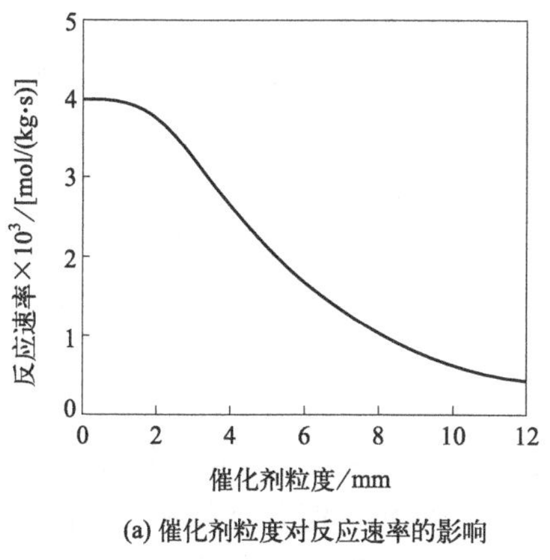

(a) 催化剂粒度对反应速率的影响

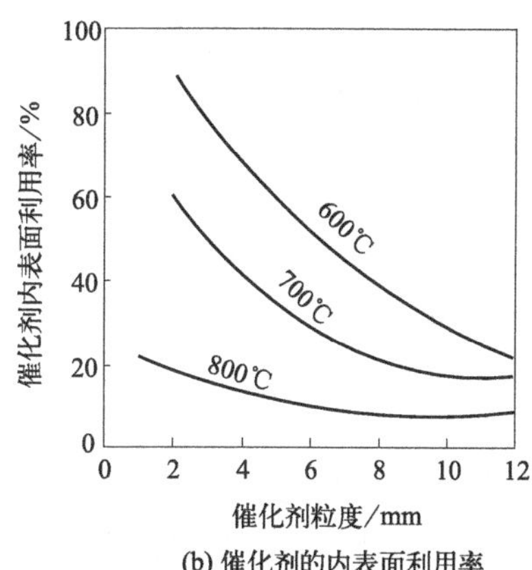

(b) 催化剂的内表面利用率

图 2-9 催化剂粒度对甲烷水蒸气重整反应的影响

在排除外部扩散的条件下，反应式(2-35) 和反应式(2-36) 的幂函数动力学表达式分别表示如下：

$$r_{CO}=A_2k_2\mathrm{EXP}\left(-\frac{E_2}{RT}\right)p_{CO}(1-\beta_2) \tag{2-37}$$

$$r_{CH_4}=A_1k_1\mathrm{EXP}\left(-\frac{E_1}{RT}\right)p_{CH_4}^{0.7}(1-\beta_2) \tag{2-38}$$

$$\beta_1=\frac{p_{CO}p_{H_2}^3}{p_{CH_4}p_{H_2O}}\times\frac{1}{K_{p_1}(p^{\ominus})^2} \tag{2-39}$$

$$\beta_2=\frac{p_{CO_2}p_{H_2}}{p_{CO}p_{H_2O}}\times\frac{1}{K_{p_2}} \tag{2-40}$$

式中，r 为所示组分 i 的反应速率，mol/(g・h)；p_i 为下标所示组分 i 的分压，MPa；

A_i 为第 i 个反应速率的总校正系数；k_i 为第 i 个反应的频率因子，kmol/(h・K)；E_i 为第 i 个反应的活化能，kJ/kmol；R 为气体常数，8.314kJ/(kmol・K)；$p^{\ominus}$ 为标准大气压，101.325kPa。

上述介绍的宏观动力学都是在排除外扩散和内扩散的条件下得到的，用这些方程式进行工业反应器数学模拟时，要考虑到催化剂的因素，如催化剂中毒、催化剂寿命、催化剂颗粒内部的温度差异以及其他工业因素等，这些众多因素可用校正系数 A_i 表示。

2.3.3 甲烷水蒸气重整反应的工业催化剂

甲烷水蒸气重整是当前工业上最常用的天然气制氢生产工艺，该工艺产氢气效率高，生产成本低。甲烷水蒸气重整过程中主要包括甲烷与水蒸气反应生成 CO 和 H_2、CO 和水蒸气发生水煤气变换反应生成 CO_2 和 H_2，以及 CO 和 H_2 发生甲烷化等反应过程。为了获得高纯度的氢气并限制积炭的形成，甲烷水蒸气重整一般在高温、高压、水蒸气与碳物质的量比为 3.5 左右条件下进行反应。催化剂可以分为两类，包括镍基催化剂及铂、铑贵金属催化剂。由于质量和热量传递的限制，工业上常用非贵金属镍基催化剂。

甲烷水蒸气重整反应是吸热的可逆反应，在高温下进行反应是有利的，但是即使在1000℃下，它的反应速率也很慢，因此需要采用催化剂来加快反应。在甲烷蒸汽重整催化反应过程中催化剂是决定操作条件、设备尺寸的关键因素之一。

重整反应也称为转化反应。由于转化反应的操作温度要求高，工业上通常为了提高甲烷转化率而采用两段转化工艺。一段转化的工艺温度通常在 600～800℃，而第二段蒸汽转化温度达到了 1000～1200℃。这种高温的操作条件很容易使催化剂的晶粒长大。因此，为了得到高活性的催化剂，需要把活性组分分散在耐热的载体上，同时载体还要有较高的强度。此外，还需要添加助剂以提高催化剂的抗硫、抗积炭性能，进一步改善催化剂的性能。

(1) 催化剂的制备方法

转化催化剂分为一段转化催化剂和二段转化催化剂两类。

催化剂的制备有共沉淀法、混合法和浸渍法。其中共沉淀法可制得镍晶粒小和分散度高的催化剂，因而活性较高，是目前广泛采用的方法。催化剂制备过程都需要高温焙烧过程，目的是使载体与活性组分或载体组分之间更好地结合，以增加催化剂的强度，减少催化剂的收缩并增加耐热性。催化剂大都制成环状，目的是提高活性、降低阻力。

在催化剂的工业开发过程中，镍性价比合适，是首选的主要活性组分。近年来，虽然出现了稀土低镍催化剂，但镍仍是不可缺少的部分。载体由硅酸盐到纯铝酸钙，直至发展到低表面耐火材料——陶瓷。

(2) 催化剂的还原

以镍催化剂为例，大多数商业镍催化剂是以氧化态存在的，它没有催化活性，使用前必须进行还原。还原按下述反应过程进行

$$NiO + H_2 \rightleftharpoons H_2O + Ni \qquad \Delta H^{\ominus}_{298K} = -1.26kJ/mol \tag{2-41}$$

由于热效应值很小，故实际还原操作中看不出温升，还原反应［式(2-41)］的平衡常数 K_p 与温度 T 的关系为

$$\lg K_p = \frac{p_{H_2O}}{p_{H_2}} = \frac{98.3}{T} + 2.29 \tag{2-42}$$

式中，T 的单位为 K。根据式(2-42) 计算不同温度下的 K_p，结果见表 2-10。

表 2-10 不同温度下的平衡常数

温度/K	500	600	700	800	900	1000	1100	1200
K_p	309	282	278	256	251	245	240	235

在还原反应中起决定作用的是水蒸气浓度与氢气浓度的相对关系，当 $p_{H_2O}/p_{H_2}<K_p$ 时催化剂被还原，当 $p_{H_2O}/p_{H_2}>K_p$ 时，催化剂被氧化。设定催化剂被氧化、催化剂氧化温度为 900K，查表 2-10 可知 $K_p=251$，所以若 H_2 的压力大于 0.4kPa 时，催化剂就能被还原。

工业中常用氢气和水蒸气，或甲烷（天然气）和水蒸气来还原镍基催化剂。加入水蒸气是为了提高还原气流的流速，促使气流分布均匀，同时也能抑制甲烷的裂解反应。为了保证还原彻底，一般控制在略高于重整转化反应的操作温度。

经过还原后的镍催化剂，在开停车以及发生操作事故时都有可能被氧化剂（水蒸气和氧气）氧化，其反应式如下：

$$Ni+H_2O \rightleftharpoons NiO+H_2 \qquad \Delta H_{298K}^{\ominus}=1.26kJ/mol \tag{2-43}$$

$$Ni+1/2O_2 \rightleftharpoons NiO \qquad \Delta H_{298K}^{\ominus}=-240.7kJ/mol \tag{2-44}$$

式(2-44) 为强放热反应，如果在水蒸气中有 1%O_2，反应就可造成 130℃的温升，如果在氮气中含 1%O_2，就可造成 136℃的温升。所以催化剂在停车需要氧化时应严格控制氧的浓度，还原态的镍在高于 200℃时不得与空气接触。

(3) 甲烷水蒸气重整催化反应过程的积炭和除炭

在工业生产过程中，转化反应的同时会发生 CO 歧化反应［式(2-17)］、甲烷裂解反应［式(2-18)］、CO 还原反应［式(2-19)］等副反应。这些副反应生成的炭黑会覆盖在催化剂表面，堵塞微孔，使甲烷转化率下降，从而使出口气中残余甲烷增多。同时，局部反应区域产生过热而缩短反应管寿命，甚至还会使催化剂粉碎而增大床层阻力。因此，必须了解转化过程的积炭机理和除炭的方法。

根据反应式(2-17)、式(2-18) 和式(2-19)，可以得到三个反应的平衡常数，分别表示为

$$K_{p_3}=\frac{p_{CO_2}}{p_{CO}^2} \tag{2-45}$$

$$K_{p_4}=\frac{p_{H_2}^2}{p_{CH_4}} \tag{2-46}$$

$$K_{p_5}=\frac{p_{H_2O}}{p_{CO}p_{H_2}} \tag{2-47}$$

平衡常数 K_{p_3}、K_{p_4}、K_{p_5} 与温度的关系如下：

$$\lg K_{p_3}=\frac{8952}{T}-2.45\lg T+1.08\times10^{-3}T-1.12\times10^{-7}T^2-2.77 \tag{2-48}$$

$$\lg K_{p_4}=-\frac{3278}{T}+5.848\lg T-1.476\times10^{-3}T+1.439\times10^{-7}T^2-11.951 \tag{2-49}$$

$$\lg K_{p_5}=-\frac{6350}{T}+1.75\lg T+1.5 \tag{2-50}$$

式中，T 为温度，K。

下面从热力学角度分析反应式(2-17)、反应式(2-18) 和反应式(2-19) 积炭的可能性。

① 温度的影响。因为反应式(2-18) 为吸热的可逆反应，反应式(2-17) 和反应式(2-19) 为放热的可逆反应，所以随着温度的提高，反应式(2-18) 裂解积炭的可能性增加。

② 压力的影响。因为反应 (2-18) 为体积增大的可逆反应，反应式(2-17) 和反应式(2-19) 为体积缩小的可逆反应，所以，随着压力的提高，反应式(2-18) 裂解积炭的可能性降低，而反应式(2-17) 和反应式(2-19) 积炭的可能性会增加。

从上述分析可以知道，温度和压力对上述积炭反应有着不同的影响，但是在转化过程中是否有炭产生，还取决于炭的沉积（正反应）和脱除（逆反应）的速率，即应进行积炭动力学的研究。

从炭的沉积速率看，CO 歧化反应即反应式(2-17) 生成炭的速率最快，从炭的脱除速率来看，炭与水蒸气的反应即反应式(2-19) 的逆反应最快，要比炭和二氧化碳的反应即反应式(2-17) 的逆反应快 2～3 倍，而炭与氢的反应速率较慢。同时，炭与二氧化碳的反应速率要比其正反应 CO 歧化反应快 10 倍左右，因此从动力学分析，只有使用低活性的催化剂时才存在积炭的问题。

综合以上热力学和动力学的分析，为了防止反应过程积炭，应使反应过程在热力学不生成炭的条件下进行，当反应必定通过热力学可能积炭的区域时（如蒸汽转化的反应管进口部分)，则应避免进入动力学积炭区域内。工业上主要通过增加水蒸气用量以调整气体组成和选择适当的温度和压力来解决。防止积炭的主要措施是提高水蒸气的用量、选择适宜的催化剂并保持良好的活性、控制原料的预热温度不要太高等。

(4) 催化剂的中毒和再生

硫、卤素和砷等对还原后的活性镍催化剂是有害的。硫对镍的中毒属于可逆的暂时性中毒。如果催化剂已中毒，只要使原料中的含硫量降到规定的标准以下，催化剂的活性就可以完全恢复。硫对镍催化剂的毒害随催化剂、反应条件不同而有差异。催化剂的活性愈高，它能允许的硫含量就愈低。温度愈低，硫对镍催化剂的毒害愈大。硫对镍基催化剂的毒害作用如图 2-10 所示。

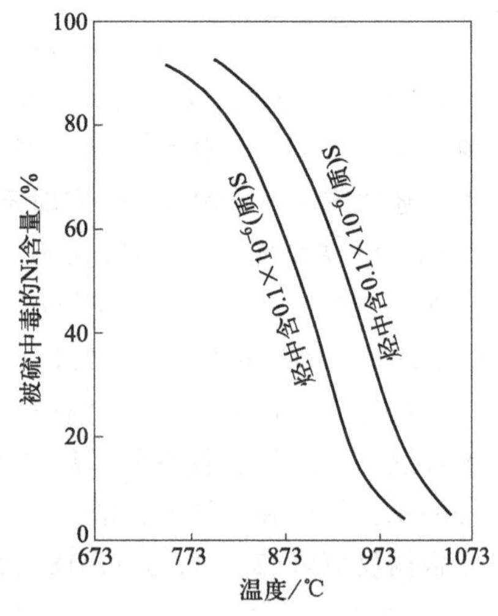

图 2-10 硫对镍基催化剂的毒害作用

2.3.4 甲烷水蒸气重整制氢工艺流程

甲烷水蒸气重整的整个工艺流程大致相同，如图 2-11 所示。该流程主要由原料气处理、蒸汽转化（甲烷蒸汽重整)、CO 变换和氢气提纯四大单元组成。

原料气经脱硫等预处理后进入转化炉中进行甲烷水蒸气重整反应。该反应是一个强吸热反应，反应所需要的热量由天然气的燃烧供给。由于重整反应是强吸热反应，为了达到高的转化率，需要在高温下进行，重整反应条件为温度维持在 750～920℃。由于反应过程是体积增大的过程，因此，反应压力通常为 2～3MPa。同时在反应进料中采用过量的水蒸气来提高反应的速度，工业过程中的水蒸气和甲烷的物质的量比（简称水碳比）

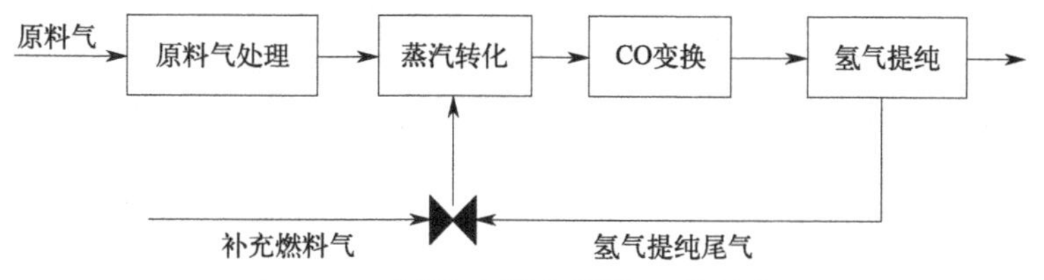

图 2-11 甲烷水蒸气重整工艺流程

一般为 2.8～3.5。

甲烷水蒸气转化制得的合成气，进入水汽变换反应器，经过两段温度的变换反应，使 CO 转化为二氧化碳和氢气，提高了氢气产率。高温变换温度一般在 350～400℃，而中温变换操作温度则低于 300℃。氢气提纯的方法包括物理过程的冷凝-低温吸附法、低温吸收-吸附法、变压吸附法（PSA）、钯膜扩散法和化学过程的甲烷化反应等方法。

目前甲烷水蒸气转化采用的工艺流程主要有美国 Kellogg 流程、Braun 流程以及英国帝国化学公司 ICI-AMV 流程。除一段转化炉和烧嘴结构不同之外，其余均类似，包括有一、二段转化炉，原料预热和余热回收。

图 2-12 为甲烷水蒸气转化的 Kellogg 流程，从图中可以看出，天然气经脱硫后，硫的质量分数小于 0.5×10^{-6}，然后在压力为 3.6MPa、温度 380℃左右配入中压蒸汽，当达到约 3.5 的水碳物质的量比后，进入一段转化炉的对流段预热，加热到 500～520℃，然后送到一段转化炉的辐射段顶部，分配进入各反应管，从上而下流经催化剂层，转化管直径一般为 80～150mm，加热段长度为 6～12m。气体在转化管内进行蒸汽转化反应，从各转化管出来的气体由底部汇集到集气管，再沿集气管中间的上升管上升，温度升到 850～860℃时，送到二段转化炉。

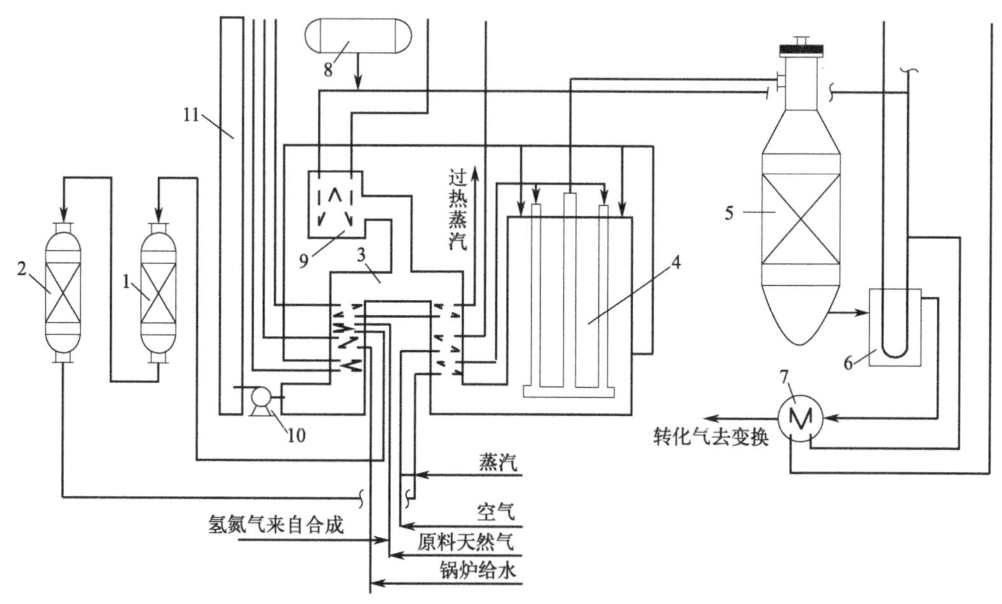

1—钴钼加氢反应器；2—氧化锌脱硫罐；3—对流段；4—辐射段（一段转化炉）；5—二段转化炉；6—第一废热锅炉；7—第二废热锅炉；8—汽包；9—辅助锅炉；10—排风机；11—烟囱

图 2-12 甲烷水蒸气转化的 Kellogg 流程

空气经过加压到3.3～3.5MPa，然后配入少量水蒸气，并在一段转化炉的对流段预热到450℃左右，进入二段炉顶部与一段转化气汇合并燃烧，使温度升至1200℃左右，经过催化层后出来的二段炉的气体温度约1000℃，压力为3.0MPa，残余甲烷含量在0.3%左右。

从二段炉出来的转化气依顺序送入两台串联的废热锅炉以回收热量，产生蒸汽，从第二废热锅炉出来的气体温度约为370℃，送往变换工序。天然气从辐射段顶部喷嘴喷入并燃烧，烟道气的流动方向自上而下，与管内的气体流向一致。离开辐射段的烟道气温度在1000℃以上。进入对流段后，依次流过混合气、空气、蒸汽、原料天然气、锅炉水和燃烧天然气各个盘管，当其温度降到250℃时，用排风机向大气排放。

习题

1. 甲烷水蒸气重整反应催化剂制备过程高温焙烧的目的是什么？
2. 氢气的性质和用途有哪些？
3. 简述氢能的特点。
4. 氢气的制备方法有哪些？
5. 简述煤制氢技术。
6. 简述甲醇制氢技术。
7. 简述天然气制氢的两种方法。
8. 简述新型制氢技术并简要描述及特点。
9. 简述煤制氢、天然气制氢、电解水制氢、太阳能制氢、风能制氢、生物质制氢的优缺点。
10. 简述防止催化剂积炭的主要措施。

3 苯加工工艺

学习目的及要求

1. 了解苯的性质和用途；
2. 理解苯的制备方法、苯的制备原理；
3. 掌握三苯制备苯的工艺原理、工艺条件、工艺流程及主要设备。

3.1 概述

苯是一种碳氢有机化合物，也是最简单的芳烃化合物。苯是英国科学家法拉第 1825 年从蒸馏煤气制备之后剩下的油状液体中发现，对这种油状液体进行分离得到了一种液体化合物，该液体化合物称为“氢的重碳化合物”，就是苯。

1834 年，德国科学家米希尔里希通过蒸馏苯甲酸和石灰的混合物，得到了与法拉第通过蒸馏煤气制备之后剩下的油状液体相同的一种物质，并命名为苯；法国有机化学家日拉尔确定了苯的分子量为 78；德国化学家凯库勒把苯环画成了圆形，对苯的结构，凯库勒在分析了大量的实验事实之后得出苯有一个很稳定的核，6 个碳原子之间的结合非常牢固，而且排列十分紧凑，它可以与其他碳原子相连形成芳香族化合物，闭合链的形式是解决苯分子结构的关键，图 3-1 为苯分子模型。

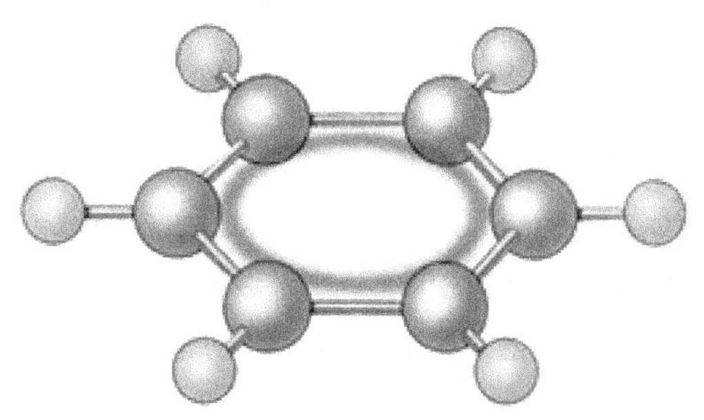

图 3-1 苯分子模型

苯是通过粗苯精制制备，中国的粗苯产量在世界的总量中占 50%以上。粗苯是在焦化过程中产生的一种副产物。近来，大型焦化厂环保投资不断增加，粗苯回收技术也在不断改进，使粗苯的回收率逐渐提升；同时，化工行业的发展比较迅速，苯下游产品的产能增长也很快，尤其是对三苯（苯、甲苯和二甲苯）等重要的有机化工原料需求量快速增加。纯苯广泛用于生产精细化工中间体和有机原料，纯苯可用于制苯乙烯、环已酮、苯酚、硝基苯、顺丁烯二酸酐等化工产品，进一步加工可得合成纤维、合成橡胶、合成树脂。苯是染料、洗涤剂、农药和医药等的原料，也是提高辛烷值的掺和剂，纯苯在芳烃产业链中居于重要地位。

苯是一种重要的基础化工原料，广泛应用合成纤维制造、制药、橡胶生产、工程塑料合成等行业。在许多领域苯起到了不可替代的作用，同时苯也广泛应用于有机溶剂领域。我国化学工业是纯苯的主要消费领域，其中，苯乙烯、环己烷、环己醇、环己酮、己内酰胺、尼龙 66 等化工产品是以苯为原料进行生产加工，随着对产品质量和环保的要求越来越高，苯的后续加工行业也进入了高质量发展阶段。目前，纯苯的产业链比较完善，图 3-2 为以苯为原材料的深加工产业链简图。

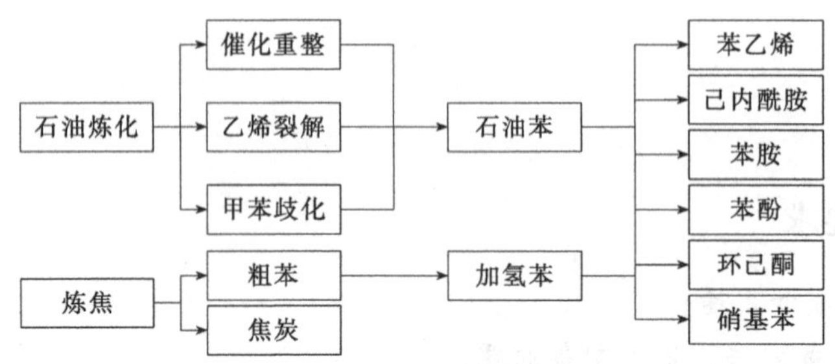

图 3-2 以苯为原材料的深加工产业链

3.1.1 苯的性质

苯的分子式为 C_6H_6，英文名称为 benzene。苯在常温下为一种无色、有甜味的透明液体，其密度小于水，具有强烈的芳香气味。苯的沸点为 80.1℃，熔点为 5.5℃。苯比水密度低，密度为 0.88g/cm^3，但其分子质量比水重。苯难溶于水，1L 水中最多溶解 1.7g 苯；苯是一种良好的有机溶剂，溶解有机分子和一些非极性的无机分子的能力很强，除甘油、乙二醇等多元醇外，苯能与大多数有机溶剂混溶。除碘和硫稍溶解于苯外，无机物在苯中不溶解，但是苯不能使酸性高锰酸钾褪色，图 3-3 为苯的结构式。

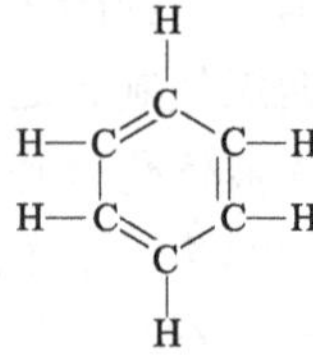

图 3-3 苯的结构式

具有苯的环状结构叫苯环，苯环去掉一个氢原子以后的结构称为苯基，用 Ph 表示，苯的化学式可写作 PhH。苯是一种重要的石油化工原料，苯的生产技术水平和产量通常是一个国家石油化学工业发展水平的标志之一，表 3-1 为苯的物理性质一览表。

表 3-1 苯的物理性质一览表

物理性质	苯	物理性质	苯
分子式 结构简式	C_6H_6	摩尔质量	78.11g/mol
沸点	80.1℃	熔点	5.5℃
相对密度(水＝1)	0.8765(20℃)	黏度	0.647 mPa·s(90～100℃)
外观	无色透明液体(常温),有芳香气味,可燃	溶解度	不溶于水,溶于乙醇和丙酮等多数有机溶剂
自燃点	580℃	折射率	1.5010(20℃)
饱和蒸气压	13.33 kPa/26.1℃	闪点	－11℃
危险性类别	第 3.2 类(中闪点液体)	稳定性	稳定
最小点火能	0.20mJ	燃烧热	－3303.08kJ/mol(25℃,气体)
爆炸上限	8.0%(体积分数)	爆炸下限	1.2%(体积分数)
临界温度	289.5℃	临界压力	4.92MPa
分子直径	0.58nm	偶极矩	0

纯苯是由粗苯精制制备，粗苯主要来源于石油化工的裂解汽油和煤化工的煤焦油产品。粗苯是由多种芳烃和其他化合物组成的复杂有机混合物。粗苯主要由苯、甲苯、二甲苯及三甲苯等组分组成。此外，粗苯还含有一些不饱和化合物、硫化物及少量的酚类和吡啶碱类组分。

苯的化学反应主要有三种：一是取代反应，发生在其他基团和苯环上的氢原子之间；二是加成反应，发生在苯环上（苯环无碳碳双键，是一种介于单键与双键的独特的键，即大 π 键）；三是燃烧（即氧化反应）。一些具体的反应如下。

（1）取代反应

苯环上的氢原子可被卤素、烃基、硝基、磺酸基等在合适的条件取代，生成相应的衍生物。取代基不同或氢原子位置不同、数量不同，便可生成不同数量和结构的同分异构体。

苯环上的电子云密度很大，故苯环上发生取代反应多是亲电取代反应。亲电取代反应是芳环有代表性的反应。苯的取代物在进行亲电取代时，第二个取代基的位置与原先取代基的种类有关。

① 卤代反应。苯的卤代反应通式：

$$PhH+X_2 \xrightarrow{\text{催化剂 } FeBr_3/Fe} PhX+HX \tag{3-1}$$

在反应过程中，卤素分子在苯和催化剂的共同作用下异裂，X＋进攻苯环，X－与催化剂结合。

② 硝化反应。苯和硝酸在浓硫酸作催化剂的条件下可生成硝基苯

$$PhH+HO\text{-}NO_2 \xrightarrow{\text{浓硫酸} H_2SO_4,\triangle} PhNO_2+H_2O \tag{3-2}$$

硝化反应是一个强放热反应，易生成一取代物，但进一步反应速度较慢。浓硫酸作催化剂，加热至 50～60℃时反应，若加热至 70～80℃时苯将与硫酸发生磺化反应，故一般用水浴加热法进行控温。硝基为钝化基团，苯环上连有一个硝基后，该硝基对苯的进一步硝化有抑制作用。

③ 磺化反应。用发烟硫酸或者浓硫酸在较高（70～80℃）温度下可以将苯磺化成苯磺酸。

$$PhH+HO\text{-}SO_3H \xrightarrow{\triangle} PhSO_3H+H_2O \tag{3-3}$$

苯环上引入一个磺酸基后反应能力下降，不易进一步磺化，需更高温度才能引入第二、第三个磺酸基。该反应说明硝基、磺酸基都是钝化基团，不利于再次亲电取代进行。

④ 傅-克烷基化反应。在 $AlCl_3$ 催化下，苯也可以和醇、烯烃和卤代烃反应，苯环上的氢原子被烷基取代生成烷基苯。此反应为烷基化反应，亦称傅-克烷基化反应。

（2）加成反应

苯环虽稳定，但在合适的条件下会发生双键的加成反应。通常催化加氢，镍作催化剂，苯可生成环己烷，但反应进行很困难。

此外，在紫外线照射下，苯生成六氯环己烷（六六六），是经苯和氯气加成而得，属于加成反应。

（3）氧化反应

苯能燃烧，当氧气充足时，产物为二氧化碳和水。但在空气中燃烧时，苯中碳的质量分数较大，火焰明亮且伴有浓黑烟。

$$2C_6H_6+15O_2 \xrightarrow{\text{点燃}} 12CO_2+6H_2O \tag{3-4}$$

苯本身不能和酸性 $KMnO_4$ 溶液反应，但只要与苯环相连的 C 原子上有 H 原子，可使酸性 $KMnO_4$ 溶液褪色。

通常情况下，苯不能被强氧化剂所氧化，但在氧化钼等催化剂作用下，与空气中的氧反应，苯可选择性地氧化成顺丁烯二酸酐，该反应为强放热反应。

3.1.2 苯的原料

苯最初来源于钢铁工业焦化过程中的副产物，通常 1 吨煤中能提取 1 千克苯。20 世纪中期以后，随着日益发展的塑料工业对苯的需求增多，开始由石油生产苯。目前全球大部分的工业用苯来源于石油化工。苯族烃是优异的化工原料，焦炉煤气一般含苯族烃 25～40g/m^3，因此，经过脱氨后的煤气需进行苯族烃的回收并制取粗苯。从焦炉煤气中回收苯族烃的方法有洗油吸收法、活性炭吸附法和深冷凝结法。其中洗油吸收法工艺简单，经济可靠，因此得到广泛应用。洗油吸收法依据操作压力分为加压吸收法、常压吸收法和负压吸收法。加压吸收法的操作压力为 800～1200kPa，此法可强化吸收过程，适于煤气远距离输送或作为合成氨厂的原料；常压吸收法的操作压力稍高于大气压，是工业上普遍采用的方法；负压吸收法应用于全负压煤气净化系统。图 3-4 为粗苯精制生产企业厂区。

图 3-4 粗苯精制生产企业厂区

石油产品加工最广泛的工业生产方法是提取苯，苯的工业生产主要有三个过程——催化重整、甲苯加氢脱烷基化和蒸汽裂解。催化重整是使脂肪烃成环、脱氢形成芳香烃的过程，在 500～525℃、0.8～5MPa 压力下，沸点在 60～200℃之间的各种脂肪烃，在催化剂作用下，通过脱氢、环化等环节可以转化为苯和其他芳香烃。从混合物中萃取出芳香烃产物后，再经蒸馏即分离出苯。甲苯加氢脱烷基化是将含有苯环结构的碳氢化合物脱去和碳原子链接的烷基制备苯的加工过程。蒸汽裂解是由乙烷、丙烷或丁烷等低分子烷烃以及石脑油、重柴油等石油组分生产烯烃的一种过程，其副产物裂解汽油中富含苯，可以分离出苯及其他各种成分。裂解汽油也可以与其他烃类混合作为汽油的添加剂，裂解汽油中苯有 40%～60%，同时还含有二烯烃以及苯乙烯等其他不饱和组分，这些杂质在贮存过程中易进一步反应生成高分子物质，要先经过加氢处理过程来除去裂解汽油中的这些杂质和硫化物，然后再进行适当的分离得到苯产品。

粗苯的各组分均在180℃前馏出，180℃后的馏出物称为溶剂油。在测定粗苯中各组分的含量和计算产量时，通常将180℃前的馏出量当作100%来计算，故以其180℃前的馏出量作为鉴定粗苯质量的指标之一。粗苯在180℃前的馏出量取决于粗苯工段的工艺流程和操作制度，180℃前馏出量愈多，粗苯质量就愈好，一般要求粗苯180℃前馏出量为93%～95%。

3.1.3 苯的用途

在工业中，苯最重要的用途是作有机化工原料，下游产品应用极为广泛，其产量和生产技术水平可以衡量一个国家石油化工发展的水平。苯可合成很多含苯衍生物。苯经过取代反应、加成反应和氧化反应等生成的大量化合物可用作制取塑料、橡胶、纤维、去污剂和杀虫剂等的原料。10%左右的苯用于制造苯系中间体的基本原料。国内纯苯的下游产品主要集中在苯乙烯、环己酮、苯胺、苯酚四大领域。

纯苯下游产品发展潜能主要集中在苯乙烯领域。苯与乙烯反应生成乙苯，乙苯催化去氢生产苯乙烯。苯乙烯是一种有特殊香味的无色油状液体，苯乙烯不易溶于水，易溶于乙醇和乙醚中，在空气中暴露，会逐渐发生聚合、氧化等反应，要加阻聚剂延缓其聚合过程才能够贮存。苯乙烯在工业上是用作合成树脂、离子交换树脂和合成橡胶等的重要单体，苯乙烯主要用于制聚苯乙烯，聚苯乙烯是一种高分子材料，其制品透明度很高，应用在包装容器、日用产品、电器配件等塑料制品领域。苯乙烯也可合成ABS树脂，应用在电子电器、仪表仪器、汽车制造、家电等塑料制品领域。苯乙烯也可用于合成丁苯橡胶，应用在轮胎、鞋类、胶管、胶带、医疗器材和汽车零部件等工业橡胶制品领域。

苯与丙烯生成异丙苯，可用异丙苯氧化的方法来生产苯酚。苯酚是一种无色、有毒和具有特殊气味的针状晶体，是生产双酚A、酚醛树脂、杀菌剂、防腐剂以及药物（如阿司匹林）的重要有机化工原料。双酚A主要用于生产聚碳酸酯（防碎塑料）和环氧树脂等。

苯加氢可制得环己烷。高纯度的环己烷可以用作尼龙材料，环己烷还可以用来生产环己醇、环己酮以及己二酸，环己酮和己二酸是制造尼龙6和尼龙66的重要化工原料。环己烷还是树脂、油脂、橡胶和增塑剂等的溶剂，还可以溶解硝酸纤维素、涂料、油漆等。工业上苯加氢生产环己烷工艺有两种方法，即气相法和液相法，环己烷发生氧化可生产环己酮，环己酮的应用领域非常广泛，不仅是制造己内酰胺、尼龙66盐及己二酸的重要中间体，也是溶解油漆等的良好工业溶剂。环己酮的下游产品如己内酰胺应用于尼龙6（聚酰胺切片），尼龙6在锦纶纤维、工程塑料和塑料薄膜等领域有着重要的应用。

苯胺（又称阿尼林、阿尼林油、氨基苯），是最重要的芳香族胺之一和纯苯下游产业链的重要化工产品之一，主要用于制造染料、药物、树脂等等，苯胺的衍生物甲基橙可作为酸碱滴定用的指示剂。苯胺和甲醛在盐酸溶液中发生反应生成丙二醛，再与光气作用，生成二苯甲烷二异氰酸酯（MDI），MDI在合成聚氨酯橡胶、塑料、人造皮革等领域有重要的应用。

苯有很活泼的化学性质，可与很多物质发生化学反应，进而在各领域具有较广泛的应用，苯通过烷基化、磺化、硝化等反应生成的重要化工原料及下游重要产品的应用如图3-5所示。

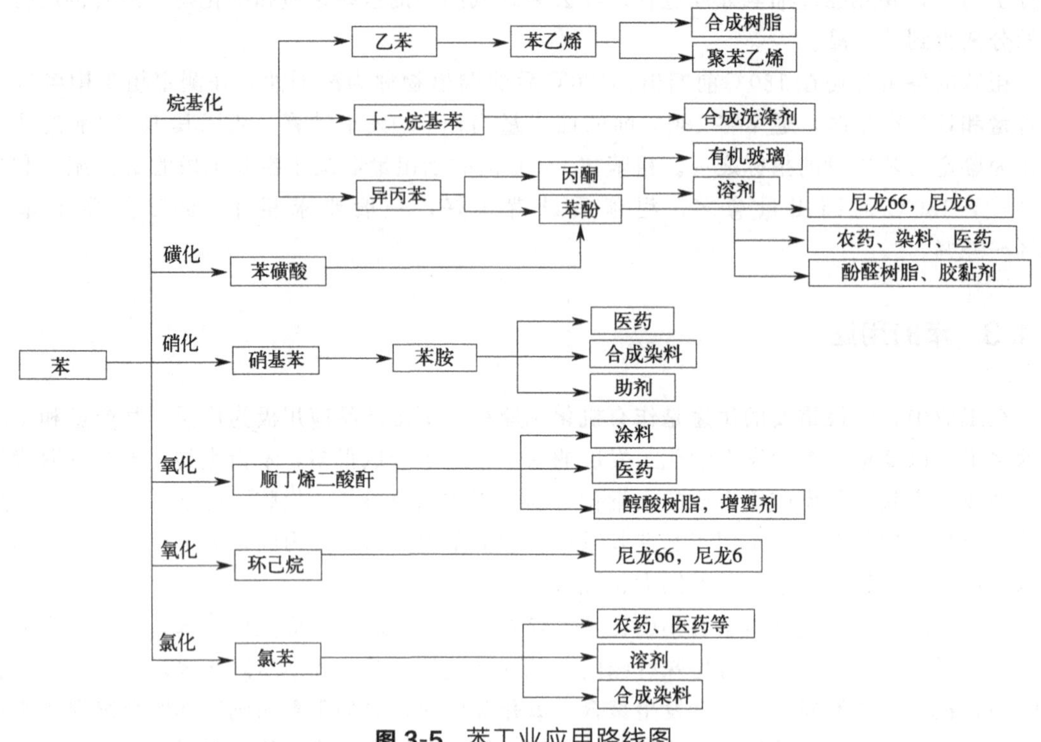

图 3-5 苯工业应用路线图

3.2 粗苯精制工艺

粗苯通过分离、精制加工可得轻苯、重苯、精苯、甲苯、二甲苯、古马隆树脂、溶剂油和噻吩等产品，是重要的工业资源。甲苯是最基本的有机化工原料和溶剂，可以生产苯甲酸、甲苯二异氰酸酯、氯化甲苯、甲酚和对甲苯磺酸等多种化工产品。这些化工产品是制造合成纤维、合成橡胶、炸药、塑料、医药、染料和油漆等的原料，也可用作溶剂和汽油添加剂。二甲苯是最基本的有机化工原料，混合二甲苯主要用作溶剂和汽油添加剂，邻二甲苯用于制造苯酐、染料、农药和医药等化工产品，间二甲苯用于制造苯二甲酸、间甲基苯甲酸、间苯二甲腈等有机化工产品。

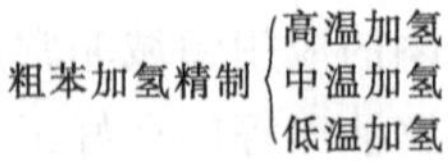

粗苯加氢精制 { 高温加氢 / 中温加氢 / 低温加氢 }

图 3-6 粗苯加氢精制工艺分类

焦化粗苯精制是以焦化粗苯为原料，经过物理或化学等方法脱除其中含硫、含氮等有害物质。粗苯的炼焦过程的副产品成分复杂。粗苯加氢精制得到纯苯有多种工艺方法，粗苯精制可通过物理和化学等方法获得苯、甲苯、二甲苯等纯产品，其混合物再通过萃取等方法可获得纯苯产品。由于操作条件不同，粗苯加氢精制工艺分为三种：高温加氢、中温加氢、低温加氢。图 3-6 为粗苯加氢精制工艺的分类。具有代表性的工艺有莱托尔（Litol）工艺、萃取蒸馏低温加氢（K-K）工艺、Axens 气液两相加氢工艺和国产化粗苯加氢精制工艺。

(1) 莱托尔工艺

高温催化加氢工艺中比较典型的一种就是莱托尔工艺，该工艺是在 20 世纪 60 年代由美国胡德利（Houdry）空气产品公司成功开发的一种高温粗苯加氢精制法，后来日本旭化成公司又对其进行了改进，形成了旭化成莱托尔高温、高压气相加氢技术。

莱托尔工艺包括预反应和主反应。预反应器温度条件为230℃，Co-Mo催化剂，压力控制在5.7MPa左右；主反应器温度为600～630℃，催化剂是Cr_2O_3。其主要原理是通过催化加氢将不饱和烃除去，在高温、高压、加氢裂解作用下，高分子烷烃、环烷烃可转化为低分子烷烃，同时，加氢具有脱烷基作用，可使苯同系物最终转变为苯和低分子烷烃。莱托尔工艺加氢产物组成主要是苯和甲苯，二甲苯类物质很少，并且甲苯和二甲苯可在高温、高压条件下发生脱烷基反应转化成苯，芳烃脱烷基生成苯是一个重要途径，故该工艺的产品只有苯，没有甲苯、二甲苯。在原料有机物中的硫元素、氮元素及氧元素可转变为硫化氢、氨气及水，进而可被去除。

粗苯原料成分混杂，有很多不稳定化合物，其中直链烯烃有丁烯、己烯等，环烯烃有苯乙烯、萘和茚等。在粗苯加氢工艺流程中，加热时，不饱和化合物很容易聚合成高分子树脂状焦状物，附着在催化剂床层、管道、换热设备及加热炉积累成垢，发生堵塞，不利于换热，造成催化剂的活性降低等，故运用莱托尔工艺要对原料粗苯预处理之后再加氢。

粗苯是混合物，其中各组分的沸点相差较大，可将粗苯分为轻苯（轻馏分苯）和重苯（重馏分苯C_{9+}），轻苯需在高温高压及催化剂的作用下发生加氢反应和脱烷基反应生产纯苯；重苯约占粗苯产量的10%，可直接用作燃料油售出或用于制造古马隆、茚树脂，脱除的烷基制氢可以作为氢源。

莱托尔工艺的主要化学反应：

① 脱硫反应

② 脱烷基反应

$$C_6H_5R+H_2 \xrightarrow{\text{Co-Mo}} C_6H_6+RH \tag{3-5}$$

③ 饱和烃加氢裂解

烷烃与环烷烃几乎全部裂解成低分子烷烃

$$C_6H_{12}+3H_2 \xrightarrow{\text{Co-Mo}} 3C_2H_6 \tag{3-6}$$

$$C_7H_{16}+2H_2 \xrightarrow{\text{Co-Mo}} 2C_2H_6+C_3H_8 \tag{3-7}$$

④ 环烷烃脱氢

⑤ 不饱和烃加氢

⑥ 脱氧、脱氮

$$C_5H_5N+5H_2 \xrightarrow{\text{Co-Mo}} C_5H_{12}+NH_3 \tag{3-8}$$

$$C_6H_5OH+H_2 \xrightarrow{Cr_2O_3} C_6H_6+H_2O \tag{3-9}$$

莱托尔工艺是粗苯经过预蒸馏制得轻苯，在氢气的保护作用下，蒸发器内轻苯加热汽化。在预反应器内，在Co-Mo催化剂的作用下轻苯经过预加氢脱除苯乙烯及同系物。加氢反应器内，轻苯加氢（莱托尔法加氢），催化剂为Cr_2O_3-Al_2O_3。苯精制首先对烷烃进行稳定处理，经过分离去掉$<C_4$的烃及H_2S。其次用白土吸附处理，白土（活性白土，以SiO_2和Al_2O_3为主要成分）精制去除微量不饱和化合物。最后进行苯精馏，可以制得99.9%纯苯。

(2) K-K工艺

萃取蒸馏低温加氢工艺，即K-K工艺由德国BASF公司开发，经过克鲁柏-考柏斯公司改进成型。萃取蒸馏低温加氢法粗苯加氢精制工艺设置了两段式反应器——预反应器和主反应器。以 Ni-Mo 催化剂作为预反应器催化剂，反应温度为 190～240℃，主要使乙烯、苯乙烯和 CS_2 等易发生聚合反应的不饱和物质加氢饱和。以 Co-Mo 催化剂作为主反应器催化剂，反应温度为 320～370℃。对原料粗苯预处理后分出轻苯和重苯，轻苯在缓和的中温中压条件下选择性加氢进行精制，加氢之后的混合物经蒸馏、精馏、萃取等工艺过程得到纯苯、甲苯、混合二甲苯以及非芳烃等产品，将饱和烃类、噻吩等硫化物、氧化物以及氮化物转化为硫化氢、烃类和氨。

在预反应器中，二氧化硫、乙烯、苯乙烯等发生聚合反应，并在 Ni-Mo 催化剂和 200℃左右加氢之后避免在后续流程中发生聚合反应而除去。发生的主要化学反应如下：

$$C_5H_6 + H_2 \xrightarrow{\text{Ni-Mo}} C_5H_8 \tag{3-10}$$

$$C_nH_{2n-2} + H_2 \xrightarrow{\text{Ni-Mo}} C_nH_{2n} \tag{3-11}$$

$$C_8H_8 + H_2 \xrightarrow{\text{Ni-Mo}} C_8H_{10} \tag{3-12}$$

$$C_9H_8 + H_2 \xrightarrow{\text{Ni-Mo}} C_9H_{10} \tag{3-13}$$

$$CS_2 + 4H_2 \xrightarrow{\text{Ni-Mo}} CH_4 + 2H_2S \tag{3-14}$$

在主反应器中，由预反应器处理的混合物在钴钼 Co-Mo 催化剂和 350℃左右的条件下进行加氢反应，烯烃加氢成饱和烃，氧化物转化为烃类，氮化物转化为氨，硫化物转化为硫化氢，为减少产品损失，应抑制芳烃发生转化反应。K-K 工艺加氢主要发生加氢脱硫、加氢脱氮和加氢脱氧反应，在主反应器中的化学反应方程式为：

$$C_nH_{2n}(\text{单烯烃}) + H_2 \xrightarrow{\text{Co-Mo}} C_nH_{2n+2} \tag{3-15}$$

$$C_2H_6S + H_2 \xrightarrow{\text{Co-Mo}} C_2H_6 + H_2S \tag{3-16}$$

$$C_4H_4S + 4H_2 \xrightarrow{\text{Co-Mo}} C_4H_{10} + H_2S \tag{3-17}$$

$$C_6H_6O + H_2 \xrightarrow{\text{Co-Mo}} C_6H_6 + H_2O \tag{3-18}$$

$$C_8H_6O(\text{古马隆}) + 3H_2 \xrightarrow{\text{Co-Mo}} C_8H_{10} + H_2O \tag{3-19}$$

$$C_5H_5N + 5H_2 \xrightarrow{\text{Co-Mo}} C_5H_{12} + NH_3 \tag{3-20}$$

$$C_4H_5N + 4H_2 \xrightarrow{\text{Co-Mo}} C_4H_{10} + NH_3 \tag{3-21}$$

萃取蒸馏低温加氢法的工艺流程如图 3-7 所示。

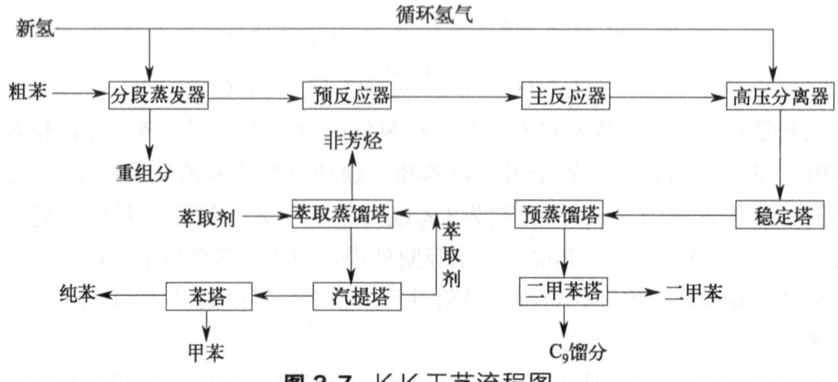

图 3-7 K-K 工艺流程图

(3) Axens 气液两相加氢工艺

Axens 气液两相加氢技术与萃取蒸馏低温加氢法工艺流程相似，但萃取过程中使用的萃取剂是环丁砜。该工艺是在预分馏塔中，从原料粗苯中除去 C_{9+} 重组分，轻苯进入加氢反应系统，脱除硫、氮等杂质化合物，并将不饱和烯烃进行饱和，所得到的加氢产物去抽提工序，根据芳烃和非芳烃在萃取剂中溶解度的不同，使芳烃和非芳烃分离。非芳烃是良好的化工原料，可外销；芳烃混合物进一步精馏得到苯、甲苯、二甲苯产品。

工艺流程如图 3-8 所示。

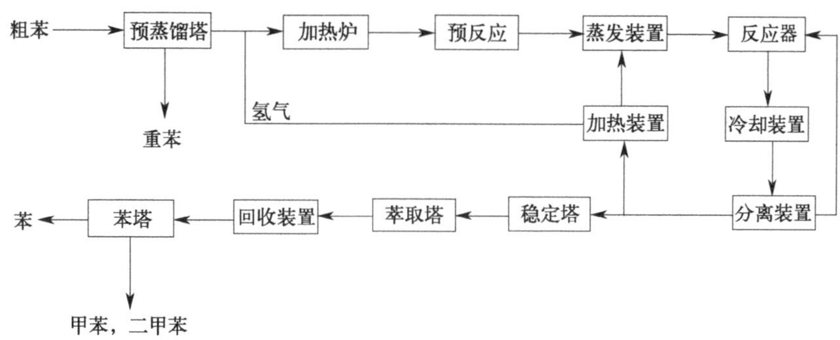

图 3-8 Axens 气液两相加氢工艺流程

(4) 国产化粗苯加氢精制工艺

国产化粗苯加氢精制工艺加氢条件为预反应器温度为 220℃，压力为 3.5MPa。主反应器温度为 380℃，压力为 3.4MPa。该工艺先进、成熟，具有可连续生产、产品质量高、操作稳定、环保效果良好等特点。国产化精制工艺流程如图 3-9 所示。

工业生产中，高温、中温和低温粗苯加氢精制生产工艺各有其特点，三种粗苯加氢精制工艺比较见表 3-2。

表 3-2 粗苯加氢精制工艺表

项目		低温加氢工艺(K-K 工艺、Axens 工艺、国产工艺)	中温加氢工艺	高温加氢工艺(莱托尔工艺)
反应温度/℃	预反应器	220～230	220～250	230
	主反应器	340～380	550～590	610～630
催化剂	预反应器	Ni-Mo	Ni-Mo,Co-Mo	Ni-Mo
	主反应器	Co-Mo	Cr-Mo	Co-Mo
加氢压力/MPa	预反应器	3.5	3.0～5.0	5.7
	主反应器	3.4	3.0～5.0	5.0
氢源		PSA,煤气	蒸馏	循环气制氢
产品		苯、甲苯和二甲苯	苯、甲苯和二甲苯	苯
纯苯质量	结晶点/℃	>5.48	≥5.4	>5.45
	全硫/$\times10^{-6}$	<0.5	≤0.5	≤0.5

续表

项目		低温加氢工艺(K-K工艺、Axens工艺、国产工艺)	中温加氢工艺	高温加氢工艺(莱托尔工艺)
	纯度/%	99.9	99.9	99.95
加氢油后处理		萃取蒸馏(*N*-甲酰吗啉)	蒸馏	蒸馏
工艺污染物		无	无	无
设备要求	选材	容易	容易	困难
	选仪表	容易	容易	困难
	操作维修	容易	容易	困难
	投资程度	中等	中等	多
	经济效益	良好	多	良好

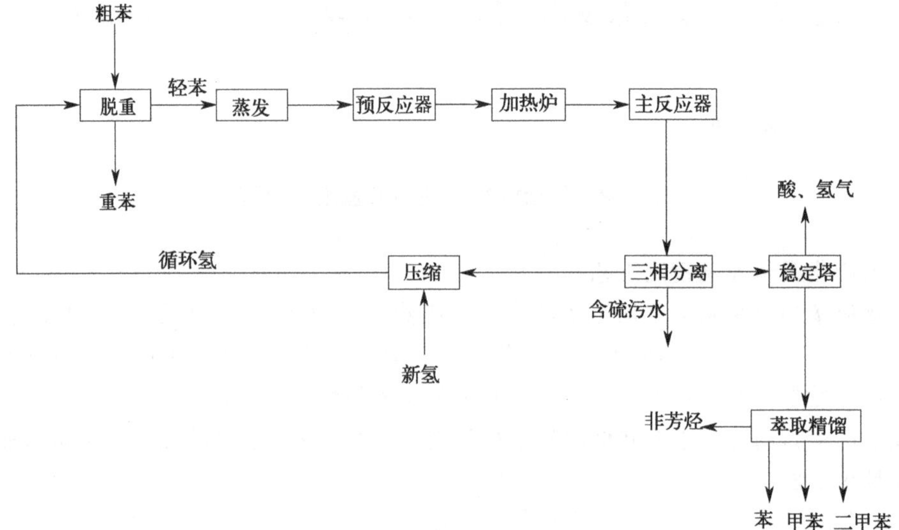

图 3-9 国产化粗苯精制纯苯工艺流程

3.3 莱托尔工艺

莱托尔工艺是比较典型的高温催化加氢工艺，与其他粗苯精制工艺相比，莱托尔工艺在操作方面具有副反应少、设备少、流程简单、反应收率高、制得的纯苯产品质量优异等特点，但是莱托尔工艺温度和压力较高、对设备和工艺的安全性要求高。该工艺不经历中间过程，可以直接制得纯苯，氢气、催化剂可以循环利用，能量利用比较合理，但是，设备的选材要求高，操作维修困难，一次投资比较高。

3.3.1 反应机理

莱托尔工艺先将粗苯在预分馏塔中分离为轻苯和重苯，轻苯经高压泵加压进入蒸发器与循环氢气混合后，芳烃蒸气和氢气混合物从塔顶进入预反应器，在预反应器内，把高温状态下易聚合的苯乙烯等同系物进行加氢反应，防止其在主反应器内聚合，使催化剂活性降低，在两个主反应器内完成加氢裂解、脱烷基、脱硫等反应。由主反应器排出的油气经冷凝冷却系统，分离出的液体为加氢油，分离出氢气和低分子烃类等物质后，一部分送往加氢系统，一部分送往转化制氢系统制取氢气。

粗苯加氢精制即对粗苯加氢净化，脱除硫、氮、氧等杂质，这些反应为放热反应，甲苯催化加氢脱烷基也是放热反应，随后用精馏、萃取等方法获得高纯度苯。

(1) 预反应器中发生的反应

加成转化反应：烯烃等不饱和化合物

$$C_nH_{2n-2}+H_2 \xrightarrow{\text{Ni-Mo}} C_nH_{2n} \tag{3-22}$$

$$C_6H_5C_2H_3+H_2 \xrightarrow{\text{Ni-Mo}} C_6H_5C_2H_5 \tag{3-23}$$

加氢脱硫反应：含硫化合物

$$CS+4H_2 \xrightarrow{\text{Ni-Mo}} CH_4+2H_2S \tag{3-24}$$

(2) 主反应器中发生的反应

在预反应器中反应后得到的物料进入主加氢反应器的顶部，在 Co-Mo 系催化剂作用下，发生脱氮、脱硫和烯烃加氢饱和反应。反应均为放热反应。

图 3-10 为噻吩脱硫路线，图 3-11 为噻吩加氢脱硫路线。

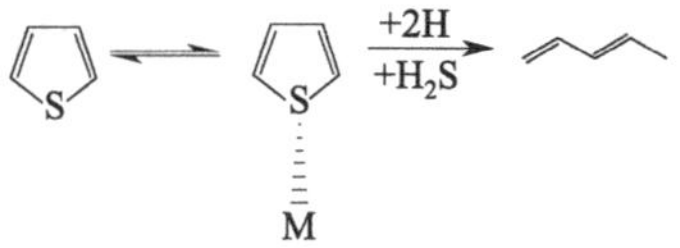

图 3-10 噻吩脱硫路线

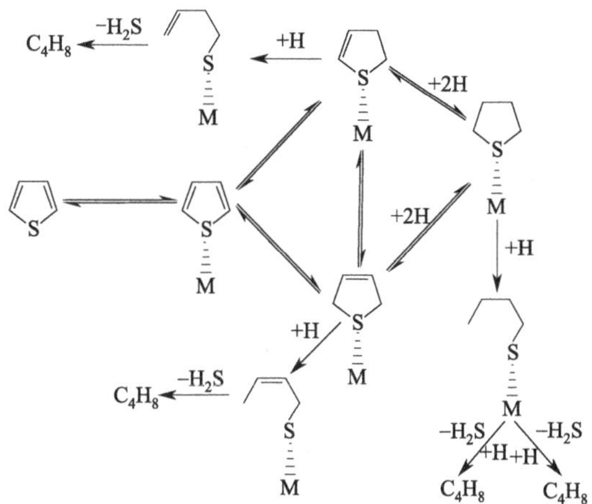

图 3-11 噻吩加氢脱硫路线

加成反应（烯烃）：

$$C_nH_{2n}(\text{单烯烃})+H_2 \xrightarrow{\text{Co-Mo}} C_nH_{2n+2}(\text{链烷烃}) \tag{3-25}$$

加氢脱硫（HDS）反应：

$$C_4H_4S(噻吩)+4H_2 \xrightarrow{\text{Co-Mo}} C_4H_{10}+H_2S \tag{3-26}$$

$$C_4H_9SH+H_2 \xrightarrow{\text{Co-Mo}} C_4H_{10}+H_2S \tag{3-27}$$

粗苯加氢精制工艺中的脱硫反应，其中噻吩最难脱除，精苯质量主要是以噻吩含量为指标。噻吩加氢的本征动力学模型是一级平推流模型。在适当的温度范围内，温度越高，硫含量越低。

加氢脱氮反应：

$$C_5H_5N(吡啶)+5H_2 \xrightarrow{\text{Co-Mo}} C_5H_{12}+NH_3 \tag{3-28}$$

加氢脱氧反应：

$$C_6H_6O(苯酚)+H_2 \xrightarrow{\text{Co-Mo}} C_6H_6+H_2O \tag{3-29}$$

苯烃加氢脱烷基反应（当加氢原料进入主反应器中，苯的同系物如甲苯、二甲苯和乙苯便会发生加氢脱烷基反应）：

$$C_6H_5CH_3+H_2 \xrightarrow{\text{Co-Mo}} C_6H_6+CH_4 \tag{3-30}$$

$$C_6H_4(CH_3)_2+2H_2 \xrightarrow{\text{Co-Mo}} C_6H_6+2CH_4 \tag{3-31}$$

$$C_6H_5C_2H_5+H_2 \xrightarrow{\text{Co-Mo}} C_6H_6+C_2H_6 \tag{3-32}$$

苯烃加氢脱烷基反应过程中，要防止深度加氢发生副反应，使苯加氢变成环己烷（C_6H_{12}），会影响苯的收率。

$$C_6H_6+3H_2 \xrightarrow{\text{Co-Mo}} C_6H_{12}(芳香烃氢化反应) \tag{3-33}$$

$$C_7H_8+3H_2 \xrightarrow{\text{Co-Mo}} C_7H_{14} \tag{3-34}$$

$$C_8H_{10}+3H_2 \xrightarrow{\text{Co-Mo}} C_8H_{16} \tag{3-35}$$

3.3.2 苯加氢催化剂制备

催化剂是指参与化学反应中间历程，又能选择性地改变化学反应速率，而其本身的数量和化学性质在反应前后基本保持不变的物质。通常把催化剂加速化学反应，使反应尽快达到化学平衡的作用叫作催化作用，但是催化剂并不改变反应的平衡。固体催化剂又称触媒，在工业上应用最广，通常由活性物质、载体和助催化剂组成。

3.3.2.1 苯加氢催化剂

在苯加氢精制系统中，金属催化剂发挥重要的作用，常用的加氢催化剂有：Co-Mo/γ-Al_2O_3、Co-Mo-Ni/γ-Al_2O_3、Mo-W/γ-Al_2O_3、Ni-Mo/γ-Al_2O_3，按照粗苯中主要杂质特点，在加氢精制方面，二段式加氢方法一般都是采用 Ni-Mo 系列和 Co-Mo 系列金属催化剂。催化剂需要对杂环硫化合物存在下的加氢反应具有很高的活性。苯加氢催化剂对 C—S 键、C—N 键断裂要有较高活性，且加氢活性随比表面积的增加而增加。

催化剂的制备工艺随催化剂使用的具体要求不同而有多种，根据所制备催化剂的特点划分，可将催化剂制备类型分为无载体催化剂和负载型催化剂两大类。

无载体催化剂又称非负载型催化剂，完全由活性组分构成，比如氨合成使用的熔铁催化剂、甲醇氧化制甲酸使用的铁系催化剂等。无载体催化剂的制备方法主要有沉淀法、水热法、熔融法和热分解法等。负载型催化剂是将活性组分负载于载体上，经过干燥、焙烧、活化等步骤，使活性组分均匀分布在载体上。负载型催化剂的主要制备方法有浸渍法、离子交换法和均相催化剂负载法等。

3.3.2.2 苯加氢催化剂的制备

粗苯加氢精制催化剂工业上大多数采用浸渍法制备。浸渍法作为一种工业应用广泛的催化剂制备方法，通常将一种或几种活性组分浸渍在载体上。制备基本方法是将载体浸入含有活性组分的溶液中，待浸渍达到平衡后取出载体，再经过干燥、焙烧分解和活化。浸渍法首先要选择合适的载体，根据用途可选择粉末状载体，也可以选择成型载体，包括条状、球状或圆柱状载体。浸渍液所含活性组分的盐类要求具有溶解度大、结构稳定且能在加热时分解成稳定的化合物等特性，通常可采用硝酸盐、乙酸盐、草酸盐等可分解的盐类来配制所需浸渍液。

浸渍法制备催化剂工艺一般可分为分步浸渍法和共浸渍法，其中共浸渍法又可分为饱和浸渍法和过量浸渍法。分步浸渍法是指将催化剂活性组分以分步或分次浸渍的方法负载到载体上，每步或每次浸渍后均需经过干燥、焙烧以固定活性组分。共浸渍法是指采用一次浸渍的方法将催化剂活性组分负载到载体上，经一次干燥、焙烧制得催化剂。饱和浸渍法又称等体积浸渍法，是指预先测出所用载体的吸水率，按此吸水率配制相应量的浸渍液进行浸渍。过量浸渍法是指配制过量的浸渍液浸渍载体（浸渍液的体积超过载体可吸收的溶液体积），待吸附达到平衡后过滤多余溶液，再经干燥、焙烧制得催化剂。

粗苯加氢精制生产过程中，受到粗苯中含硫组分的影响，加氢过程中可生成 H_2S，H_2S 对催化剂的活性有一定的影响，为保证催化剂有较好的活性，催化剂在生产期间可再生 2～3 次。

等体积浸渍法所需催化剂制备步骤如下：

① 称取一定质量 20～40 目的 γ-Al_2O_3 载体，放置在鼓风干燥箱中，于 110℃干燥 24h，干燥后密封保存备用；

② 在烧杯中称取一定量的去离子水，依次称取水合磷酸铵、水合硝酸钴、磷酸等，依次搅拌溶解，配制成所需浸渍液；

③ 另取烧杯盛放干燥后的载体，快速倒入上述浸渍液浸没载体，确保载体完全浸没，然后将容器密封，室温下浸渍 8h；

④ 浸渍结束后，将玻璃容器转移至鼓风干燥箱，先于 80℃干燥 3h，然后调节温度至 110℃继续干燥 8h；

⑤ 干燥结束后，将玻璃容器转移至马弗炉，先于 350℃下焙烧 3h，然后升温至 500℃继续焙烧 2h；

⑥ 焙烧结束后，打开马弗炉门，自然冷却至室温，制得主催化剂成品。

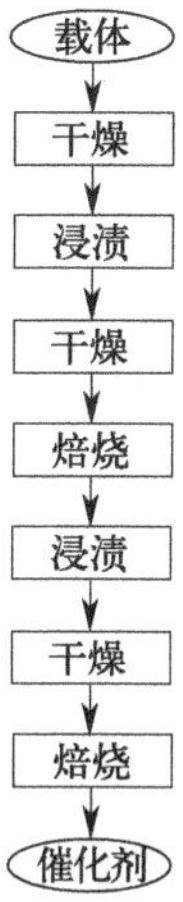

载体 → 干燥 → 浸渍 → 干燥 → 焙烧 → 浸渍 → 干燥 → 焙烧 → 催化剂

图 3-12 粗苯加氢等体积浸渍法所需催化剂制备流程

粗苯加氢等体积浸渍法所需催化剂制备流程如图 3-12 所示。

3.3.3 莱托尔工艺流程

莱托尔工艺是化学工业上典型的高温催化加氢工艺，通过高温催化进行加氢脱除不饱和烃，并进行加氢裂解把高分子烷烃和环烷烃转化为低分子烷烃，以气态分离出去；把苯的同系物加氢脱除烷基，最终转化为苯和低分子烷烃。莱托尔工艺的主要生产流程包括粗苯原料预处理工段、制氢工段、加氢工段、脱氢工段、萃取精馏工段、催化剂回收钝化工段、公用工程工段等。莱托尔工艺流程如图 3-13 所示。

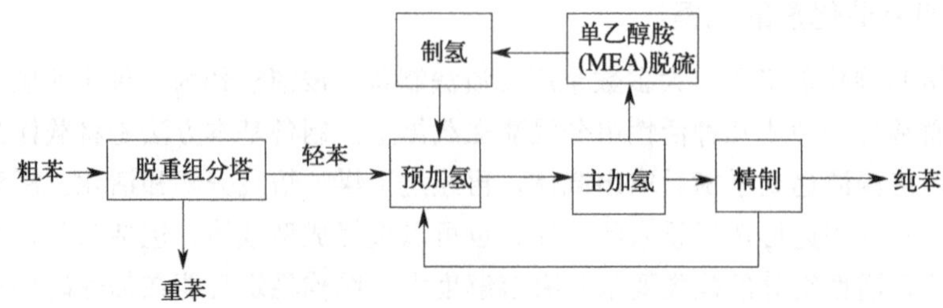

图 3-13 莱托尔工艺流程框图

苯加氢反应工段的工艺流程简图如图 3-14 所示，莱托尔工艺粗苯预蒸馏是将粗苯分离得到重苯和轻苯，轻苯为加氢原料，预反应器是在 200～250℃（较低温度）将高温状态下易聚合的 C_8H_8（苯乙烯）等同系物进行加氢反应，此时，需要加入一定量的阻聚剂，防止其在主反应器内聚合，从而使催化剂活性降低。粗苯经过预处理加氢后得到的轻苯混合物在管式炉加热后进入主加氢反应器中，温度为 620℃，压力为 6.0MPa，以 Co-Mo 系为催化剂，载体是 Al_2O_3。在主反应器中进一步发生脱氮、脱氧、脱硫反应，并且发生甲苯和二甲苯的脱烷基反应，经过二段催化加氢后，生成含苯的油气进入精馏塔，在精馏塔中进行气液分离提纯，从精馏塔底部收集得到含苯的加氢油，经过换热器换热后，一部分回流，一部分进入加氢油储槽，送入稳定塔进一步脱除其中的硫化氢等气体，从稳定塔底部排除沸点比较大的非芳烃组分，非芳烃可直接作为副产品送至产品罐区。在稳定塔底部右侧采出的加氢油去白土塔净化系统。在精馏塔顶部可得到氢气，经过塔顶换热器后，氢气进入氢气回收槽，收集的氢气循环利用。反应失活后的催化剂从反应器底部排出进入催化剂排放槽，然后进行清洗，以便循环利用。

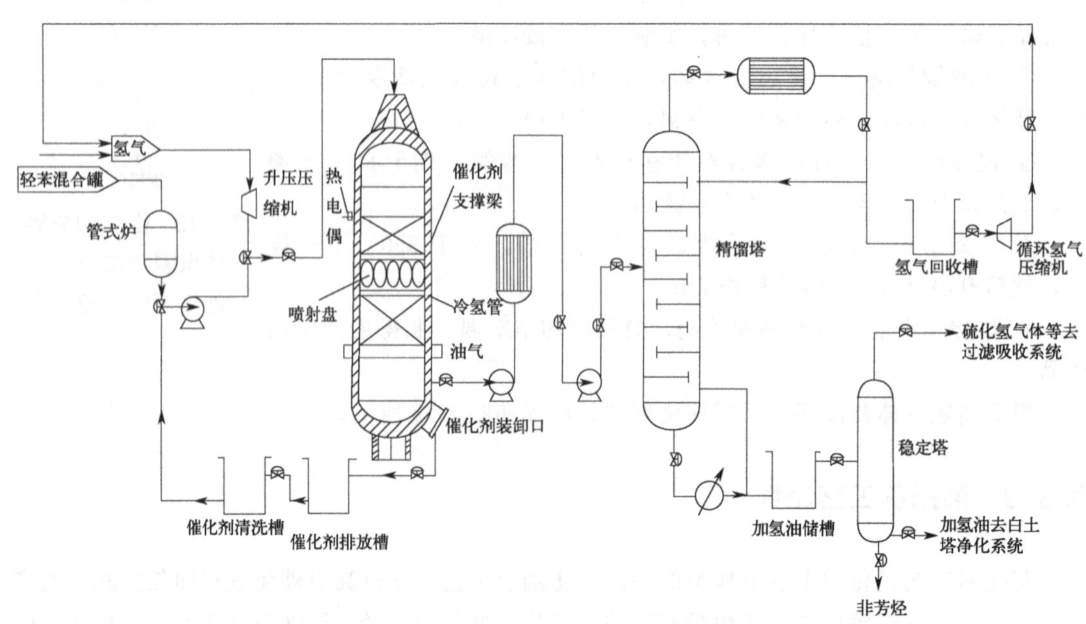

图 3-14 苯加氢反应工段工艺流程简图

主反应器排出的油气经过冷凝冷却系统以后，分离出加氢油（液体），分离出的氢气和低分子烃类经过单乙醇胺脱除 H_2S 气体后，一部分送至加氢系统，另一部分送至制氢系统。预反应器使用 Ni-Mo 系催化剂，主反应器使用 Co-Mo 系催化剂。加氢油在稳定塔内进行加压蒸馏，除去非芳烃和 H_2S。活性白土的主要成分是 SiO_2-Al_2O_3，其在白土塔内吸附不饱和烃，从而将其除去。加氢油在白土塔净化以后，进入苯塔内精馏，分离得到苯残油、纯苯，苯残油返回轻苯贮槽，重新进行加氢处理。反应系统生成的 H_2 和低分子烃混合循环气体在制氢系统中将用 MEA 法脱除 H_2S。莱托尔工艺纯苯产品的质量纯度达到 99.9%，总硫含量 $<1\times10^{-6}$，噻吩含量 $<0.1\times10^{-6}$。通过稳定塔除去非芳烃和 H_2S 气体；通过白土塔吸附脱除少量的不饱和物质；通过苯塔利用精馏的方法获得纯苯。

使用莱托尔工艺生产纯苯可以获得纯苯的质量规格见表 3-3。

表 3-3 莱托尔工艺生产纯苯质量规格

项目	指标	项目	指标
颜色/(Pt-Co)	≤20 度	甲苯质量分数/%	≤0.05
20℃密度/(g/cm^3)	0.878～0.88	非芳烃质量分数/%	≤0.1
结晶点/℃	≥5.45	全硫质量分数/(mg/kg)	≤1
酸洗比色 K_2CrO_7/(g/L)	不深于 0.05	噻吩质量分数/(mg/kg)	≤1
苯质量分数/%	≥99.9	中性实验	中性

3.4 莱托尔工艺反应器设计

莱托尔工艺的加氢反应温度、压力较高，对设备的制造材质、工艺、结构要求较高，设备制造难度较大，但是其产品只有纯苯，氢气可以循环利用，产品转化率高，可以达到 114%。

固定床反应器的返混小，流体同催化剂高效接触，停留时间可精准控制，温度分布可适当调节，选择性高，转化率高；催化剂损耗小，可长期使用；结构简单；当高径比大时，床层内流体的流动接近于理想状态，因此，反应速率较快，反应器容积较小时就可获得较大产量。

基于固定床反应器反应的特点，考虑到莱托尔工艺精制纯苯和气-固-液相反应的特点，莱托尔工艺反应器选择固定床反应器。莱托尔工艺反应器设计条件为主反应温度 610～630℃，反应压力 6.0MPa 左右，粗苯中的轻苯发生加氢脱硫、脱氮、脱氧和脱烷基反应。本设计年生产能力假设为 10 万吨，工作时间假设 8000h。反应器设计参数见表 3-4。

表 3-4 莱托尔工艺反应器设计数据和工作参数

项目	设计数据和工作参数	项目	设计数据和工作参数
苯年产量	10 万 t/a	管程介质	油气、硫化氢、氢气
反应温度/℃	620	壳程介质	反应物、生成物
反应压力/MPa	6.0	停留时间/h	0.01
年工作时间/h	8000		

3.4.1 反应器的选材

综合考虑反应温度、压力、耐腐蚀等情况，选择的反应器材料需要满足避免液氨、硫化氢腐蚀的要求，所以加氢反应器的主要材料选为耐热抗氢钢 12Cr2Mo1R（表 3-5），可以有效地提高反应器的使用寿命。加氢反应器采用单层锻造结构，壁面结构是热壁结构，以绿色安全化工为目标，本反应器设计力求轻量化，尽量使反应器的质量最小。外筒材料选择 S30409 板材；其他材料选用 Q345R，钢板标准为 GB/T 713—2014。

表 3-5 12Cr2Mo1R 的力学性能

钢板厚度/mm	抗拉强度 σ_b/MPa	屈服强度 σ_s/MPa	伸长率 A/%	温度/℃	180°弯曲试验 弯曲直径($b \geqslant 35$mm)
6～150	520～680	≥310	≥19	20	$d=3a$

3.4.2 反应器的内筒直径

直径计算公式：

$$D_i=\sqrt{\frac{4V}{\pi u}}$$

式中，V 为体积流量，m^3/s；u 为床层流速，m/s。

查相关文献可知，以每吨 100% 苯计，计划每年生产 10 万吨纯苯，假设每年工作 8000h，则需纯苯 12500kg/h，即纯苯的摩尔流量为 160.0307kmol/h，苯的密度随温度增加而减小，在 600℃下，苯的密度为 $1.085kg/m^3$，则体积流量为 $3.84m^3/s$，根据计算可知，大约消耗粗苯 15000kg/h，消耗氢气 500kg/h，氢气的密度为 0.0899g/L，氢气的体积流量为 $15.449m^3/s$，计算得混合物的总体积流量为 $19.2893m^3/s$。氢气经压缩送入反应器，带动气体上升，在压缩机管中的流速范围为 10～20m/s，假设到达反应器中的流速为 10m/s，则将已知数据代入，得：

$$D_i=\sqrt{\frac{4V}{\pi u}}=\sqrt{\frac{4\times 19.2893}{3.14\times 10}}=1.5675(\mathrm{m})$$

式中，D_i 取整为 2m。

3.4.3 反应器的内筒高度及体积

反应器内进行的反应为气-固反应，$D_i=2$m，内筒高度与内筒直径比取 4∶1，取反应器的内筒高度为 8m。

则反应器的内筒体积 V：

$$V=3.14\times 8=25.12(\mathrm{m}^3)$$

3.4.4 反应器的壁厚

圆筒的计算厚度 δ 公式：

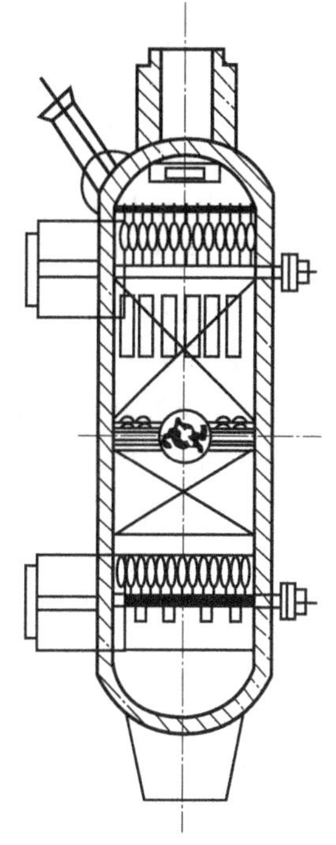
图 3-15 粗苯加氢制纯苯反应器结构简图

$$\delta=\frac{P_c D_i}{2[\sigma]^t\phi-P_c}$$

式中，P_c 为计算压力，MPa；D_i 为内径，2000mm；$[\sigma]^t$ 为许用应力，$[\sigma]^t=189$MPa；ϕ 为焊接接头系数，$\phi\leqslant1$ 取 1.0，即焊接采用双面焊 100%无损检测。

操作压力为 $P_w=6.0$MPa，则计算压力 $P_c=1.1P_w=1.1\times6.0=6.6$(MPa)，已知数据代入有

$$\delta=\frac{P_c D_i}{2[\sigma]^t\phi-P_c}=\frac{6.6\times2000}{2\times189\times1-6.6}=35.54(\text{mm})$$

圆整后取 35mm。

固定床反应器由内筒、裙座、油气进出口、人孔和封头等构成，内件通常设置入口扩散器、积垢篮、卸料管、催化剂支撑盘、出口捕捉器、出口收集器、气液反应物物流分配盘、冷氢管、冷氢箱、热电偶保护管、催化剂卸出口等。在反应器截面上，积垢篮筐呈现等边三角形排列，内空（不放置瓷球或者催化剂），可防止反应器内部压力增长过快；设置冷氢管以调整床层温度分布，控制床层温度在合理范围内，保持催化剂活性，提高反应效率。设计出来的反应器结构简图如图 3-15 所示。

3.5 莱托尔工艺甲苯转化率下降的处理

莱托尔工艺先将粗苯在预分馏塔中分离为轻苯和重苯，轻苯经高压泵加压进入蒸发器与循环氢气混合后，芳烃蒸气和氢气混合物从塔顶进入预反应器，在预反应器内，把高温状态下易聚合的苯乙烯等同系物进行加氢反应，防止其在主反应器内聚合结焦，降低催化剂活性。

莱托尔工艺主反应器温度为 610～630℃，催化加氢反应压力为 5.7～6.0MPa，催化剂通常为 Cr_2O_3，反应系统内氢气同轻苯的摩尔比为 5 左右，当原料中的甲苯和二甲苯等重组分的含量明显增加时，则氢气同甲苯等的反应当量将会下降，影响甲苯的转化率。系统内的苯乙烯及同系物（C_{9+}）控制在 2%以内，含量太高，反应过程容易结焦，结焦后的物质附着在催化剂表面，会影响催化剂的活性。高温催化加氢工艺反应原理是通过催化加氢将不饱和烃除去，在高温、高压条件下，高分子烷烃、环烷烃可转化为低分了烷烃，同时，加氢具有脱烷基作用，可使甲苯转变为目标产品苯，反应器内的甲苯转化率要控制在 64%以上。

3.5.1 异常问题及分析处理

某工作日内检测甲苯转化率为 53%，远低于生产控制数值 64%。甲苯转化率较低将严重影响产品苯的收率。

（1）异常问题分析及处理

莱托尔工艺反应器的主要控制反应压力为 5.8MPa 左右，反应器的控制温度为 610～630℃，生产过程中，甲苯转化率生产控制数值在 64%以上。反应系统内氢气同轻苯（甲苯同二甲苯的混合物）的摩尔比为 5，图 3-15 为水合反应器结构简图。分析发现，24h 内反应器的反应压力为 5.81～5.89MPa，反应器的温度为 620～632℃，氢气同轻苯的摩尔比为 5.1。反应过程相关公用工程及辅助设施运转正常。

① 反应压力。对反应器的压力表进行检测校验，压力表没有出现异常，分析认为压力不是造成甲苯转化率低的主要原因。

② 反应温度。对反应器的温度检测系统进行检测校验，温度没有出现异常，分析认为温度不是造成甲苯转化率低的主要原因。

③ 反应器的原料混合气体比例。取样分析反应器的原料混合气体比例，得出的结果是氢气同轻苯的摩尔比为 5.1，氢气过量，在设计的范围内，认定原料混合气体比例不是甲苯出现转化率低的原因。

④ 反应器的原料混合气体中苯乙烯及同系物的含量检测。对反应器的原料混合气体中苯乙烯及同系物进行取样分析，检测得出苯乙烯及同系物的含量在原料气体中高达 5.1%，分析认定苯乙烯及同系物的含量过高，在反应过程中，没有在前处理系统内进行充分处理。又对原料进行检测，发现原料中苯乙烯及同系物的含量高达 11.3%，分析认为原料中苯乙烯及同系物的含量过高，使原料在前处理过程中苯乙烯及同系物没有进行充分处理，导致在反应过程中产生结焦现象，影响催化剂催化甲苯脱甲基的效率。

（2）异常问题处理

为防止原料中苯乙烯及同系物的含量过高，生产运行过程从原料采购源头开始，严格按照原料质量标准要求进行采购，控制原料入库手续，原料各项指标不符合要求，则不准许办理原料入库手续。

3.5.2 巩固措施

① 生产管理部门严格监控生产用原料粗苯中苯乙烯及同系物的含量，使其保持在正常值 5.5%左右，同时，加强反应器温度、压力控制，保证系统稳定运行。

② 确定反应器内原料按比例正常供给。

③ 加强对系统异常情况的判断与紧急处理能力，对生产异常要及时全面进行分析，争取最短时间内找出原因，进行解决。

习题

1. 简述苯在当今工业领域中的地位、用途及发展。
2. 简述苯的制备方法。
3. 简述苯加氢催化的基本原理。
4. 简述苯加氢过程的反应机理。
5. 简述苯加氢的工艺条件。

4 环己醇加工工艺

学习目的及要求

1. 了解环己醇的性质和用途；
2. 掌握苯加氢反应制备环己烯、环己烯制备环己醇的反应原理、工艺条件和工艺流程；
3. 理解化工过程异常问题的概念、异常问题的诊断和处理方法。

4.1 概述

环己醇是生产己二酸和己内酰胺的原料，是尼龙 6 及尼龙 66 的重要中间体，也是制备各种乙烯树脂漆的主要原料，并且被广泛地用于高分子聚合物的溶剂，因此，环己醇在有机化工工业、涂料工业等方面都有着极其重要的作用。

环己醇于 1894 年由德国贝尔医药首先制得，1906 年，苏联有机化学家 B. H. 伊帕季耶夫通过苯酚加氢首次制备环己醇，该工艺在德国实现首次工业化生产。苯酚加氢工艺通常采用镍催化剂，反应温度为 150℃、压力为 2.5MPa，产品纯度高，反应平稳。20 世纪 60 年代后，基于原料价格的因素，苯酚加氢法逐步被环己烷氧化法取代。20 世纪 80 年代以后，环己醇工业化生产主要采用苯部分加氢生产环己烯，环己烯水合再制备环己醇的工艺路线。1988 年，Nagahara 等采用金属钌（Ru）作为催化剂，$ZnSO_4$ 为添加剂，在温度 423K、压力 5MPa 的条件下，进行苯部分加氢的反应，环己烯收率达到 56%。同年，日本旭化成公司成功建立并运营了全球第一套苯部分加氢反应工业化的装置，采用 Ru 基催化剂，以苯作为分散相，水作为连续相，添加剂为 $ZnSO_4$ 和金属盐，在温度为 395K 左右，压力为 3～7MPa 条件下进行苯部分加氢反应。苯部分加氢生产环己烯，环己烯水合再制备环己醇的工艺路线与苯制环己烷再制备环己醇的工艺路线相比，氢气用量减少了三分之一，副产物只有环己烷，可以通过精馏有效回收利用，从而显著地提高了原料利用率。但是该反应单程收率较低，仅为 30%左右，图 4-1 为环己醇分子模型图。

环己醇的传统生产方法是将苯加氢制成环己烷，再经催化氧化制备环己醇（酮），或通过将苯酚经加氢制环己醇。苯酚法合成环己醇工艺上可靠性高，但制取苯酚的工艺相对较复杂，且副产物丙酮的利用价值低。随着苯选择加氢制备环己烯的研究，以环己烯为原料制备环己醇的合成方法明显存在很大的优势，同传统工艺相比，由环己烯制备环己醇的生产工艺具有氢气原料使用节约、转化率高、副反应少、反应温和等特点。

中国平煤神马集团公司于 1995 年引进了旭化成公司的生产工艺，成功地建造了中国的首条苯部分加氢制备环己烯的工业化生产线。目前，由于以环己烯为中间体的有机合成及下

图 4-1 环己醇分子模型图

游精细化工产品的广泛开发和利用，中国对环己烯的需求量在逐渐增加，由于国内苯部分加氢制环己烯的工业化生产水平还相对不足，而且苯部分加氢的工业化生产中存在着环己烯收率低、硫酸金属盐对设备腐蚀性大、Ru 基催化剂价格昂贵等问题，因此，该工艺仍要进一步研究开发，图 4-2 为河南神马尼龙化工环己醇厂区。

图 4-2 河南神马尼龙化工环己醇厂区

4.1.1 环己醇的性质

环己醇，又称六氢苯酚、安醇、六氢化酚，英文名称 cyclohexanol，是一种有机化合物，其化学式为 $C_6H_{12}O$，分子量 100.16。环己醇为无色油状可燃液体，低于凝固点时呈白色结晶，有类似樟脑的气味，有较强的吸湿性，具有二级醇的一般通性，微溶于水，可溶于乙醇、醋酸乙酯、亚麻仁油、芳香烃、乙醚、丙酮、氯仿等有机溶剂。图 4-3 为环己醇结构式。

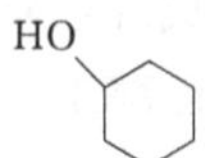

图 4-3 环己醇结构式

环己醇与空气常温、常压下混合爆炸极限为 2%～11.2%（体积比），其物理性质见表 4-1。

表 4-1 环己醇的物理性质

物理性质	环己醇
分子式	$C_6H_{12}O$
外观、形态	无色油状易燃液体，低于凝固点时呈白色结晶
熔点/℃	20～22
分子量	100.1589
沸点/℃	160.84
相对密度(水=1)	0.9624
黏度(120℃)/(Pa·s)	41.067
应用性能	可用作水溶性乳胶的稳定剂；油类、酯类和醚类的溶剂；涂料的掺合剂；皮革的擦亮剂等

4.1.2 环己醇的用途

环己醇是重要的化工原料，主要用于生产己二酸、己二胺、环己酮、己内酰胺。环己醇在工业上主要用于生产己二酸及己内酰胺，工业生产中将环己醇首先通过反应生成环己酮，再生成己内酰胺，然后经过聚合得到化工中间体尼龙 6；环己醇在酸性条件下可以氧化生成己二酸，己二酸同己二胺脱水生成尼龙 66 盐，尼龙 66 盐单体聚合生成尼龙 66。因此环己醇是制备尼龙 66、尼龙 6 和己二酸的重要化学品。

环己醇作为工业原料可用作肥皂的稳定剂，制造消毒药皂和去垢乳剂，用作橡胶、树脂、硝基纤维、金属皂、油类、酯类、醚类的溶剂，涂料的掺合剂，皮革的脱脂剂、脱膜剂、干洗剂、擦亮剂等。环己醇也是纤维整理剂、杀虫剂、PVC 等树脂稳定剂、增塑剂的原料，环己醇与光气反应得到氯甲酸环己酯——为引发剂过氧化二碳酸二环己酯的中间体。

4.2 环己醇制备方法

环己醇是一种重要的化工中间体，工业上环己醇的生产工艺路线主要有苯酚加氢生产环己醇；苯加氢制备环己烷，然后由环己烷与空气中的氧发生部分氧化反应得到环己醇和环己酮；苯部分加氢得到环己烯，然后环己烯与水加成制备环己醇等。

4.2.1 苯酚加氢法

苯酚加氢法是最早采用的合成环己醇和环己酮的工艺方法，苯酚加氢法分为气相加氢和液相加氢两种方法。

苯酚气相加氢法制备环己醇是将氢气通过加有催化剂的苯酚加工制备，该工艺是由美国联合化学公司开发并投入工业化生产。苯酚气相加氢法一般是采用 3～5 级串联反应器的形式，使用相同的负载型铂催化剂，在反应温度为 413～443K 和反应压力为 0.1MPa 的条件下，环己酮和环己醇的收率可以达到 90%～95%。苯酚液相加氢使用负载型的催化剂，在反应温度为 403～443K 和反应压力为 1～2.5MPa 的条件下加工制备环己醇，苯酚液相加氢只能得到较少的环己醇，主要产物是环己酮，苯酚转化率和环己酮选择性可以分别达到 95%和 97%。苯酚液相加氢工艺的生产装置比较复杂，而且反应速率会受到传质过程的影响，因此这种方法需要剧烈的搅拌，这就导致大量贵金属催化剂的流失。苯酚加氢的反应原理如式(4-1) 所示。

OH $\xrightarrow{H_2}$ [H $\xrightarrow{快速}$ O] $\xrightarrow{H_2}$ OH (4-1)

工业化生产反应过程中的氢气来源于甲醇水相重整制取的氢，该反应中环己酮和环己醇的总选择性可以达到 99%以上，该方法实现了水相重整制氢和苯酚液相催化加氢两个反应的耦合，该工艺能够简化生产过程，降低生产成本，比传统苯酚加氢工艺有更好的效益。但是工业上苯酚的生产要以苯为原料，经历烷基化制备异丙苯，然后异丙苯氧化到异丙苯过氧化氢，再联产苯酚和丙酮等多个步骤，由于苯酚的来源以及苯酚与原料的市场差价，苯酚加氢工艺的工业化应用受到很大限制。

4.2.2 环己烷氧化法

环己烷氧化法指的是由苯加氢制备得到环己烷，环己烷进一步进行部分氧化制备环己醇和环己酮的工艺路线。全球大部分的环己醇和环己酮都是通过环己烷部分氧化法获得的。工业上环己烷氧化法又可以分为催化氧化和无催化氧化两种途径。

无催化氧化法并不使用催化剂，而是以环己酮和环己醇作为引发剂，直接用空气或者氧气将环己烷氧化成环己基过氧化氢，进而经过浓缩后采用铝、钒、钴等金属氧化物催化，在低温、碱性、无氧条件下使之分解成环己醇和环己酮的混合物。采用无催化氧化法，环己醇和环己酮选择性可以达到 80%以上，但是所需要的反应温度和压力都要比催化法高。

环己烷催化氧化法在工业上应用广泛，催化氧化法催化剂普遍使用可溶性的钴盐，但是钴盐容易在反应过程中结渣从而腐蚀和堵塞反应器的管道，而且为了避免产物的深度氧化，提高选择性，一般情况下环己烷的转化率都不高，大量没有反应的环己烷需要通过蒸馏的方法分离出来再重新氧化，这增加了整个过程循环的能耗。因而很多研究者都致力于开发新的催化剂来改善环己烷氧化法的效率，并取得了一定的效果，尤其是在光催化氧化方面。通过用五氧化二钡复合三氧化铝及其掺杂物为催化剂，结合光的强度、时间、氧气含量等因素对光催化氧化环己烷反应的影响进行研究，发现掺杂稀土元素铈和铕的氧化物具有较好的催化效果。另外，纳米催化剂、仿生催化剂、分子筛催化剂、复合催化剂等也被广泛应用于环己烷催化氧化制备环己醇和环己酮的反应。环己烷氧化法制备环己醇反应如式(4-2) 所示。

$\xrightarrow{H_2}$ $\xrightarrow{O_2}$ OH + O (4-2)

对于环己烷氧化工艺，环己醇和环己酮的高选择性只能在比较低的环己烷转化率的前提下获得，这是因为环己酮和环己醇只是两个反应性的中间体，很容易进一步过氧化生成羧酸。为了同时兼得较高的环己烷转化率和醇酮选择性，需要使用大量的有机溶剂和助剂，但容易对环境产生污染。

4.2.3 环己烯水合法

1957 年，Anderson 用 Ni 膜作催化剂制备环己烷时，检测到产物中有环己烯的存在，但环己烯的选择性非常低。1963 年，Hertog 采用金属钌基材料作催化剂使环己烯的收率达 2.2%。工业上对 Ru 基催化剂进行了一系列的研究，1972 年，美国杜邦公司采用 $RuCl_3$ 为催化剂在高压釜中对苯选择加氢反应进行了研究，发现在反应体系中加入水，在反应条件为 450K、7.0MPa 左右下，可以使环己烯的收率达到 32%，该方法推动了苯选择加氢制备环己烯的工艺路线的工业化。1986 年，日本旭化成公司在其研究基础上，成功地研究出苯部分加氢制备环己烯，环己烯进而通过水合反应制备环己醇的工艺并实现了工业化，建成了年产量 6 万吨的生产装置，并在 1990 年正式开始商业运转，1997 年又扩大产能到 10 万吨，环己烯水合制备环己醇的工业化反应路线如式(4-3) 所示。

$$\text{C}_6\text{H}_6 \xrightarrow[\text{铜}]{H_2} \text{C}_6\text{H}_{10} + H_2O \xrightarrow{\text{酸性催化剂}} \text{C}_6\text{H}_{11}\text{OH} \tag{4-3}$$

4.2.3.1 环己烯水合制备环己醇过程

旭化成公司的工艺路线主要由加氢、分离和水合三道工序组成。在工艺中，苯部分加氢反应采用 Ru 作为催化剂，强酸盐水溶液为促进剂，在反应温度为 423～453K，反应压力 5.0～7.0MPa 的条件下，环己烯收率可达到 50%。对于加氢工序来说，催化剂的制备是其中的关键，催化剂的制备、助催化剂和载体的使用都对催化剂的活性有明显的影响。

加氢工序的产物是包含有苯、环己烯、环己烷和水的混合物，三种有机物的沸点差很小，而且苯与环己烯和环己烷之间还会形成共沸物，因而采用普通蒸馏的方法分离是很困难的，必须使用极性溶剂进行蒸馏。所使用的极性溶剂需要有较高的挥发度和化学稳定性，其中二甲基乙酰胺、环丁砜和己二腈都具有良好的特性，可以用作萃取蒸馏的萃取剂。旭化成工艺中的分离工序是在三个串联的蒸馏塔中进行的。第一个塔中通过萃取精馏回收环己烷，纯度可以达到 98%以上，第二个塔中使用更多的萃取剂分离得到环己烯，纯度也可以达到 98%以上，塔底出料中的苯和萃取剂在第三个塔中通过普通蒸馏的方式分离。

环己烯水合法消耗少，较好地避免了环己烷氧化反应过程中废碱液的生成，投资相对较少，是目前最先进且最有应用前景的生产环己醇的工艺路线。环己烯水合法也存在一些问题，例如催化剂的转化率低而且不稳定、生产工艺操作难度大等，这也引起了越来越多研究者的重视，环己烯水合法与环己烷空气氧化法的比较可见表 4-2。

表 4-2 环己烯水合法与环己烷空气氧化法的比较

项目	环己烯水合法	环己烷空气氧化法
碳收率	99%以上(包括环己烷)	70%～80%
氢消耗比(理论值)	2/3	1
生产过程的安全性	在水存在下反应,基本上安全	向油中吹入空气,需采取安全措施
废弃物	副产物少	20%～30%副产物作废弃处理
产品纯度	高纯度环己醇(99%以上)	环己醇与环己酮的混合物

4.2.3.2 环己烯水合制备环己醇反应特点

环己烯是一种极其重要的有机化工原料，是生产环己醇、己二酸、尼龙、聚酰胺和聚酯等精细化学品的有机合成中间体，其中广泛应用于汽车轮胎、电子和电器行业的聚酰胺产品尼龙是全球产量最大的工程塑料原材料。因此，环己烯水合法制环己醇，进一步氧化得到环己酮和己二酸，最终制得尼龙 6 和尼龙 66 的工业生产路线具有极高的经济应用价值。环己烯制备各种精细化工产品的生产线路如图 4-4 所示。

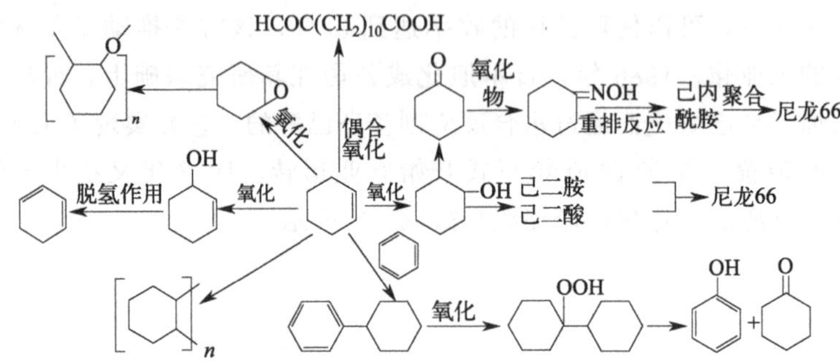

图 4-4 环己烯的工业应用简图

环己烯可以通过环己醇的脱水、环己烷的脱氢和卤代环己烷脱卤化反应来制得，但是这些生产途径比较复杂，生产成本高，效率低且副产物多。这条生产路径只局限于高附加值精细化工产品的生产，不能满足工业生产的需求。20 世纪 80 年代，国内外的研究者已经提出了苯选择性加氢制备环己烯的新型反应工艺路径。苯部分加氢制备环己烯的生产工艺相对于传统生产路径而言，不仅少消耗大约 1/3 的 H_2 总量，而且副产物环己烷可以再循环利用，避开了环己烷氧化的生产路线，是一条环境友好、原料经济、节能高效的化工生产工艺路径。

4.3 环己烯及环己醇制备

环己烯水合法制备环己醇主要分为苯部分加氢制备环己烯、环己烯水合制备环己醇两步。苯部分加氢气在催化剂的作用下制备环己烯能够制备 80%左右的环己烯和 20%左右的环己烷。

4.3.1 苯部分加氢制备环己烯

苯加氢气制备环己烷反应理论上的自由能变为－98kJ/mol，而苯到环己烯反应的自由能变为－23kJ/mol，因此，苯催化加氢生成环己烷的趋势大，很难控制在环己烯阶段。但是，选择合适的催化剂和反应条件可使反应向着生成目标产物环己烯的方向进行。苯选择加氢制环己烯是一个气、固、油、水四相反应体系，反应物及产物的内扩散、外扩散对反应速率及产物分布都会产生影响。

4.3.1.1 苯部分加氢反应过程

苯部分加氢制环己烯为放热反应，反应方程式如下。

主反应：生成大量环己烯

$$C_6H_6+2H_2 \longrightarrow C_6H_{10} \tag{4-4}$$

副反应：生成少量环己烷（主要副反应）

$$C_6H_6+3H_2 \longrightarrow C_6H_{12} \tag{4-5}$$

$$C_6H_6+H_2 \longrightarrow C_6H_8$$

生成少量正己烷

$$C_6H_6+4H_2 \longrightarrow C_6H_{14} \tag{4-6}$$

4.3.1.2 苯部分加氢反应机理

苯部分加氢反应体系中提高环己烯收率和选择性的重要环节是加速环己烯从催化剂表面脱附并抑制环己烯再吸附生成环己烷。目前广泛接受并认可的体系是高温、高压和高搅拌速率条件下的固相（催化剂）、气相（H_2）、液相（水）与油相（苯）共存的四相反应体系。在四相共存体系中，苯部分加氢反应过程可分为六个阶段：

气液传质（H_2 到液相）；液固传质（液相到催化剂）；吸附（H_2 到催化剂、反应产物到催化剂）；加氢反应；脱附（反应产物到液相）；液固传质（催化剂到液相）。

在催化反应体系中，苯、H_2、环己烷和环己烯在整个体系中的分散程度、催化剂表面对环己烯吸附能力的影响比较明显。

苯部分加氢反应从宏观上可以划分为三个阶段：

H_2 和苯吸附到 Ru 基催化剂表面并占据催化剂的活性部位；反应物苯在催化剂表面上与 H_2 反应生成环己烯或者环己烷；环己烯或环己烷脱附进入水相或者苯相体系。

在高速搅拌条件下环己烯从催化剂表面脱附后可能会再次吸附到催化剂的表面并进一步加氢反应生成环己烷，图 4-5 为苯部分加氢的反应示意。

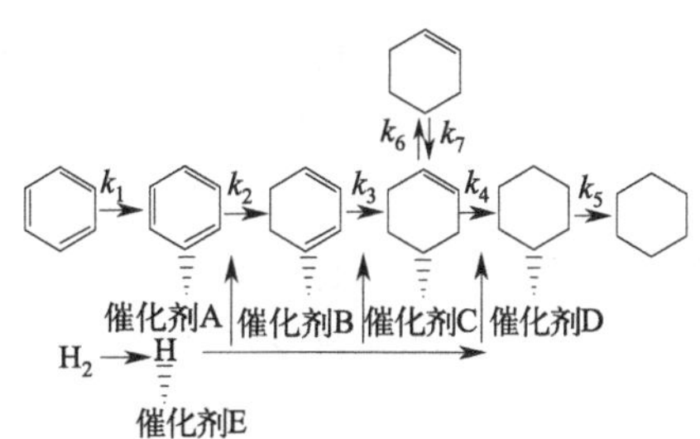

图 4-5 苯部分加氢的反应

苯部分加氢制环己烯的反应过程中，其中 k_1 和 k_7 分别表示苯和环己烯到 Ru 基催化剂表面的吸附速率常数；k_2、k_3 和 k_4 分别为苯、环己二烯和环己烯在 Ru 基催化剂表面的加氢速率常数；k_5 和 k_6 分别为环己烷和环己烯在 Ru 基催化剂表面的脱附速率常数。综合上述反应过程，影响环己烯收率与选择性的关键步骤分别为 k_4、k_6 和 k_7，即环己烯加氢速率常数、环己烯脱附速率常数和环己烯再吸附速率常数，总之控制环己烯的反应途径非常重要。提高环己烯收率的方法可以从调整 k_4、k_6 和 k_7 三者之间的联系着手，即抑制环己烯进一步加氢、加速环己烯的脱附和阻止环己烯再次吸附到催化剂表面。

① 抑制环己烯进一步加氢（减小 k_4）。一方面可以考虑引入 H_2 能力弱于 Ru 活性组分，但是同时又可以吸附环己烯的物质，使得这种物质可以在一定程度上从 Ru 催化剂表面夺取环己烯并抑制环己烯进一步加氢；另一方面引入可以减少 Ru 基催化剂活性位处 H_2 吸附量的物质，阻止环己烯深度加氢。

② 加速环己烯的脱附（增大 k_6）。在反应体系中引入吸附能力强于环己烯但是弱于苯的添加剂，从而该添加剂可以与环己烯在 Ru 基催化剂表面形成竞争吸附，减少 Ru 基催化剂表面的环己烯吸附量并阻止环己烯进一步加氢生成环己烷。

③ 阻止环己烯再次吸附到催化剂表面（减小 k_7）。向反应体系中加入能在催化剂表面形成覆盖层的物质。不仅加速环己烯从催化剂表面的快速脱附，而且进一步抑制了环己烯的再次吸附。

4.3.1.3 苯部分加氢的催化剂和反应条件

苯选择加氢工艺主要有气相法、络合法和液相法等方法。液相法最大的特点是可在较高的转化率下保持较高的选择性。该方法目前已实现了工业化。在液相法中，添加剂、反应温度及压力等工艺条件均对苯选择加氢反应结果产生非常重要的影响。

（1）添加剂

水的加入可以提高环己烯的收率，这是因为苯选择加氢反应进行时，钌催化剂的表面被一层死水层覆盖。氢气、苯、环己烯在催化剂表面形成一定的浓度梯度，由于在水中的溶解度差异，催化剂表面形成的水膜有利于相对增加苯的浓度，而催化剂周围存在的相对较高浓度的苯将促使环己烯及时地从催化剂的表面脱附。环己烯在水中的溶解度相对较低，而催化剂周围存在了一层死水层，这种结构有利于阻止环己烯的再吸附加氢生成环己烷，从而达到提高环己烯收率的目的。水作为添加剂一方面促进了环己烯从催化剂表面解吸，同时也防止了环己烯再吸附到催化剂表面，达到提高环己烯收率的目的。

无机添加剂使用较多的是碱金属、碱土金属的氧化物、氢氧化物及过渡金属强酸盐等，其中氢氧化钠的存在可以提高催化剂的亲水性。由于环己烯在氢氧化钠溶液中的溶解度比苯的差，在氢氧化钠溶液中环己烯加氢过程被抑制；同时，催化剂的亲水性提高后，水分子和环己烯在 Ru 表面发生竞争吸附，水分子占据一定的活性位，从而提高环己烯的选择性。

（2）反应温度

反应温度是决定整个苯部分加氢过程的关键因素，温度影响氢气和苯溶解扩散进入水相的速率。温度提升会加快整个苯部分加氢反应的传质过程，加速 Ru 基催化剂表面滞留水层的更新速率，加快环己烯从催化剂表面的脱附，抑制环己烯进一步加氢生成环己烷；同时降低 H_2 在水相和苯相的溶解度，减少了 Ru 基催化剂表面活性部分吸附氢的含量。因此，苯部分加氢的反应温度需要控制在一定的范围内。

（3）H_2 压力

反应过程 H_2 压力会影响 H_2 在水相和苯相之间的传质扩散速率，从而影响苯部分加氢的速率、环己烯的选择性和收率。提高 H_2 分压会加速 H_2 在水相和苯相中的溶解，提高苯反应的转化速率。由于环己烯在水中的溶解度只有苯的 1/6，压力的变化对环己烯进一步加氢的影响相对于对苯部分加氢的影响较小。通常，环己烯进一步加氢生成环己烷的速率并不会因 H_2 压力的升高而急剧增大，而苯部分加氢的速率会明显地增大，环己烯的收率在一定程度上会有所增加。提高氢气压力到一定程度后，氢气压力对环己烯收率的贡献变得不甚明显，同时增大氢气压力会对设备产生较高的要求。

(4) 搅拌速率

苯选择加氢反应的体系中，传质对于环己烯选择性至关重要。提高搅拌速率时，催化剂颗粒分布更均匀，油相液滴减少，降低传质阻力，有利于环己烯分子从催化剂表面脱附。因而，提高搅拌速率能够有效提高环己烯选择性。但是，搅拌速率过高时，内外扩散阻力已经消除，催化剂的贴壁现象逐渐显现，导致反应速率下降。因此，为了保证消除传质对催化性能的影响且不发生贴壁现象，搅拌速率应该在 800～1500r/min 比较合适。

(5) 水和苯体积比

苯在水中的溶解度是环己烯的 6 倍，在苯选择加氢四相反应体系中，在剧烈的搅拌下，水相和油相相互混合，水是连续相而油是分散相，亲水性的催化剂表面形成水膜。油相经过水膜与催化剂表面活性位接触、反应，然后扩散回到油相中。由于苯在水中的溶解度比环己烯大，苯和环己烯在催化剂表面的竞争吸附中苯占优势，并且可促进环己烯脱附，因此水膜对环己烯的选择性起着决定性的作用，即水和苯的比例对催化性能十分重要。通常水和苯体积比为 2∶1 时环己烯选择性最优异。

4.3.2 环己烯水合制备环己醇

4.3.2.1 环己烯水合反应过程

环己烯水合制环己醇为放热反应，反应方程式如下。

主反应：生成大量环己醇

$$C_6H_{10}+H_2O \longrightarrow C_6H_{11}OH \tag{4-7}$$

副反应：生成少量甲基环戊烯

$$C_6H_{10} \longrightarrow CH_3\text{-}C_5H_7 \tag{4-8}$$

生成少量甲基环戊醇

$$CH_3\text{-}C_5H_7+H_2O \longrightarrow CH_3\text{-}C_5H_8OH \tag{4-9}$$

生成少量环己基醚，生产中可以忽略少量副产物的产生，只考虑主要副反应。

4.3.2.2 环己烯水合反应机理

环己烯水合生成环己醇的反应是一个酸催化反应，可以使用矿物酸、苯磺酸以及强酸性离子交换树脂、分子筛等作为催化剂。由于分子筛具有适宜的酸性、较高的机械强度和热稳定性、好的择形性等特点而成为目前工业水合用催化剂的主要选择物质。

环己烯水合相对难度较大，这是因为环己烯的水合需要酸度较强的酸性催化剂，而且反应平衡在高温下会偏向于环己烯方向。旭化成公司所采用的是自主开发的高硅沸石-催化剂，是由硅酸钠溶液、硫酸铝、氯化钠和浓硫酸的混合物以及含氮化合物制成的。环己烯水合反应的流程可以参照图 4-6，将催化剂悬浮于水中，以环己烯为油相，在强力的搅拌作用下进行水合反应，生成的环己醇被环己烯从水相抽提到油相，反应后的沸石催化剂可以始终停留在水相中，油相里没有反应的环己烯。环己醇和少量的副产物可以通过普通蒸馏和萃取蒸馏相结合的方式进行回收处理。该过程反应温度为 373K 左右、反应时间为 2h 左右，环己烯的转化率可以达到 18%，环己醇的选择性可以达到 99%，副产物是极少的甲基环戊烯和二环己醚。

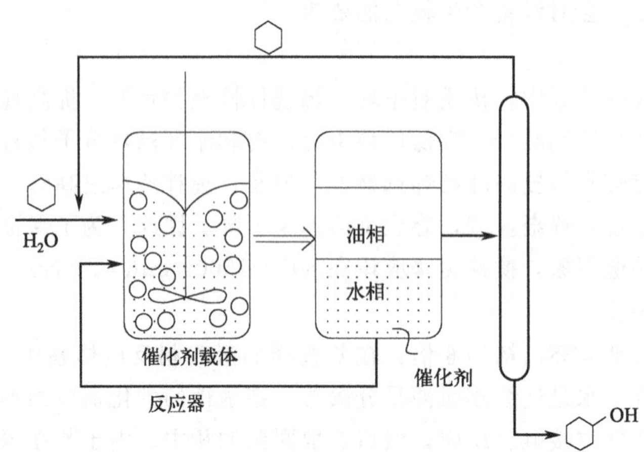

图 4-6 环己烯水合制备环己醇反应流程

旭化成公司开发了采用固体酸分子筛为催化剂的环己烯水合工艺，该催化剂的摩尔比为 24∶1，在温度 393K 下反应 2h，环己醇的收率可以达到 12.7%。该种高效水合分子筛催化剂的制备方法为将含有二氧化硅、氧化铝、碱金属的原料加入烷基化硫脲，在温度 373～453K 条件下搅拌反应 10～200h，反应后的混合物与硫酸的化合物等比例混合、加热、离心得到晶体，晶体经过水洗后在 393K 左右下干燥 4h，然后高温焙烧，再通过与离子交换和加热，便可以得到摩尔比为 24∶1 的分子筛催化剂。该催化剂具有疏水性的孔道结构和亲水性的外表面，催化剂孔道内壁的憎水性有利于环己烯由油相扩散通过水相进入沸石催化剂孔道内部，进而接近催化剂上的活性中心发生反应，而催化剂亲水性的外表面则有利于产物环己醇的脱附，并且有利于环己烯对于环己醇的抽提作用。

4.3.2.3 环己烯水合反应条件

工业上环己烯在分子筛催化剂的作用下，水合生成环己醇的反应是在全混式的二级串联反应釜中进行的，对于环己烯水合反应工艺的影响条件主要有反应温度、反应压力、搅拌速率、催化剂浓度、水油两相体积比、催化剂失活和原料中苯与环己烷的影响等。

(1) 反应温度

反应温度对于环己烯水合反应具有比较明显的影响。从反应动力学的角度分析，升高反应温度，提高了单位体积反应液体内的活化分子数，增加了反应物之间有效碰撞的概率，可以有效地加快反应速度，随着反应温度升高，水合反应速率会出现逐步增高的趋势。环己烯水合反应为放热反应，随着温度的升高，反应平衡会向逆反应方向移动，因此，环己烯水合的平衡转化率会随着温度的升高而下降。另外，反应温度过高还会引起副反应的发生及催化剂的失活，因而，反应温度存在一个比较合理的范围。针对环己烯水合反应，温度范围设置在 380～420K。

(2) 反应压力

在全混式反应釜内进行环己烯水合反应时，反应压力指的是保护气氮气的压力，主要是为了避免环己烯的汽化。在反应初始阶段，环己烯的转化率随着压力的提高呈上升趋势，但在压力大于 0.55MPa 时，环己烯转化率的增大比例逐渐减小。综合考虑压力对反应的影响及其动力消耗的关系，将反应压力控制在 0.4～0.6MPa 的范围内比较合适。

(3) 搅拌速率

反应器中环己烯、水与催化剂的混合物是通过搅拌器的充分搅拌达到所需要的混合效果的，环己烯以油滴状均匀分散在催化剂浆液中，在一定范围内搅拌转速越大反应速度应越快，这是因为搅拌可以加快传质和反应的进行。对于工业反应器而言，搅拌转速过小，传质情况不好，并将使产物环己醇的萃取效果变差，不利于水合反应向着正反应方向进行；而搅拌转速过大，又会造成催化剂来不及沉降而流失，从而引起反应器沉降段分离状态的混乱，因此工业反应器的搅拌器转速通常控制为 30～50r/min。

(4) 催化剂浓度

催化剂与反应物料在反应器中充分混合后，会形成白色浆液状的悬浮液。催化剂浓度的增加不仅提高了反应速率，而且提高了催化剂活性酸中心的浓度，因而随着催化剂浓度增加，环己烯的转化率应该呈线性不断增加。研究表明，催化剂在水相中的质量分数为 30% 时，环己烯转化率增加减缓，超过一定量后还会急剧下降，主要是由反应系统的传质恶化造成的。另外，从工业生产角度上考虑，催化剂浓度过高也不利于催化剂同油相的沉降分离，造成催化剂的流失。因此，催化剂的质量分数一般选择为 20%～30%。

(5) 水油两相体积比

环己烯和水的进料量对于环己烯水合反应的影响比较复杂，研究结果表明，在反应起始转化率比较低的阶段，反应速率与水量关系不大，但是在转化率大于 10%时，水进料量的影响变得非常明显。环己醇的生成速率会随着水相体积的增加而降低，对于这个阶段，影响反应速率的因素主要是环己醇在水相中的浓度，因此油相对于环己醇的抽提能力起着非常重要的作用。对于水相和油相体积比比较低的情况，由于油相在反应器中具有相对较大的体积，从而有利于油相对于环己醇的提取。也就是说对于给定的催化剂量和液相总体积，当水相和油相体积比比较低时，在足够的反应时间内会生成比较多的环己醇。

(6) 催化剂失活

环己烯水合所用的催化剂是结晶型硅铝酸盐催化剂，也可以叫作沸石催化剂或分子筛催化剂。其中造成水合催化剂活性下降的原因可能有以下方面。

由反应副产物的积累引起的催化剂中毒。水合反应的副产物，特别是分子量比较大的副产物容易积聚在分子筛催化剂的表面上，一方面会造成催化剂活性中心的失活，另一方面还会阻塞分子筛的孔道，增大环己烯和环己醇的扩散阻力，使催化剂的催化活性下降。

由碱性物质引起的催化剂中毒。水合催化剂为固体酸催化剂，当混入碱性物质时，分子筛的孔道结构会遭到破坏，从而使酸性活性中心中毒而失活。

另外碱性物质对于分子筛结构的破坏，还会影响到水合反应的选择性。一般常见的碱性物质有二甲基乙酰胺、二甲基胺等，它们均易溶于水。因此，进料环己烯要用高纯水洗涤其中溶解的碱性物质。

(7) 原料中苯与环己烷的影响

环己烯是通过苯部分加氢制得的，在苯部分加氢制环己烯的过程中会不可避免地生成一定量的环己烷，由于环己烯、环己烷和苯的沸点非常接近，这使得环己烯的提纯非常困难。苯的存在使得油相发生了很强的稀释作用，这对于反应动力学将会产生不利的影响，即使在存在苯的情况下，生成环己醇的起始速率并没有受到很大的影响，这表明此时苯的存在一定程度上也改善了环己烯在水相中的溶解度。另一方面，环己烷的存在对于生成环己醇的起始速率影响较大，是因为环己烷的存在使得环己烯在水相中所对应的平衡浓度降低，从而导致了环己醇生成速率的降低。

4.4 环己醇工艺流程

环己醇制备过程中，工艺原料和水、蒸汽、气等公用工程物料都要进行输送，并在相应的设备中完成相关的反应。环己烯法制备环己醇过程主要分为苯部分加氢制备环己烯和环己烯水合法制备环己醇反应过程，中间产品环己烯、环己烷和产品环己醇的精制，氢气的处理，催化剂的再生、回收及处理等。

4.4.1 苯部分加氢制备环己烯工艺流程

苯部分加氢制备环己烯主要通过原料苯同氢气在催化剂的作用下，在一定的压力和温度等条件下进行反应制备。由于原料苯中含有能使催化剂中毒（活性降低）的噻吩、其他硫化物和含氮化合物，在反应过程中要对其进行脱除。

苯部分加氢制备环己烯工艺流程如图 4-7 所示。

图 4-7 苯部分加氢制备环己烯工艺流程

苯部分加氢制备环己烯工艺过程描述如下。

(1) 苯及氢气预处理

本部分的主要作用是通过化学吸附除去原料苯中的噻吩和其他硫化物，同时过滤除去反应器进料中可能带来的铁锈和粉尘，以防止加氢催化剂中毒。原料苯在预热器中进行预热，在预热过程中通过调节蒸汽的流量来调节温度。在温度控制过程中，通常采用循环水冷却来防止苯的沸腾。

反应为气、液、固（催化剂）的三相反应，为了促使物料的充分混合，在氢气进入反应器前要对原料氢气进行加压处理。反应后的氢气进行循环压缩使用。

(2) 加氢反应系统

苯和氢压缩系统来的氢气为原料，在钌-锌催化剂的存在下，经过部分加氢反应制得环己烯产品和副产品环己烷。预处理过的苯同催化剂浆料混合，送入加氢反应器的液体分布器，氢气在反应器底部的气体分布器内，催化剂浆液送入反应器底部，在搅拌器的作用下进行充分混合，该过程各种物料的流量采用流量计进行控制。

在搅拌器的搅拌作用下，苯、氢气和催化剂浆液均匀混合进行反应，通过反应器除热系统将反应温度控制在 125～135℃，反应压力维持在 4.0～6.0MPa。

通过反应后，苯的转化率为 40%左右，环己烯的选择性达到 80%。本系统的两台加氢反应器内设有传热盘管，用来除去反应热。当正常生产时通过调节冷却水的量来调节反应温度，另外此盘管还用于开车时的升温。

4.4.2 环己烯水合法制备环己醇工艺流程

工业生产中环己烯水合制备环己醇工艺路线主要是沿用了 20 世纪 80 年代由日本旭化成公司开发的路线，环己烯水合制备环己醇工艺路线如图 4-8 所示。

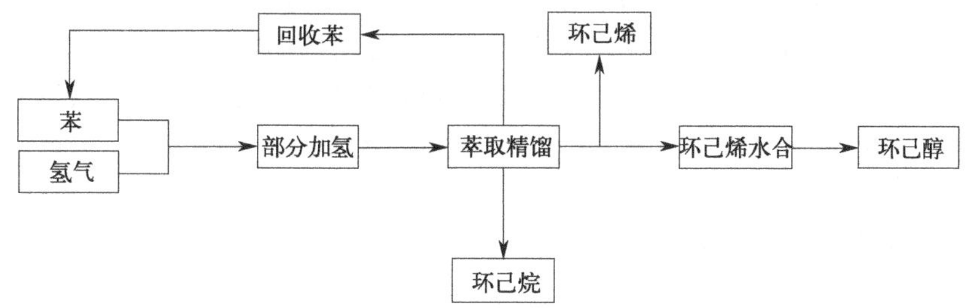

图 4-8 环己烯水合制环己醇工艺路线

环己烯水合制环己醇具有的特征：

① 节约资源，氢气相对苯酚加氢法可节约约 1/3；

② 环保投资减少，避免了环己烷氧化法生成的废碱液；

③ 与环己烷氧化法相比没有了氧气的参与，安全性提高；

④ 副产物较少，苯部分加氢副产的环己烷经精制后可外售，使效益增加。

环己烯水合工艺路线分为两步：以精苯和氢气为原料，在 Ru-Zn 催化剂下苯部分加氢制环己烯，并副产环己烷；环己烯在分子筛催化剂作用下水合制环己醇。环己烯催化水合制环己醇工艺流程如图 4-9 所示。

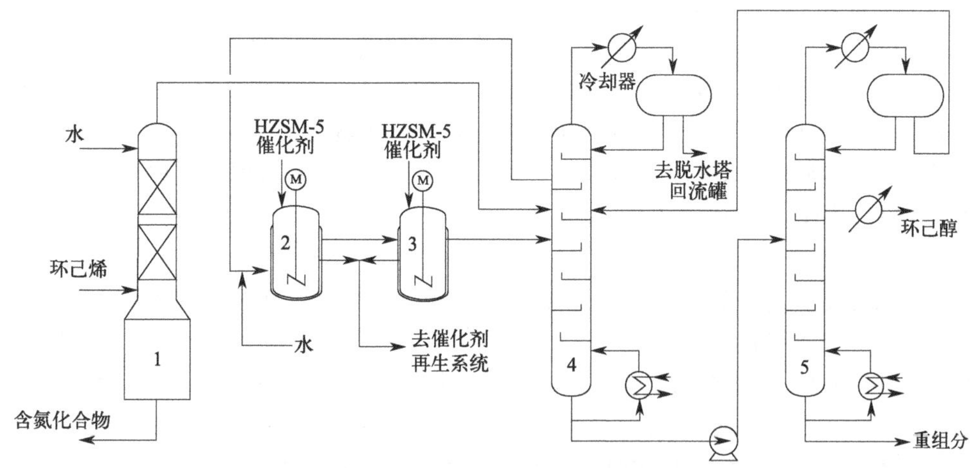

1—环己烯洗涤塔；2—水合反应器Ⅰ；3—水合反应器Ⅱ；4—环己醇分离塔；5—环己醇精制塔

图 4-9 环己烯催化水合制环己醇工艺流程

由苯加氢制得的环己烯从下部进入环己烯洗涤塔，水从上部加入，逆流接触洗去少量杂质，塔底含氮化合物的水去后处理，塔顶含有少量环己醇的环己烯去环己醇分离塔分离出环己醇，后送入水合反应器。

在串联的两台水合反应器中，含分子筛催化剂浆液与水、环己烯（质量分数 98%）混合，在 0.5MPa、120℃条件下发生水合反应，生成目的产物环己醇及微量的产物甲基环己烯、甲基环己醇。反应器中有混合区和沉降区两部分。油相与浆料在沉降区靠密度进行分离，分离出的油相从内部的溢流堰，溢流进水合反应器 2 进一步反应，反应后送往环己醇分离塔进行常压精馏，浆液间歇从反应器中抽出，去催化剂再生系统。

在环己醇分离塔塔顶馏出浓度很高的低沸物环己烯，经冷凝后大部分回流，少量低沸物苯、环己烷去脱水塔回流罐。釜液为浓度约为 70%的环己醇，由泵从环己醇精馏塔中上部塔中进行减压蒸馏，塔顶蒸出的是以环己烯为主要成分的低沸物，经冷凝后返回环己醇分离塔。从塔釜排出重组分，去后处理工序。精制环己醇从侧线采出，冷却后送往环己醇产品槽。作为产品的环己醇，其纯度应在 99.5%（质量分数）以上。

4.4.3 环己烯水合反应器

环己烯水合反应器参照环己烯水合法制环己醇工艺进行设备设计，设计年生产能力为 20 万吨，年工作时间 8000h，反应温度 120℃，反应压力 0.5MPa，环己烯与水体积比为 2∶5。设计忽略这些少量副产物的产生，只考虑主要副反应。

4.4.3.1 反应条件

（1）反应温度

环己烯水合反应在反应中放热且可逆，反应温度不仅会影响环己烯的转化率、环己醇的收率，还能影响副反应的产生。其他条件为定值时，反应温度会有一个最佳值，当超过最佳温度时，反应逆向进行，将会导致环己烯的转化率下降，温度继续升高，就会产生副反应。通常反应温度设置在 120℃。

（2）反应压力

在环己烯水合反应中，因为环己烯的单程转化率较低，所以需要大量环己烯在反应系统中循环，水合反应属于分子数减少的反应，加压有利于三相的接触面积，反应向生成环己醇的方向进行，使得环己烯转化率增大；继续加压，环己烯转化率基本不变，但反应器受压会增大，对反应器材质产生影响。当温度为 120℃，釜压为 0.5MPa 时，此时环己烯的转化率达到 12%左右。因此反应压力选择 0.5MPa。

（3）原料配比

环己烯水合反应是一个液-液-固三相共存的反应，原料环己烯与水的体积比对环己烯的转化率、环己醇的收率有很大的影响。在 120℃、0.5MPa，反应 4h，催化剂用量为 20%，转速 900r/min 条件下环己烯与水体积比增大，摩尔比也增大，环己烯的转化率和环己醇的收率也随之增大，当环己烯与水体积比为 2∶5 时，环己烯的转化率达到最大值 12.2%，但是，当环己烯与水体积比继续增大时，环己烯的转化率又会逐渐变小，水合反应的环己烯与水体积比设置为 2∶5。

4.4.3.2 反应设计计算器

苯在 Ru-Zn/SiO_2 催化剂上选择性加氢，并添加质量比 2∶1 的去离子水作助剂，反应温度压力恒定，并且苯加氢制备环己烯对苯是 1 级反应，所以该反应过程为 1 级恒温过程。反应主体为液相，并且该反应前后的物料密度变化很小，所以该反应可以看作为恒容反应。

反应时间：

$$t = c_{A0}\int_0^{x_A}\frac{dx_A}{(-r_A)}$$

对于一级恒温反应：$(-r_A)=kc_A=kc_{A0}(1-x_A)$，查文献得 $k=12.01$，则反应时间：

$$t=\frac{1}{k}\ln\frac{c_{A0}}{c_A}=\frac{1}{k}\ln\frac{1}{1-x_A}=\frac{1}{12.01}\times\ln\frac{1}{1-0.627}=0.08209(h)$$

式中，t 为反应时间，h；c_{A0} 为苯初始浓度，mol/L；x_A 为苯转化率，%；k 为反应速率常数；c_A 为苯的浓度，mol/L。

反应体积根据流程模拟软件 Aspen Plus 数据结果导出，反应器进口物料体积流量为 421489L/h，则可以得到：

$$V_r=q_v t=421489\times0.08209=34600L=34.6(m^3)$$

工业上，反应器的装填系数一般取值为 0.6～0.85，参考实际反应器装置的物料装填情况，现取装填系数为 0.8，可得反应器实际体积为：

$$V=\frac{V_r}{0.8}=\frac{34.6}{0.8}=43.25(m^3)$$

4.4.3.3 内筒高度和直径

反应器内进行的反应为液-液反应，故 H/D_i 为内筒高度与内筒直径的比值，一般可取 1～2，故选 $H/D_i=1.3$。

筒体内径

$$D_i=\sqrt[3]{\frac{4V}{\pi\frac{H}{D_i}}}=\sqrt[3]{\frac{4\times43.25}{\pi\times1.3}}=3.486(m)$$

式中，V 为反应器实际体积，m^3；H 为内筒高度，m；D_i 为内筒直径，m。

经计算的反应器内筒直径 D_i 为 3.486m，圆整后，内筒直径 D_i 为 3500mm。

查阅 GB/T 25198—2010《压力容器封头》可知，当 DN=3500mm 时，标准椭圆封头的高度 $h_1=915mm$，直边的高度 $h_2=50mm$，内表面积 $F_n=13.7186m^2$，容积 $V_h=5.9972m^3$。所以 1m 高的筒体容积 V_1 为

$$V_1=\frac{\pi}{4}\times D_i^2=\frac{\pi}{4}\times3.5^2=9.621(m^3)$$

内筒高度 H 为

$$H=\frac{V-V_h}{V_1}=\frac{43.25-5.9972}{9.621}=3.872(m)$$

式中，H 为内筒高度，m；V 为反应器实际体积，m^3；V_1 为 1m 高的筒体容积，m^3；V_h 为标准椭圆封头的容积，m^3。

经过圆整得内筒的高度 $H=3900mm$。

计算内筒的值

$$\frac{H}{D_i}=3900\div3500=1.11428$$

结果符合核定范围 1～1.3。

4

4.4.3.4 夹套的高度和直径

当 D_i＝3000～4000mm 时

$$D_j=D_i+200$$

故夹套的内径

$$D_j=D_i+200=3500+200=3700(\text{mm})$$

式中，D_j 为反应器夹套内径，mm；D_i 为反应器内径，mm。

同上，取投料系数为 0.85，则夹套高度为

$$H_j=\frac{V\times0.85-V_h}{\frac{1}{4}\pi D_i^{\ 2}}=\frac{43.25\times0.85-5.9972}{\frac{1}{4}\pi\times3.5^2}=3.199(\text{m})$$

式中，H_j 为反应器夹套高度，m；V 为反应器实际体积，m^3；V_h 为标准椭圆封头的容积，m^3；D_i 为反应器内径，m。

经过圆整得到 H_j＝3200mm。

4.4.3.5 内筒材料的选取与壁厚

根据模拟中反应器的内部压力与外部压力的大小关系可知，反应器的内筒内部压力大于外界压力，内筒受外压小于内压，故内筒为内压容器。且反应过程中，物流无腐蚀性，故选取内筒的材料为 Q370-R。

查阅相关资料得不同温度下 Q370-R 的弹性模量 E^t，结合本次设计条件，为便于计算，取弹性模量 $E^t=2.1\times10^{11}$Pa。

取有效壁厚δ_e＝18.00mm，负偏差c_1＝0.8mm，腐蚀裕度c_2＝2mm。

所以，名义厚度δ_n 为

$$\delta_n=\delta_e+c_1+c_2=18.00+0.8+2=20.8(\text{mm})$$

外径 D_0 为

$$D_0=D_i+2\delta_n=3500+20.8\times2=3541.6(\text{mm})$$

临界压力P_{cr} 为：

$$P_{cr}=2.59\times E^t\times\frac{(\delta_n/D_0)^{2.5}}{H/D_0}=2.59\times2.10\times10^5\times\frac{(20.8\div3541.6)^{2.5}}{3900\div3541.6}$$

$$P_{cr}=1.3(\text{MPa})$$

式中，P_{cr} 为内筒的临界压力，MPa；E^t 为材料的弹性模量，Pa；δ_n 为内筒壁厚，mm；D_0 为内筒的外径，mm；H 为内筒高度，m。

由于模拟时设置反应器的工作压力为 0.5MPa，可得：

$$P_c=1.3\times0.5=0.65(\text{MPa})$$

$P_c<P_{cr}$，设计合理。

4.4.3.6 设计结果一览表

为了便于查找，现将上述计算结果和结算项目编成表 4-3。

4.4.3.7 搅拌装置的选取

根据反应时的条件，查阅化工标准相关文件，选取平桨式搅拌器，搅拌器外径为 1600mm，搅拌轴公称直径 DN＝95mm，标记为搅拌器 1600-95。

4.4.3.8 设备装配图

图 4-10 为反应器结构及原理图，能直观地描述反应器的特征。

表 4-3 设计结果一览表

反应器类型	连续搅拌釜式反应器	反应器类型	连续搅拌釜式反应器
内筒体积/m^3	43.25	法兰尺寸 D/mm	3700,3650,3527,3600
内筒直径/mm	3500	垫片材料	石棉橡胶板
内筒高度/mm	3900	垫片型号	3625×1025×3
内筒材料	Q370-R	搅拌器类型	平桨式搅拌器
内筒壁厚/mm	20.8	搅拌器外径/mm	1600
夹套直径/mm	3700	搅拌轴公称直径 DN/mm	95
夹套高度/mm	3200	搅拌器标识	搅拌器 1600-95
夹套材料	Q345-R	容器支座	B 型悬挂式支座
法兰型号	RF 型、板式平焊法兰	支座材料	Q345-R

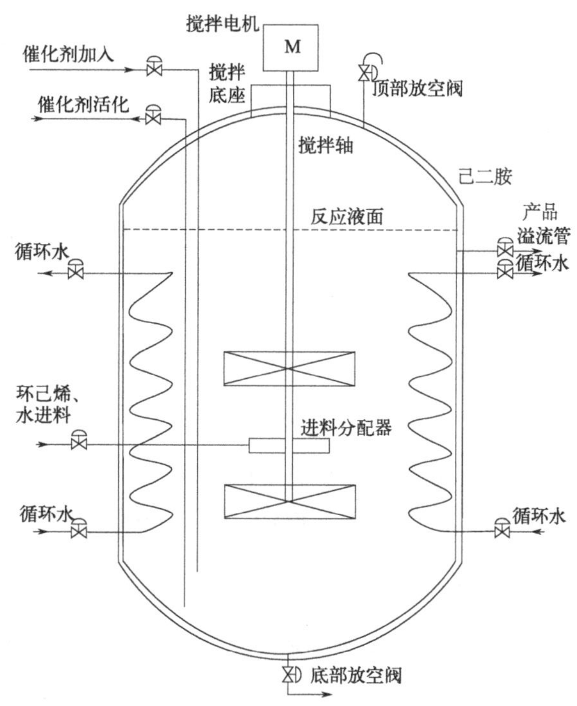

图 4-10 反应器结构及原理

4.5 苯加氢反应器反应温度异常下降的处理

环己醇生产装置苯加氢反应器反应为气、固、油、水四相反应体系，反应为放热反应，反应目标产物为环己烯，工业生产过程反应器设计为釜式反应器。在搅拌器的搅拌作用下，苯、氢气和催化剂浆液均匀混合进行反应，通过反应器除热系统将反应温度控制在 125～135℃，反应压力维持在 4.0～6.0MPa，苯的转化率为 40%左右，环己烯的选择性达到

80%。反应器内用传热盘管散热。当正常生产时通过调节冷却高纯水的量来调节反应温度，另外此盘管还用于开车时的升温。

4.5.1 异常问题及分析

(1) 异常现象

某工作日内一台水合反应器反应温度持续下降，由正常控制反应温度 127℃左右，最低降至 113.8℃，导致水合反应器环己烯转化率有较高的下降。

(2) 异常问题分析

水合反应器在搅拌器的搅拌作用下，苯、氢气和催化剂浆液均匀混合进行反应，通过反应器除热系统将反应温度控制在 125～135℃，反应压力维持在 4.0～6.0MPa，苯的转化率为 40%左右，环己烯的选择性达到 80%。生产过程中，通过反应器内的盘管对反应器进行降温，在开车时，可以通过反应器内的盘管将管网温度控制在约 240℃左右的中压蒸汽升温，正常生产时反应控制温度 130℃。盘管内外温度差别不能太大，否则水合催化剂可能黏附在盘管上，导致盘管传热不良，温度升不上去。

4.5.2 异常过程处理

(1) 对循环水处理

① 现场确认冷却高纯水盘管压力表显示 0.55MPa 左右，与正常运转的水合反应器冷却高纯水盘管压力表显示值 0.35MPa 相差较大。经过确认后，现场调小冷却高纯水盘管疏水器旁通阀，效果不明显。在工作现场调节冷却盘管疏水水温，降低水温，通过观察运行效果不明显。

② 更换反应器盘管疏水器，效果不明显。

③ 对温控阀门进行拆检，通过调校确认调节阀正常。

④ 对调两台反应器盘管压力表，显示依旧为 0.35MPa/0.55MPa，说明压力表运行正常。

(2) 运行过程处理

① 关闭高纯冷却水伴热，让盘管自然冷却降温，通过温差，使黏附在盘管上的水合催化剂脱落，提高换热效率。

② 将异常反应搅拌器转速由 44r/min 提至 46r/min。

③ 由调度室协调，将中压蒸汽管网温度由 240℃降至 220℃。

④ 盘管自然冷却降温约 14h，投用盘管蒸汽升温，最高可升至 125℃，车间根据调整思路安排，继续关闭伴热，让盘管继续降温冷却，通过温差差异，使黏附在盘管上的水合催化剂脱落。

⑤ 调整高纯冷却水压力由 0.5MPa 至 0.51MPa，提高换热效率。

⑥ 继续由调度室协调控制中压蒸汽管网温度 220℃。

(3) 处理结果

① 异常反应器盘管自然冷却降温约 10h，投用盘管蒸汽升温，缓慢升至正常控制温度

126℃，异常水合反应器运转正常。

② 正常运转后，两台反应器压力控制 0.51MPa，反应温度可以控制在 124～126℃。

4.5.3 巩固措施

(1) 异常处理报告联络书

① 由调度统一协调，稳定中压蒸汽管网温度 220℃。

② 生产中心控制室进行精细化调整，监控出现异常反应器的温度值，维持在正常值，同时，加强水合反应器温度、压力控制，保证系统稳定运行。

③ 加强对系统异常情况的判断和紧急处理能力，对生产异常要及时全面进行分析，争取最短时间内找出原因，进行解决。

④ 全面学习各系统之间的工艺链接，考虑问题要全面，涉及公用工程及时与调度联系汇报。

(2) 异常处理报告联络书

图 4-11 为苯加氢反应器异常处理报告联络书范本。

苯加氢反应器异常处理报告联络书

编号： YCCL.00.0000　　序号：XX

发生现象			
处理过程及结果			
发生时间： 年 月 日		当班班组：	填写人：
原因分析			
采取的预防措施			

图 4-11 苯加氢反应器异常处理报告联络书范本

习题

1. 简述环己醇在当今工业领域中的地位、用途及发展。
2. 简述环己醇的制备方法及各自优缺点。
3. 苯酚加氢法又分为哪两种方法？请阐述各自特点。

4. 环己烷氧化法又分为哪两种方法？请阐述各自特点。
5. 苯部分加氢反应过程分为哪六个阶段？在宏观上又分为哪几个阶段？
6. 简述苯部分加氢的催化剂和反应条件。
7. 简述环己烯水合的反应机理。
8. 简述环己烯水合的反应条件。
9. 简述环己烯水合的工艺流程。
10. 简述环己烯水合制环己醇的特征。

5 己二酸加工工艺

学习目的及要求

1. 了解己二酸的性质和用途；
2. 理解以环己醇（酮）为原料制备己二酸的反应机理和己二酸反应釜的结构及特点；
3. 掌握以环己醇（酮）为原料制备己二酸的反应原理、工艺条件和工艺流程。

5.1 概述

己二酸是一种重要的化工中间体，主要用于合成尼龙工程塑料、尼龙纤维和聚氨酯等，在合成树脂、食品添加剂、胶黏剂和塑料添加剂等方面也有广泛的应用。随着全球汽车工业（尼龙 66 工程塑料）和聚氨酯工业的快速发展及不断扩大的己二酸应用范围，己二酸的消费市场呈现迅速增长。同时，己二酸还是生产聚酯多元醇的原料，可与多元醇缩合反应生成聚酯多元醇。此外，己二酸还可用于增塑剂、合成润滑剂、杀虫剂、合成革、香料、染料以及医药新型单晶材料等领域。

1902 年首次用原料 1,4 二溴丁烷人工成功制备了己二酸。1937 年，美国杜邦公司用硝酸氧化环己醇（由苯酚加氢制得），首先实现了己二酸的工业化生产，但该工艺产量低、成本高，生产发展受到了限制。此后，伴随着石油化工的逐渐兴起，出现了环己烷氧化制备环己醇、环己酮的技术。1960 年以后，工业上逐步改用环己烷氧化法，即首先由环己烷制中间产物环己酮和环己醇混合物（KA 油），然后 KA 油同硝酸或空气再进行氧化反应制备己二酸。采用石油路线原料价格经济，使己二酸工业生产得到了很大发展，目前全球己二酸总产量在 250 万 t/a 以上，成为有机二元酸中产量最大的产品，图 5-1 为己二酸形貌。

图 5-1 己二酸形貌

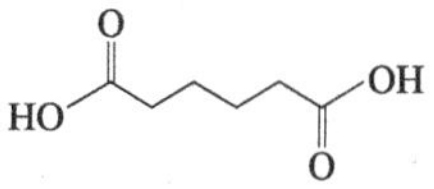

图 5-2 己二酸结构式

5.1.1 己二酸的性质

己二酸是一种应用价值很高的脂肪族二元酸，结构式如图 5-2 所示。

己二酸又称肥酸，分子式 $C_6H_{10}O_4$，英文名称 adipic acid，分子量 146.14，性质稳定，无毒，常温下为单晶型的无臭、白色固体，熔点 152℃，沸点 256℃，相对密度 1.36，可溶于丙酮，易溶于大多数醇、酸等有机溶剂，微溶于水，在水中的溶解度随温度上升而快速升高，3%左右的己二酸溶液的 pH 值约为 2.7。己二酸的物理性质见表 5-1。

表 5-1 己二酸的物理性质

序号	项目	指标
1	熔点/℃	152
2	沸点(760mmHg)/℃	256
3	密度/(g/cm³)	1.360
4	熔融黏度/(160℃,mPa·s)	4.54
5	溶解度(25℃)/(g/100mL)	2.3
6	相对密度(空气=1)	1.366
7	分子量	146.14

注：1mmHg=133.3224Pa。

工业上，己二酸主要有合格品、一等品和优等品等产品规格。主要检测指标为外观、熔点、含量、氨溶液色度、水分等。其中外观通过目测判断，外观与结晶、精制过程有很大关系，结晶控制得好，己二酸颗粒均匀；己二酸含量可以通过滴定分析测定，主要与反应和精制过程有关；熔点通过熔点仪测定；氨溶液色度由分光光度法测定，该含量主要针对硝酸氧化工艺而言；水分通过水分测定仪分析，主要与干燥过程有关；灰分通过马弗炉测定；铁含量和硝酸含量通过分光光度法测定；可氧化物由滴定法测定；熔融物色度由比色法测定。己二酸主要质量指标见表 5-2。

表 5-2 己二酸主要质量指标

指标名称		指标		
		优等品	一等品	合格品
外观		白色结晶粉末	白色结晶粉末	白色结晶粉末
质量分数/%	≥	99.7	99.7	99.5
熔点/℃	≥	151.5	151.5	151
氨溶液色度(铂-钴色号)	≤	5	5	5
水分(质量分数)/%	≤	0.2	0.27	0.4
灰分量/(mg/kg)	≤	7	10	35
铁量/(mg/kg)	≤	1	1	3
硝酸量/(mg/kg)	≤	10	10	50
可氧化物(以乙二酸计)/(mg/kg)	≤	60	70	—
熔融物色度(铂-钴色号)	≤	50	—	—

己二酸具有羧基官能团，具有羧基的性质，能发生成盐反应、酯化反应、酰胺化反应等。同时作为二元羧酸，己二酸还能与二元胺或二元醇缩聚成高分子聚合物等。

① 成盐反应。己二酸是典型的酸，可以和一般的碱性物质发生成盐反应，显示酸性。

② 酯化反应。己二酸可以和醇在一定条件下发生酯化反应。

$$HOOC—(CH_2)_4—COOH+2CH_3OH \xrightarrow[H_2SO_4]{170℃} CH_3OOC—(CH_2)_4—COOCH_3+2H_2O \quad (5\text{-}1)$$

③ 酰胺反应。己二酸中的羧基还可以与氨基发生酰胺化反应。

④ 缩聚反应。作为二元羧酸，它能与二元胺或二元醇缩聚成高分子聚合物。

$$n HOOC(CH_2)_4COOH+n HOCH_2CH_2OH \xrightarrow{H_2SO_4} —[OC—(CH_2)_4COOCH_2CH_2—O]_n+2nH_2O \quad (5\text{-}2)$$

己二酸在空气中具有良好的稳定性，易产生静电，温度过高易软化结块，甚至变质。当氧质量分数高于15%时，己二酸易发生静电引起着火，故操作中必须控制氧的量；己二酸粉尘在空气中爆炸的质量分数范围为3.9%～7.9%。

5.1.2 己二酸的用途

己二酸是工业上应用价值很高的脂肪族二元羧酸，作为有机合成中间体，主要应用于制备尼龙66盐和聚氨酯等产品。此外，己二酸还可用于生产润滑剂、增塑剂、添加剂、医药中间体等产品，用途十分广泛。

国内己二酸的主要消费市场是聚氨酯（约占65%）和尼龙66盐（约占23%）行业，其他方面的应用约占不足12%。尼龙是使己二酸最早实现商业价值的产品，由己二酸与己二胺发生酰胺化反应生成己二酸己二胺，即尼龙66盐，己二酸己二胺再经过缩聚反应生成尼龙66纤维或树脂产品，广泛应用于日常生活中的各个领域。之前中国己二酸主要用于生产尼龙，随着聚氨酯行业的快速发展，己二酸的消费市场发生了改变，聚氨酯产品材料为己二酸的主要下游产品，聚氨酯行业对己二酸的需求量目前已远超尼龙行业。聚氨酯是主链上含有重复氨基甲酸酯基团（—NHCOO—）的一类大分子聚合物。它是由有机二羟基或多羟基化合物和二异氰酸酯或多异氰酸酯发生缩聚反应生成。聚氨酯是一种新型的高分子有机材料，被称为第五大塑料。图5-3为聚氨酯密封件。

图5-3 聚氨酯密封件

5.2 己二酸制备方法

工业上合成己二酸是美国杜邦公司用硝酸氧化环己醇（由苯酚加氢制得）最早实现，到20世纪60年代后，开发出了以苯为原料的环己烷氧化法生产己二酸技术。环己烷法与苯酚工艺相比，原材料纯苯比苯酚产量丰富，而且受区域产能限制较小。随后，日本旭化成公司对环己烷法进行了改进，开发出一种新工艺即环己烯水合法制备己二酸，并于20世纪90年代实现工业化生产，该工艺同样采用苯为原料，只是在第一步制取环己醇/酮的工艺路线不同，由环己醇/酮制取己二酸的工艺是完全相同的。环己烷氧化法和环己烯水合法是目前工业上生产己二酸的主要工艺技术，约占总产能的 90%以上，而最早期的苯酚制备己二酸工艺技术逐渐被淘汰。

纯苯为原料制取己二酸有两条工艺路线：

① 苯制备环己烷，再制备 KA 油（环己醇和环己酮混合物），最后制备己二酸；该工艺路线技术成熟，目前在工业上被广泛采用，但是副产物多、流程长、三废排放多、能耗高。

② 苯制备环己醇，环己醇制备己二酸。该工艺路线是在原有工艺路线基础上进行的优化改进，通过将苯完全加氢改为部分加氢制备环己烯，减少了反应中氢气的消耗量，也降低了反应能耗和三废排放。环己烯水合制环己醇相比于环己烷氧化制 KA 油路线，具有选择性好、生产安全性高等优点，因此采用苯部分加氢生成环己烯，环己烯水合制环己醇，硝酸氧化环己醇制备己二酸是目前工业上生产己二酸的主流技术路线。

硝酸氧化环己醇制己二酸过程有部分副产物生成，主要有戊二酸、丁二酸等，消耗了反应生成的各种类型的氮氧化物，包括 NO_x 和 N_2O 可以进行回收利用，但是 NO_x 和 N_2O 无法用简单的方法进行回收。因此，提高己二酸的选择性，降低硝酸的消耗，可以减少不可回收氮的生成。

5.2.1 环己烷氧化法

环己烷氧化法是工业生产己二酸的主要方法之一，在己二酸最初生产中占主导地位。该工艺过程中，苯先通过完全加氢获得环己烷，环己烷再经空气氧化制得环己醇和环己酮的混合物 KA 油，转化率和选择性较高，然后在一定的温度压力以及催化剂作用下 KA 油被浓度为 65%左右的硝酸氧化制得己二酸，合成路线如式(5-3) 所示。

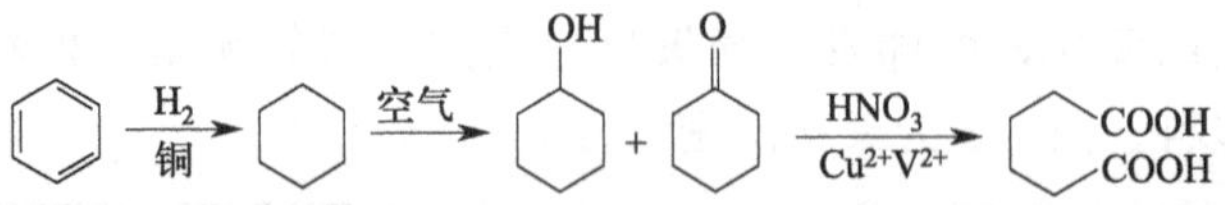

$$\text{苯} \xrightarrow[\text{铜}]{H_2} \text{环己烷} \xrightarrow{\text{空气}} \text{环己醇(OH)} + \text{环己酮(O)} \xrightarrow[Cu^{2+}V^{2+}]{HNO_3} \text{己二酸}(COOH, COOH) \tag{5-3}$$

环己烷氧化法是在催化剂的条件下，纯苯经过加氢反应生成环己烷，然后环己烷经空气氧化生成 KA 油，最终硝酸氧化 KA 油生成己二酸。该工艺流程的优点是工艺成熟可靠，缺点是己二酸的选择性低且副产物不易分离、工艺复杂、操作费用高、生产过程中有三废生成。环己烷氧化法制备己二酸工艺路线如图 5-4 所示。

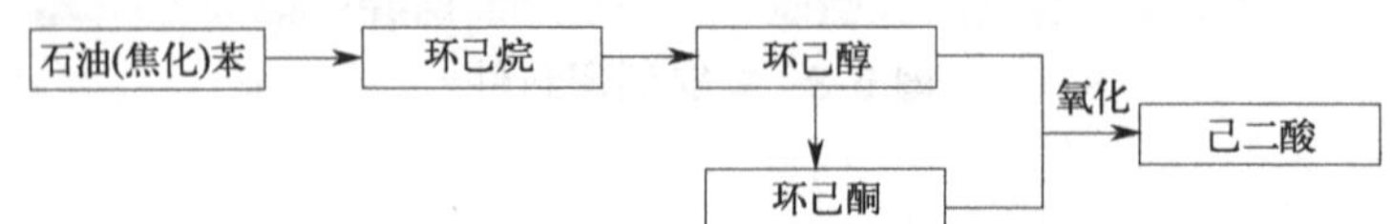

图 5-4 环己烷氧化法制备己二酸工艺路线

根据生产过程中使用催化剂的不同，环己烷氧化制己二酸的生产工艺又可分为钴催化剂氧化法、硼催化剂氧化法和无催化剂氧化法，如图 5-5 所示。

环己烷氧化制己二酸
- 钴催化剂氧化法
- 硼催化剂氧化法
- 无催化剂氧化法

图 5-5 环己烷氧化制备己二酸方法

三种方法具体如下：

① 钴催化剂氧化环己烷制己二酸的生产方法是20世纪40年代美国杜邦公司提出和运用的，至今还有许多公司使用。该生产方法的优点是生产技术比较成熟，操作较简单；缺点是产率不高，生产过程中有结渣现象存在。

② 硼催化剂（硼酸或硼酸酐）氧化环己烷制己二酸能提高KA油中环己醇的收率。在H_3BO_3存在的条件下，环己烷首先反应生成环己醇的硼酸酯，然后硼酸酯经水解反应生成环己醇。硼酸酯的热稳定性较好，难被氧化，进而有效地减少了环己醇分解的概率，氧化后所得的产物（KA油）中环己醇的含量较高，进而提高了环己烷氧化的效果。该生产方法的优点是收率较高，缺点是生产设备比较复杂、工艺烦琐、经济效益差。

③ 无催化剂氧化环己烷制己二酸的方法是法国罗纳普朗克公司开发的技术，该生产方法的优点是反应过程中氧气作为氧化剂，所需反应条件比较温和，己二酸的选择性和收率较高；缺点是反应原料除苯以外还有氢气、硝酸等，工艺复杂，设备投资大，生产成本高，选择性低，生产过程中产生工业三废，产品收率较低。但是该工艺操作成熟，在工业生产中仍得到了广泛的应用。

5.2.2 环己醇法

环己醇法是20世纪80年代由日本旭化成公司开发的工艺路线，是在环己烷氧化法基础上改进而来。主要工艺流程包括，在催化剂作用下，苯发生部分加氢反应生成环己烯，苯的转化率和环己烯的选择性分别达到40%和80%以上。在催化作用下，环己烯水合生成环己醇，最后，环己醇经硝酸氧化生成己二酸，其合成路线如式(5-4) 所示。

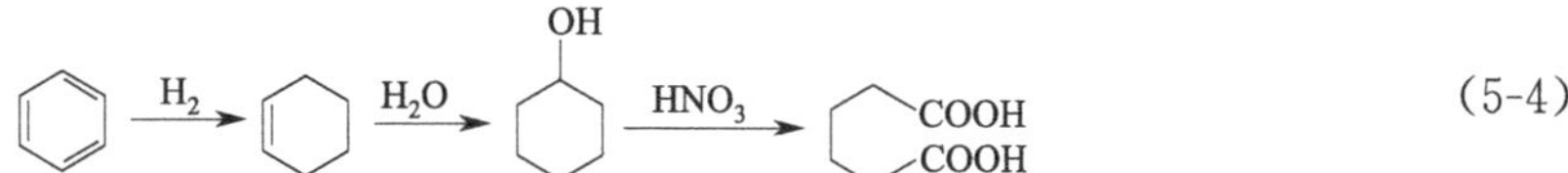

(5-4)

与传统的环己烷法相比，环己醇法的优势在于提高了产品收率，反应过程具有较高的工艺安全性，并且降低了氢气的消耗量。环己醇法制备己二酸工艺路线如图5-6所示。

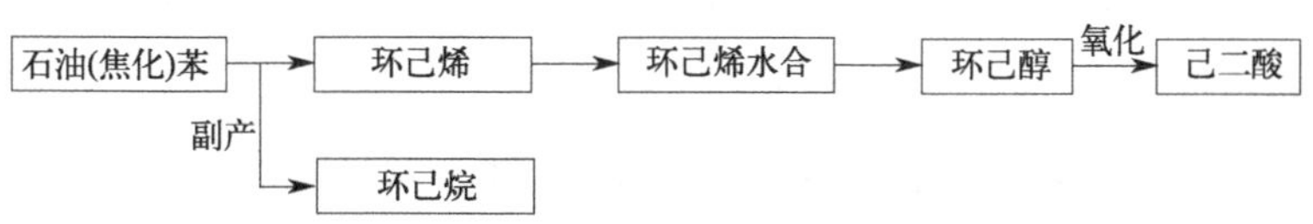

图5-6 环己醇法制备己二酸工艺路线

硝酸氧化环己醇制己二酸的过程中，还生成戊二酸、丁二酸等副产物，该反应过程中，硝酸的消耗量较大，利用产物溶解度的不同将己二酸从混合物中分离出来，最后对粗产己二酸先进行活性炭脱色后再进行结晶分离，最终使己二酸的纯度达到99.8%以上。该反应路线的优点是：产品的纯度高；苯加氢反应的条件温和，操作条件比较安全；己二酸的选择性较高，环己烷是唯一的副产物，而且环己烷可以作为化学产品进行销售，可以提高经济效益；该反应过程产生的废液量较少，无其他三废生成，因此在环保方面占据优势，环保方面的投资低；工业生产过程中无设备污垢产生，因此发生事故的概率低，生产成本低。该反应路线的缺点是：反应过程中消耗大量的硝酸，因此存在设备腐蚀性问题；硝酸反应过程中会产生一些不可回收性的氮氧化物，对环境有污染。己二酸生产工艺比较见表5-3。

表5-3 己二酸生产工艺比较

制取工艺	主要原料	生产方法	工艺评价
环己烷法	苯、硝酸	苯完全加氢生成环己烷，环己烷氧化生成环己醇/酮的混合物，环己醇/酮氧化生产己二酸	工艺流程长，副产物多，苯单耗高，产生废碱，但技术成熟，应用广泛
环己醇法	苯、硝酸	苯部分加氢生成环己烯，环己烯水合生成环己醇，环己醇氧化生成己二酸	苯部分加氢催化剂为贵金属钌，成本较高，反应转化率及选择性较低。但该工艺反应条件温和，安全系数高，副产物少，碳资源利用率高，产品纯度高，相比环己烷法具有明显优势

5.2.3 己二酸制备的其他合成法

5.2.3.1 苯酚法

20世纪50年代前，工业上获得己二酸的主要方法是以苯酚为原料进行生产，苯酚通过加氢生成环己醇，环己醇经过酸的氧化制得己二酸。此法优势在于技术成熟、产品纯度高、设备耗材少。但苯酚作为原料存在资源少、价格高的缺点，由此造成己二酸产品成本偏高，只适于在苯酚原料丰富的地区建厂，全球仅在北美和欧洲的几家工厂采用此法进行生产，苯酚法制备己二酸反应过程如式(5-5) 所示。

$$\text{C}_6\text{H}_5\text{OH} \xrightarrow{H_2} \text{C}_6\text{H}_{11}\text{OH} \xrightarrow{HNO_3} \text{HOOC(CH}_2)_4\text{COOH} \tag{5-5}$$

5.2.3.2 C_4烯烃法

由于苯价格的不断上涨，全球对以廉价的丁二烯为原料合成己二酸技术进行了研究。根据合成方法的不同，C_4烯烃法又分为羰烷基化法、氢羧基化法和氢氰化法。但是上述方法也存在反应条件苛刻、副产物多、难于分离、工业化生产难度较大的缺点。

5.2.3.3 生物合成法

苯、苯酚和丁二烯是通过石油资源获得的基础化工原料，它们作为合成己二酸的原料都属于不可再生资源。随着石油资源的日益枯竭，可再生和可降解的生物资源成为未来化工企业发展的方向。20世纪末，美国杜邦公司首先提出了制备己二酸的生物催化工艺，该工艺使用葡萄糖为原料，在大肠杆菌催化作用下转化为己二烯酸，然后催化加氢合成己二酸。生物合成法制取己二酸的不足之处是生产成本较高，目前处于研究阶段，工艺尚不成熟，还不适合大规模生产。

综上，烯烃法和生物合成法原料成本低，但两种方法都处于研究阶段，工艺尚不成熟，如产物分离、工艺设备投资成本高等问题均有待解决。而苯酚法工艺成熟，但原料来源少、价格高，目前正逐渐被淘汰。现有的己二酸行业中，以苯为原料合成己二酸成为当今工业生产中最主要的工艺路线，即环己烷法和环己醇法。环己醇法相对环己烷法减少了原料消耗，提高了产品质量和工艺的安全性，具有一定的优势，而且环己醇法在苯部分加氢转化率、环己烯选择性和环己烯水合制环己醇转化率上还有较大的改进空间。

5.3 己二酸制备反应机理

硝酸氧化醇、酮制备己二酸是一个复杂的化学反应过程，主反应为放热反应，反应除生成产物己二酸以外，还大量生成二元酸、一元酸以及 NO、NO_2、N_2O、CO_2 等气体，反应过程温度、压力等操作条件的不同，对己二酸的收率及选择性将产生一定的影响，因此提高了生产过程工艺条件的控制难度。

5.3.1 硝酸氧化环己醇制己二酸机理

工业上成熟的硝酸氧化环己醇（酮）典型的反应条件为：硝酸浓度 55%～65%，反应温度 60～85℃，压力 0.8～1atm[1]。硝酸氧化环己醇制己二酸除了生成己二酸，反应过程也产生少量的戊二酸、丁二酸和二氧化氮等副产物。消耗的硝酸生成各种类型的氮氧化物（NO_x），NO_x 可以进行回收利用，其中，NO_2 目前无法由简单的方法进行回收。

硝酸氧化环己醇或环己酮的化学反应如式(5-6) 所示。

$$\text{环己醇(OH)} \text{ 或 } \text{环己酮(O)} + HNO_3 \longrightarrow \text{(CH}_2)_4\text{(COOH)}_2 + N_2 + N_2O + NO_x + H_2O \quad (5\text{-}6)$$

反应过程中，提高己二酸的选择性，降低消耗，减少不可回收氮氧化物对这个反应过程非常重要。目前，工业上常用的工艺技术是采用铜和钒作为催化剂来提高己二酸的选择性。

5.3.2 钒、铜催化剂

(1) 钒

在硝酸氧化环己醇反应过程中，环己醇首先被氧化生成环己酮，之后环己酮进一步氧化生成环己二酮。在钒催化剂的作用下，环己二酮会迅速转化成己二酸，钒催化剂可以使己二酸收率提高 10%以上。如果体系中不引入金属钒作为催化剂，环己二酮将会被分解成丁二酸等，如式(5-7)、式(5-8) 所示。

$$\text{环己二酮} + HNO_3 + H_2O \xrightarrow{V^{5+}} \text{(CH}_2)_4\text{(COOH)}_2 + HNO_2 \quad (5\text{-}7)$$

否则

$$\text{环己二酮} + 4HNO_3 \longrightarrow HOOC(CH_2)_2COOH + HOOC{-}COOH + 2H_2O + 4NO \quad (5\text{-}8)$$

---

[1] 1atm＝101.325kPa。

另外，钒作为催化剂，如果浓度过高的话，将导致体系中亚硝酸离子大量过剩，而加剧了下述反应的进行，使产物戊二酸增加，如式(5-9) 所示。

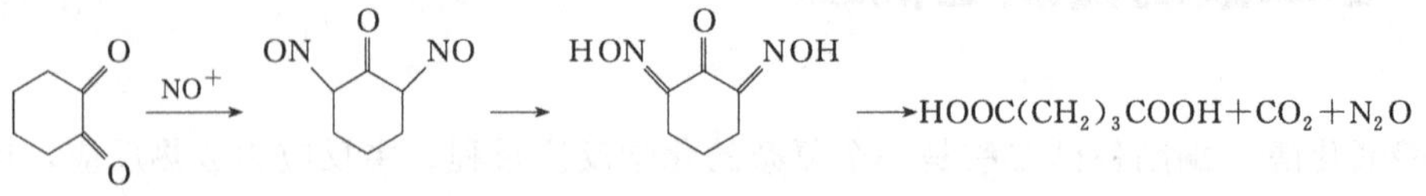

$$\xrightarrow{NO^+} \longrightarrow \longrightarrow HOOC(CH_2)_3COOH + CO_2 + N_2O \quad (5\text{-}9)$$

所以，在工业生产中要对钒催化剂的浓度进行严格控制。

(2) 铜

铜在反应中作为催化剂时，催化活性由硝酸铜提供。铜催化剂存在的条件下，主反应过程的活化能比无催化剂条件下的活化能低，反应过程中，铜离子可与亚硝酸离子产生相互作用，生成配合物，从而降低了亚硝酸离子浓度，抑制了反应过程中邻二亚硝基环己酮的生成，从而降低了副产物戊二酸的选择性。此外，在高温反应体系中，铜也能够抑制中间产物的分解。铜存在条件下的反应过程如图 5-7 所示。

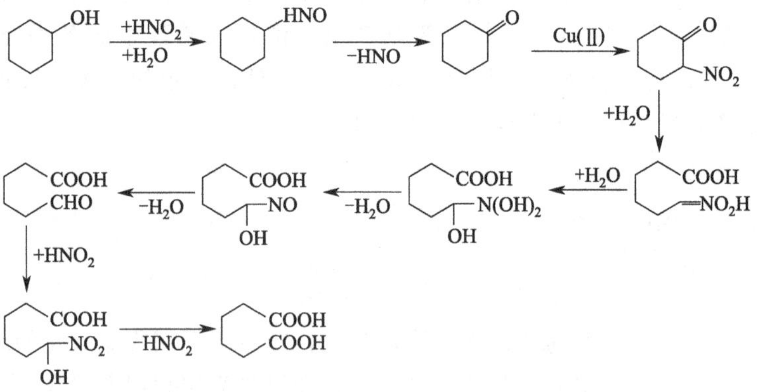

图 5-7 铜催化氧化制备己二酸的反应过程

5.3.3 己二酸反应机理

环己醇、酮硝酸氧化法制己二酸是一个包含多个反应中间体的复杂反应过程，反应系统中加入铜、钒离子，己二酸的收率可达到 90%以上。硝酸与醇酮反应时，首先是环己醇被硝酸氧化生成环己酮和亚硝酸，然后环己酮再被亚硝酸氧化成邻亚硝基环己酮，硝酸氧化环己醇的过程是快速瞬间完成的，反应速率很快。邻亚硝基环己酮再经 2-硝基-2-亚硝基环己酮水解开环生成稳定的 6-肟基-6-硝基己酸（硝脑酸），反应转化为硝脑酸的选择性达到 90%以上，此物质经水解转化为己二酸，反应过程可如图 5-8 所示。

系统中的 HNO_2 还能与中间产物邻亚硝基环己酮反应生成 1,5-二亚硝基环己酮，最终分解成副产物戊二酸。过程反应公式如上述。较高温度的条件下，系统中加入较多的钒催化剂时，将会引发系统产生过量亚硝酰离子 NO^+，进而促进上述副反应进行，生成戊二酸。此时系统中存在 Cu^{2+} 催化剂时，Cu^{2+} 能与 NO^+ 生成稳定的络合物，降低体系中 NO^+ 浓度，从而抑制副反应的发生。因此对于抑制戊二酸的生成，Cu^{2+} 比 V^{5+} 的效果更有效。所以，Cu^{2+}、V^{5+} 的使用会很大程度上影响己二酸的选择性，反应过程可如图 5-9 所示。

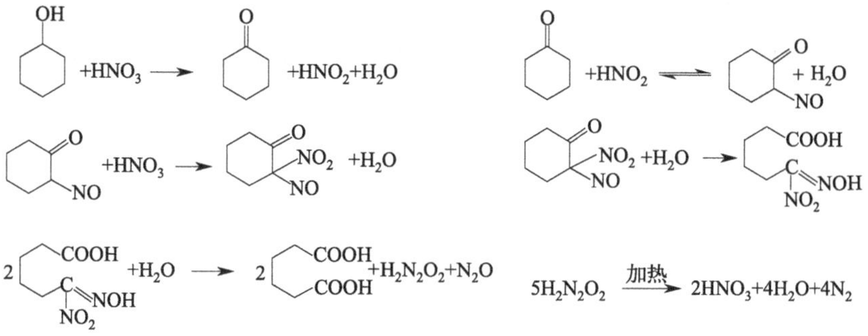

$$5H_2N_2O_2 \xrightarrow{加热} 2HNO_3+4H_2O+4N_2$$

图 5-8 硝酸氧化环己醇反应机理

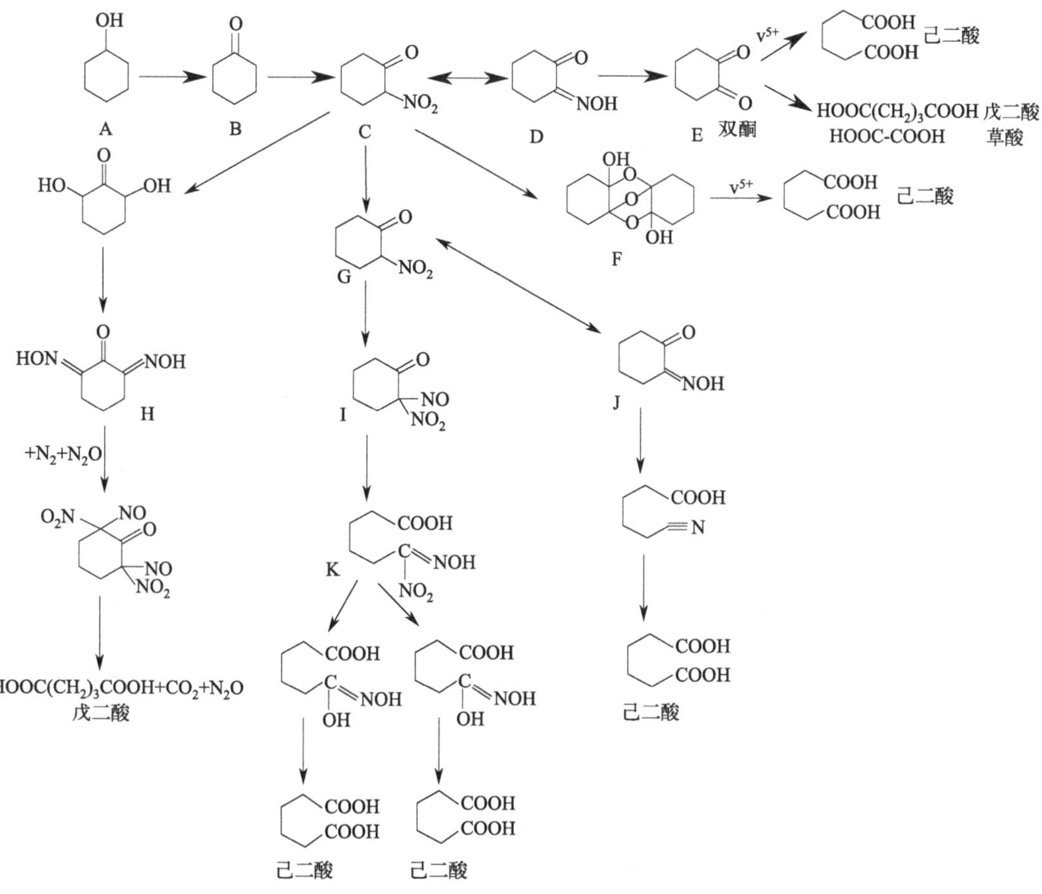

图 5-9 硝酸氧化环己醇制备己二酸反应机理

5.4 己二酸工艺流程

己二酸装置以环己醇为原料，在铜、钒催化剂作用下，采用硝酸氧化法生产己二酸，己二酸收率一般在 94%左右，主要副产物是戊二酸和丁二酸。生成的己二酸溶于过量的硝酸中，经结晶、增浓、离心分离得到粗己二酸。粗己二酸经溶解、活性炭脱色、再结晶、增浓、离心分离得到精己二酸。精己二酸部分送到干燥工段，经离心分离、干燥、冷却，获得浓度大于 99.8%的干己二酸，通过气流输送到包装工序计量、包装后外售，部分精己二酸送到成盐装置。工业上己二酸生产工艺流程如图 5-10 所示。

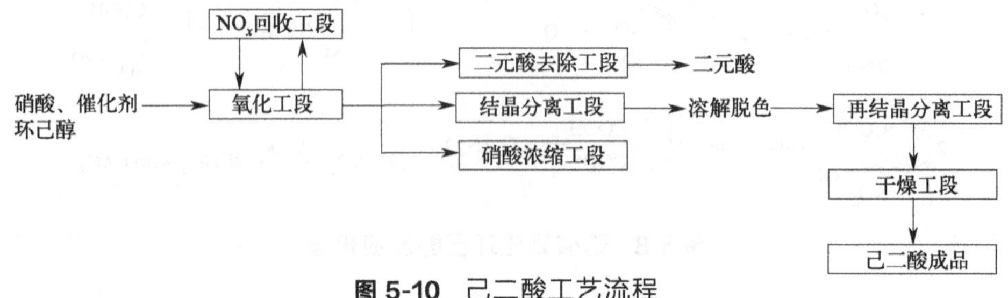

图 5-10 己二酸工艺流程

（1）氧化工段

环己醇通过硝酸氧化生成己二酸，该反应还生成副产物：一元酸、二元酸、NO、NO_2、N_2O 和 CO_2 等。另外环己醇中含有的乙醇和酯类等杂质被氧化后也生成一元酸和二元酸，主反应方程式如下：

$$C_6H_{11}OH+2HNO_3 \longrightarrow HOOC(CH_2)_4COOH+N_2O+2H_2O$$

钒在制备罐中溶解于硝酸中，在正常情况下，新鲜硝酸被稀释成 15%～25%溶液，经搅拌充分混合制成 1%左右的钒溶液，然后送至制备酸罐。铜在制备罐中用硝酸溶解，用新鲜硝酸稀释成 30%左右的溶液，铜和钒经循环泵制备成 5%的铜催化剂溶液，然后送至制备酸罐。

氧化反应的硝酸是用新鲜硝酸与回收酸配合制成的，贮存于制备酸罐中，制备酸的浓度是通过控制接收的新鲜酸流量来调节的。

环己醇在流量控制下由进料泵打入反应器。制备好的硝酸由制备酸罐送入反应器中，然后依次溢流至下一个反应器。环己醇在己二酸反应器中进行氧化反应。反应器为串联操作，温度为 65～80℃左右，压力为微负压操作。反应为放热反应，反应热由内部盘管的工业水带走。开车时，可以采用注入蒸汽制成热水来提高反应器的温度。当环己醇中含有的杂质一元酸造成起泡时，需向环己醇进料罐中加入消泡剂。反应生成的气体 N_2O、NO_2、NO、CO_2 等经亚硝气压缩机加压，送入第一硝酸吸收塔。氧化产品流入反应器，同时，通过注入空气带走溶解的亚硝气，反应完成。

（2）结晶

反应后的己二酸通过结晶工段结晶、增稠，离心机把己二酸同反应后的反应酸性物质进行分离，提高反应后粗己二酸的纯度。结晶器通常设置多室搅拌，在微负压条件下进行结晶。长时间的结晶容易使结晶器室壁上逐渐形成己二酸结疤，结疤可能会损坏搅拌器，而且由于减小有效体积，形成颗粒细小的晶体，因此需要定期停车处理。

结晶后的己二酸晶浆进行浓度增加，而后进行离心分离出来的母液酸，通过母液酸罐送入母液酸浓缩工序。

（3）脱色

通过结晶分离出来的粗己二酸在水中溶解，通过活性炭吸附处理，从中除去有色杂质。在粗己二酸溶解罐中，粗己二酸用热水溶解，通过调节热水流量将己二酸浓度控制在适当范围，己二酸溶解为吸热。粗己二酸通常通过活性炭浆料过滤脱色。活性炭过滤器要进行定期清洗以保证活性炭的过滤脱色效果。

（4）再结晶

脱色后的己二酸溶液在这个工段中进行再结晶，己二酸从母液中分离出来，送至离心机分离。再结晶器过程同结晶过程基本一致。

（5）硝酸回收

硝酸吸收装置对己二酸反应器中放出的氮氧化物气体及硝酸蒸气进行吸收，硝酸蒸气通过冷却的形式将之以硝酸的形式进行回收。己二酸反应器出来的氧化氮气体及硝酸蒸气与空气混合，使一氧化氮转化为二氧化氮，经过冷却后，送往亚硝气压缩机。经过压缩的气体通入硝酸吸收塔，其中 NO_2 被吸收形成硝酸，然后气体依次通往进行吸收。

（6）酸溶液浓缩

酸溶液浓缩除去进入系统的水，将回收的硝酸溶液进行浓缩，循环使用，将环己醇氧化产生的一元酸（MBA）除去。

（7）催化剂回收

催化剂回收的目的是分离出在氧化反应过程中形成的二元酸，并回收催化剂和硝酸，在此工段中至少有 99%的催化剂被回收。

二元酸主要存在于增稠器的滤液中，并汇集于母液酸罐中，绝大部分的母液送往母液酸浓缩工段，经浓缩的硝酸再循环至己二酸反应器。母液酸的剩余部分送至本工段以除去副产物及催化剂回收以后，二元酸溶液送至废液处理流程。在催化剂回收工序要除去由于母液酸腐蚀而最终积存下来的铁离子。

5.5 己二酸反应器设计

环己醇（酮）催化氧化是气液相反应，反应为放热反应，反应温度不高，物料黏度较高，该反应理论上应该采用搅拌釜式反应器。环己醇（酮）催化氧化反应过程气体能较好地分散成细小的气泡，增大气液接触面积。反应器内液体流动接近全混流。釜式反应器由搅拌器和釜体组成：搅拌器包括传动装置、搅拌轴（含轴封）、叶轮（搅拌桨）；釜体包括筒体、夹套和内件、盘管、导流筒等。

己二酸制备主反应方程式：

$$2C_6H_{10}O+3O_2 \longrightarrow 2HOOC(CH_2)_4COOH \tag{5-10}$$

（1）反应器体积设计

己二酸制备工艺主要设备参照硝酸氧化环己醇（酮）工艺进行设计，设计年生产能力为 20 万吨，年工作时间 8000h。

① 按照设计要求可知，环己酮的质量流量为 19629kg/h，己二酸的质量流量为 25779.6kg/h。由此得出环己酮的浓度 $c_{A0}=2.18\text{kmol/m}^3$，计划年产 20 万吨己二酸，反应的设计压力为 0.5MPa，环己酮的密度为 0.947g/cm^3。则有：

$$Q_0=\frac{19629}{947}=20.73(\text{kg/h})$$

② 出口物料浓度

取转化率为 0.96（x_{Af}）

$$c_A = c_{A_0} \times (1 - x_{Af}) = 2.18 \times 0.04 = 0.09(\text{kmol/m}^3)$$

③ 反应器内的反应速率

温度为95℃时取 $k=1.64\text{m}^3/(\text{kmol} \cdot \text{min})$

$$r_A = kc_A^2 = 1.64 \times 0.09 \times 0.09 = 0.0133[\text{mol/(L} \cdot \text{min)}]$$

④ 空时

$$\tau = \frac{V_r}{Q_0} = \frac{(c_{A0} - c_A)}{r_A} = \frac{2.09}{0.0133} = 157.14\text{min} = 2.62(\text{h})$$

⑤ 理论体积

$$V_r = Q_0 \tau = 20.73 \times 2.62 = 54.32(\text{m}^3)$$

⑥ 反应器实际体积

取装填系数为0.8

$$V = \frac{V_r}{0.8} = \frac{54.32}{0.8} = 67.9(\text{m}^3)$$

(2) 反应器直径 D_R 和筒体高度 H_0 计算

几种搅拌反应器釜体的高径比见表5-4，标准椭圆形封头参数见表5-5。

表5-4 几种搅拌反应器釜体的高径比

种类	管体物料类型	H/D_i
一般搅拌釜	液-固或液-液物料	1～1.3
	气-液相物料	1～2
聚合釜	乳化液、悬浮液	2.08～3.85

假设 $H/D_i=1.8$，先忽略釜底容积，则：

$$D_i = \sqrt[3]{\frac{4V}{3.14 \times \frac{H}{D_i}}} = \sqrt[3]{\frac{4 \times 67.9}{3.14 \times 1.8}} = 3.64(\text{m})$$

圆整取标准为3.7m，则对于1m高的筒体容积为 $V_1 = h\pi r^2 = 0.25 \times 3.14 \times 3.7^2 = 10.75\text{m}^3$。

表5-5 标准椭圆形封头参数

公称直径/mm	曲面高度/mm	直边高度/mm	内表面积/m^2	容积/m^3
3700	965	100	15.3047	7.0605

则筒体的高度为：

$$H = \frac{V - V_{封头}}{V_1} = \frac{67.9 - 7.0605}{10.75} = 5.67(\text{m})$$

圆整为5.7m，因此 $H/D_i=5.7/3.7=1.54$，在1～2范围内，设计合理。

(3) 反应器搅拌器

四叶和六叶圆盘式平叶涡轮搅拌浆具有优异剪切性能，可以产生高度湍动从而破碎气泡。浆中间的平盘可以有效地防止气体沿驱动轴闯过液体，从而促进气液接触，并强化相间传质。四叶涡轮的 d/D_i，通常为0.4～0.5，六叶涡轮的 d/D_R 通常为0.3～0.4，本设计选用的是六叶涡轮，取 $d/D_i=0.3$。由此可知搅拌桨的直径 $d_{叶轮}=0.3D_i=1110(\text{mm})$。

① 叶片宽度： $W_1 = 0.2d_{叶轮} = 222(\text{mm})$

② 叶片长度： $L_1=0.25d_{叶轮}=277.5(mm)$

③ 液体深度： $H_{液}=1.0D_i=3700(mm)$

④ 桨叶数为 6，转速： $n=900r/min$

⑤ 分配器宽度： $W_2=0.8L_1=222(mm)$

⑥ 分配器长度： $L_2=0.6d_{叶轮}=666(mm)$

⑦ 分配器距槽底的安装高度： $H_3=2.0d_{叶轮}=2220(mm)$

(4) 筒体材料和壁厚

由于釜内的介质是强腐蚀性介质，设备选用 09MnNiDR，反应温度为 95℃，设计温度为 125℃，该反应釜的操作压力必须满足原料的饱和蒸气压所以取操作压力 0.5MPa。

① 反应的设计压力为

$$P_c=1.1P=1.1\times0.5=0.55(MPa)$$

由此选用低合金钢，其在 125℃，许用应力 $[\sigma]^t=160MPa$。

焊缝系数 $\varphi=1.0$（双面对接焊，确保无损伤），腐蚀余量 $C_2=2mm$。

② 筒体壁厚为

$$S=\frac{P_cD_i}{2[\sigma]^t\varphi-P_c}+C_2=\frac{0.55\times3700}{2\times160\times1-0.55}+2=8.37(mm)$$

钢板负偏差 $C_1=2mm$，即厚度为 $S_d=8.37+2=10.37(mm)$，圆整为 11mm，即制造壁厚为 $S_n=12mm$。

图 5-11 为年工作时间 8000h，年生产年能力为 20 万吨的己二酸反应器结构。

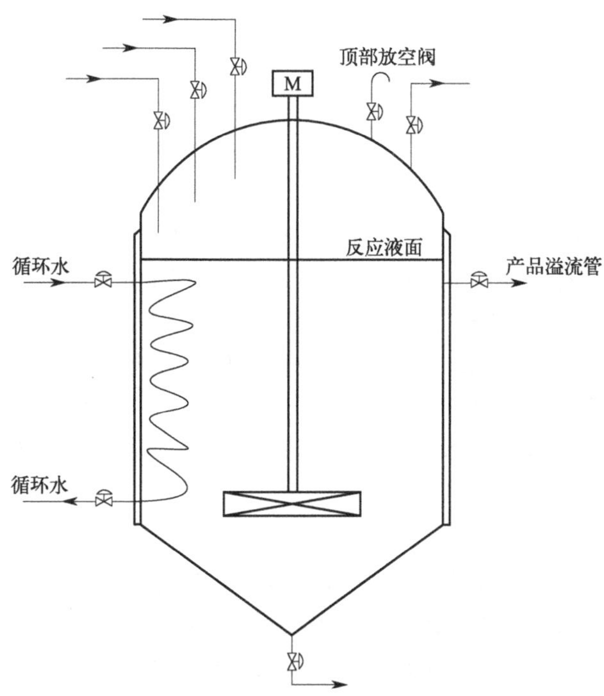

图 5-11 己二酸反应器结构

5

5.6 己二酸工艺过程的异常处理

化工异常处理是指生产中出现不正常运行时，对不正常运行状况提供的程序处理方法或工作流程，及对运行时出现的任何意外或异常情况的处理方法。异常处理通常是防止未知错误产生所采取的处理措施，主要作用是为处理同一类异常问题提供一种很有效的方法，使工作效率提高。化工生产过程中，异常处理能够对生产的稳定、安全、满负荷运行提供很大的支持。

5.6.1 己二酸反应器功率低报警处理

己二酸反应器通常设计为釜式搅拌反应器，反应器内液体流动接近全混流。己二酸装置以环己醇为原料，在铜、钒催化剂作用下，采用硝酸氧化法生产己二酸，己二酸收率一般在94%左右。反应条件为：硝酸浓度55%～65%，反应温度60～85℃，压力0.8～1个大气压。硝酸氧化环己醇制己二酸除了生成己二酸，也产生少量的戊二酸、丁二酸和二氧化氮等副产物。搅拌釜式反应器由搅拌器和釜体组成。搅拌器包括主电机、传动装置，搅拌轴（含轴封）、叶轮（搅拌桨）等。反应器如图5-11所示。生产过程中，反应器电机的运行功率在一定的设计值内。

（1）异常现象

己二酸反应器搅拌电机出现低功率报警。

搅拌电机低功率会引起以下问题：

① 当己二酸反应器搅拌电机功率下降会引起低功率报警，搅拌电机功率继续降低后会引起反应器联锁，引起紧急停车。

② 通常己二酸反应器内泡沫量大会引起搅拌能力降低，使反应的物料不能进行充分的混合，反应不能均匀进行，降低了目标产品的收率，提高了副反应速度，增加 NO_x 等气体的生成，加剧搅拌电机功率下降速度，形成恶性循环，从而引起反应失控。

③ 反应器内产生大量的泡沫，使反应器液位下降，影响反应器向下溢流，环己醇可能在上游反应器内进行积聚，引起反应不稳定。

④ 反应器液位下降，会促使反应器的换热盘管离开液面位置，减小有效的换热面积并引起冷却能力下降，造成反应失控。

（2）原因分析

① 联轴器对中效果不好，造成中心位置偏移，从而使搅拌振动大，长时间会造成元件断裂；搅拌启动时瞬间负荷增大，造成元件强度不够而产生裂纹，运转时间长会断裂；由于使用中超过联轴器元件的疲劳极限造成元件断裂而损坏；联轴器本身质量问题，强度不够造成长时间运转而断裂。

② 环境因素造成的损坏，酸性气体造成的腐蚀。

③ 磨损造成的损坏，由于长时间运行使联轴器相对运动元件之间造成磨损。

④ 消泡剂供应量降低，引起反应过程产生的大量泡沫不能得到及时消除，生产投用消

泡剂的消泡性能和抑泡性能较差；消泡剂输送管线出现堵塞或者消泡剂在输送管线中流动不畅。

(3) 处理过程及结果

己二酸反应器搅拌电机出现低功率报警后，该搅拌对应的反应器处于正常运转状态。控制室通知现场确认后，发现电机运转，搅拌正常。

经过分析，初步判断消泡剂供应量出现问题。经过现场检查确认为消泡剂进料泵运行正常，但消泡剂出料量比较少。报至车间领导后，根据指示，当班人员采用手动添加消泡剂的方式添加消泡剂进入环己醇进料罐，降低了泡沫的产生量，稳定了搅拌电机功率。然后，当班人员办停电拆线票，通知电气拆线，并对消泡剂输送管线进行了清洗和置换。检修消泡剂输送管线后，现场启动后运行正常。

(4) 巩固措施及跟踪验证

① 巩固措施。定期对消泡剂输送管线进行置换清洗，冬季消泡剂输送管线投入伴热，确保消泡剂输送管线输送正常。加强巡检力度，及时发现异常，及早处理，防患于未然。

② 跟踪验证。搅拌器复位后，该台反应器搅拌运行正常，反应器稳定运行。

5.6.2 己二酸反应器温度异常处理

反应器温度对反应产物的种类和目标产品己二酸的收率有很大的影响。

目前，工业生产过程中己二酸企业通常设计 4～5 台釜式串联反应器，每台反应器的温度控制在一定的范围内，通常温度上下浮动 3℃以内，反应器高出设定值 3℃或者低于设定值 3℃都能出现报警。

(1) 异常现象

己二酸反应器温度高报警。反应器温度异常会引起以下问题：

① 反应器温度异常后，继续温度上升或者降低到设定安全值，会引发反应器联锁发生，引起紧急停车。

② 高温度时，因为原料环己醇同硝酸的氧化反应是放热反应，环己醇同硝酸的反应会出现快速进行，热量会出现积蓄，散热速度跟不上会导致反应失控；低温度时，环己醇同硝酸的反应速率会降低，没有完全反应的环己醇会在反应器内出现积蓄，导致反应失控。

③ 反应器低温异常会导致反应器内产品己二酸在盘管壁结晶，引起反应器盘管换热能力下降，会导致反应不安全、失控。

(2) 原因分析

① 温度检测端口出现误操作。

② 环己醇供给量过多或者不足，硝酸供给量过多或者不足；环己醇进料网黏着消泡剂影响环己醇进料量，造成反应不完全，引起反应器低温报警。

③ 循环冷却水的温度出现波动，循环冷却水输送泵运行功率出现问题，循环水量不能满足或者超出设定值。

④ 循环冷却水盘管壁有己二酸结晶，影响换热，冷却能力下降。

⑤ 由于上一反应器反应不足造成未反应的环己醇进入下一反应器，由反应过剩造成大量反应热的生成。

(3) 处理过程及结果

① 确定反应器温度指示器没有误动作发生，显示正常。

② 确定反应器液位正常，环己醇供给量正常。

③ 确定反应器出料存贮罐中己二酸的结晶点正常，硝酸进料量正常，说明己二酸同副产物二元酸比例平衡，反应器温度高不是由硝酸量大引起。

④ 对循环冷却水的温度进行检测，发现循环冷却水的温度高出设定 2℃左右，经过分析认为是引起反应器温度升高的主要原因。报至车间领导后，根据指示提高反应器循环水的流量，通过公用工程调整冷却水的温度至正常设定值。调整后，反应器恢复正常。

(4) 巩固措施及跟踪验证

① 巩固措施。对引起反应器温度波动的因素进行认真分析，对冷却水流量同反应器负荷、冷却水温度之间的对应关系进行定期确认。修订操作规程，严格按照操作规程展开工作，加强巡检力度，及时发现异常，及早处理，防患于未然。

② 跟踪验证。温度复位后，该台反应器温度在设定负荷下平稳运行，产品质量稳定。

习题

1. 简述己二酸在当今工业领域中的地位、用途及发展。
2. 简述己二酸的制备方法及各自优缺点。
3. 简述以苯为原料制取己二酸的两条工艺路线。
4. 简述环己烷法制备己二酸的工艺路线。
5. 相比环己烷法，环己烯法更大的优势在于什么？
6. 烯烃法和生物合成法为什么会被淘汰？
7. 硝酸氧化环己醇制备己二酸反应机理是什么？
8. 简述环己醇制备己二酸工艺流程。
9. 为什么要进行催化剂的回收？
10. 环己醇制备己二酸的反应器如何选择？

6 己二腈加工工艺

学习目的及要求

1. 了解己二腈（ADN）的性质和用途；

2. 理解己二腈的制备工艺流程、主要设备及三废处理原理和方法；

3. 掌握己二腈制备方法、以丁二烯直接氢氰化制备己二腈技术的工艺原理、催化反应机理、反应的工艺条件。

6.1 概述

己二腈是一种有机化工产品，己二腈的主要用途是催化加氢反应制备己二胺，己二胺和己二酸发生缩聚反应生成尼龙 66，工业上己二腈最重要的用途是作为制备尼龙 66 和尼龙 610 的中间体，目前全球 90%以上的己二腈是作为尼龙产业的上游原料。己二腈的另一个重要用途是作为 1,6-己二异氰酸酯（HDI）的中间体。近年来，工业、军事、汽车行业的快速发展促使对尼龙和 HDI 的需求量不断增大，进而对己二腈需求量大增，图 6-1 为己二腈。

图 6-1 己二腈形貌

全球己二腈工业化生产企业主要有美国首诺公司、法国罗纳普朗克公司、美国孟山都公司、德国巴斯夫公司和日本旭化成公司，而尼龙 66 生产成本中己二腈占 45%左右，己二腈是制约尼龙 66 产业发展的主要因素，己二腈市场的巨大需求客观上推动了己二腈技术的发展。

6.1.1 己二腈的性质

己二腈分子式 $C_6H_8N_2$，英文名字 adiponitrile，是一种无色至淡黄色透明的油状液体，分子量 108.14，沸点 295℃，有轻微的苦味，有较高的毒性和腐蚀性，图 6-2 为己二腈结构式。

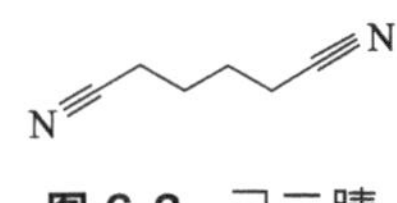

图 6-2 己二腈结构式

己二腈易溶于二氯甲烷、氯仿、甲醇和乙醇，难溶于水、四氯化碳、环己烷、二硫化碳和乙醚。己二腈具有可燃爆炸危险特性，闪点为 96℃，爆炸极限为 1.7%～5.0%，其蒸气与空气混合能形成爆炸性混合物。遇明火能燃烧，遇高热分解放出剧毒的气体，与氧化剂可发生反应，燃烧可生成有害的一氧化碳、氮氧化物。己二腈的物理性质见表 6-1。

表 6-1 己二腈的物理性质

<table>
<tr><th colspan="2">性质</th><th>数值</th><th colspan="2">性质</th><th>数值</th></tr>
<tr><td colspan="2">熔点/℃</td><td>2.49</td><td colspan="2">闪点/℃</td><td>96</td></tr>
<tr><td colspan="2">折射率/n^{20}D</td><td>1.4343</td><td colspan="2">电导率/S</td><td>3.5×10^{-8}</td></tr>
<tr><td colspan="2">紫外吸收/μm</td><td>265</td><td colspan="2">临界温度/℃</td><td>507</td></tr>
<tr><td colspan="2">自燃点/℃</td><td>550</td><td colspan="2">临界压力/MPa(atm)</td><td>2.8(27.7)</td></tr>
<tr><td rowspan="2">燃烧极限(空气中，体积分数)/%</td><td>上限</td><td>5</td><td rowspan="2">密度/(g/cm^3)</td><td>15℃</td><td>0.9664</td></tr>
<tr><td>下限</td><td>1.7</td><td>20℃</td><td>0.9650</td></tr>
</table>

己二腈为饱和脂肪族的二腈化合物，它的化学性能主要取决于氰基的存在，在氰基中电子向原子方向转移，具有很大的负电性，在这个基团中的碳和氮原子与一个 σ 键及两个 π 键有联系，因为 π 键比 σ 键具有较大程度的极性，所以氰基的极性特别高，$\overset{\delta+}{C}\equiv\overset{\delta-}{N}$ 间存在三键，化学性质也特别活泼。其主要化学性质如下。

(1) 己二腈的还原作用

己二腈加氢生成己二胺，分为催化还原和电化还原两种，工业生产通常采用催化加氢还原，主要以骨架钴为催化剂：

$$NC(CH_2)_4CN+4H_2 \longrightarrow H_2N(CH_2)_6NH_2 \tag{6-1}$$

电化还原用镍、镀铂的镍铂和镍锌合金为阴极，己二腈在酸性介质或碱性介质中进行电解还原反应。

(2) 己二腈的水解作用

己二腈在酸或碱的催化下，水解生成己二酸和氨，并在浓硫酸中限制水量进行水解，则可以使水解停留在己二胺阶段：

$$NC(CH_2)_4CN+H_2O \xrightarrow{H^+或OH^-} \begin{cases} H_2NOC(CH_2)_4CONH_2 \\ HOOC(CH_2)_4COOH+NH_3 \end{cases} \tag{6-2}$$

(3) 己二腈的醇解作用

己二腈的醇溶液和浓硫酸或盐酸一起加热，则醇解生成酯或醇酯：

$$NC(CH_2)_4CN+C_2H_5OH+H_2 \xrightarrow{H_2} H_5C_2COOCH(CH_2)_4COOHC_2H_5+N_2 \tag{6-3}$$

$$NC(CH_2)_4CN+2HO(CH_2)OH+H_2O \xrightarrow{H_2} HO(CH_2)_2OOC(CH_2)_2OH+N_2 \tag{6-4}$$

在硫酸中，己二腈同叔醇或者烯烃作用生成 N-烷基酰胺，同高碳二醇反应生成线性型聚氨酯：

$$NC(CH_2)_4CN+HO(CH_2)_2OO(CH_2)_4COO(CH_2)_2OH \xrightarrow{H_2SO_4} \{-CO(CH_2)_4CONCH_2NH\}_n \tag{6-5}$$

(4) 与路易斯酸作用

己二腈与路易斯酸（$TiCl_4$ · $ZrCl_4$ 和 $SnCl_4$）反应生成络合物：$NC(CH_2)_4CN\cdot TiCl_4$，$NC(CH_2)_4CN\cdot ZrCl_4$，$NC(CH_2)_4CN\cdot 2SnCl_4$。

(5) 与卤素作用

己二腈的卤化发生在氰基的 α 碳原子位置上的活泼氢原子

$$NC(CH_2)_4CN+4Cl_2 \xrightarrow{-4HCl} NCCl_2C(CH_2)_2CCl_2CN \tag{6-6}$$

6.1.2 己二腈工业的发展

全球己二腈生产装置共有 14 套，总生产能力约为 200 万吨。己二腈生产厂商均建有配套的己二胺生产装置，大部分产能用于本公司的己二胺及尼龙 66 的生产，仅有美国英威达、法国罗地亚、德国巴斯夫 3 家公司有部分剩余己二腈商品外售。2020 年以来，中国市场尼龙 66、HDI、工程塑料（尼龙 610 等）及助剂市场需己二腈原料每年 30 万吨左右，全部需要从国外进口。由于己二腈全部依赖进口，订货周期长、运输困难，原料价格严重受控于国际生产厂商，造成原料成本高，影响企业的经济效益及尼龙产业链产品的市场竞争力。

己二腈的供货来源、价格波动以及运输环节出现问题，都将给中国尼龙 66 企业的生产经营带来很大风险，因此，开发和建设己二腈生产装置解决原料问题中国势在必行。图 6-3 为山东天辰齐翔己二腈项目开工仪式。

图 6-3 山东天辰齐翔己二腈项目开工仪式

6.1.3 己二腈的用途

己二腈是生产己二胺、己内酰胺、尼龙 66 盐、HDI 的重要原料，也可用于制取橡胶助剂、杀虫剂和杀菌剂、火箭燃料和高分子材料，还可用于增塑剂、添加剂、着色剂、纺织助剂和芳烃抽提的萃取剂等。

己二腈加氢还原生成己二胺，己二酸与己二胺发生中和反应生产尼龙 66 盐，这是己二腈最重要的工业用途，世界上每年生产的己二腈约 90%用于尼龙 66 盐的生产。己二腈加氢还原生成己二胺，己二胺光化反应生产 HDI 是己二腈下游产品的重要用途之一。HDI 主要用于生产高档环保型涂料，HDI 做成的涂料固化剂、树脂或胶黏剂等具备很好的耐黄（抗氧化）性能，随着近年来消费者环保意识的日益增强，HDI 国内市场需求快速增加。己二腈加氢、水解生成己内酰胺并联产己二胺，是巴斯夫和杜邦协作完成的新技术，到目前为止在世界上尚未建设工业化生产装置，但由于该工艺生产的己内酰胺和己二胺产品的成本不高，所以具有非常强的竞争优势，随着己二腈产量的逐渐提高，该工艺很可能在己内酰胺生产中占据主导地位。

己二腈在轻工、电子及有机合成等领域也有广泛的用途。己二腈在酸或碱的水溶液中可以水解制取己二酸；在丁酸酯、丙酸酯、醋酸酯等酯中用作增塑剂；己二腈可提高聚甲醛、聚丙烯腈、聚丙烯等高分子聚合物的稳定性和抗氧性；己二腈可以用作甲基丙烯腈、丙烯腈和甲基丙烯酸酯三元共聚体纺织的溶剂；己二腈和四氢呋喃的混合物可以用作 PVC 纤维的湿纺、干纺的溶剂。己二腈还是较好的芳烃萃取剂，在电解镀镍时，使用己二腈可使镀层均匀发亮、光泽度好。

6.2 己二腈制备方法

己二腈工业化制备的工艺路线主要有己二酸催化氨化法、丙烯腈电解二聚法和丁二烯氢氰化法。己二酸法生产己二腈的工艺路线是美国杜邦公司最早开发，并将该工艺进行了工业化应用，该工艺因为收率低、消耗高、操作条件苛刻等缺点而被淘汰。20 世纪 60 年代，美国的孟山都公司成功开发了丙烯腈法，建立生产装置并进行了工业化生产，该工艺的原料是丙烯腈，通过电解加氢生产己二腈。美国杜邦公司开发了丁二烯氯化氢氰化法生产己二腈，但是该工艺过程对设备腐蚀严重，能源利用不合理，目前已放弃使用。在 20 世纪 70 年代，杜邦公司又成功开发了丁二烯氢直接氰化工艺，并实现工业化，在得克萨斯州投入了工业生产。

6.2.1 己二酸催化氨化法

己二酸催化氨化法是最早的己二腈工业化生产方法，原料环己醇被氧化成己二酸，然后己二酸蒸气与氨在脱水催化剂上混合转化成己二腈。

己二酸催化氨化法工业生产路线主要有液相法和气相法两种具有代表性的生产工艺。液相法的历史较长，但产品质量较差，且收率低，为 84%～93%。气相法又分为巴斯夫法和孟山都法两种代表方法，产品质量及收率较液相法有明显提高，收率可达 92%～96%。液相法和气相法反应原理基本相同，但是气相法和液相法使用的催化剂不同。气相法通常使用硅胶和负载型的固体催化剂，液相法则以磷酸及其酯类为主。气相法和液相法都是以己二酸和氨反应，首先生成己二酸二铵盐，铵盐脱水转化为酰胺，酰胺继续脱水生成己二腈。在生成己二腈前，己二酸二铵盐和己二酸酰胺达到一定程度的平衡。反应需要中和两分子氨气并脱去四分子水，总反应是吸热反应。整个反应步骤按反应进程可分为中和反应和脱水反应。

己二酸氨化法反应机理：

$$HOOC(CH_2)_4COOH+2NH_3 \longrightarrow H_2NOC(CH_2)_4CONH_2+2H_2O \tag{6-7}$$

$$H_2NOC(CH_2)_4CONH_2 \xrightarrow{\text{催化剂}} NC(CH_2)_4CN+2H_2O \tag{6-8}$$

己二酸氨化法总反应方程式：

$$HOOC(CH_2)_4COOH+2NH_3 \xrightarrow{\text{催化剂}} NC(CH_2)_4CN+4H_2O \tag{6-9}$$

通过反应可以得出，己二酸二铵盐成盐、脱水均较容易，无需催化剂，但是酸性催化剂可加快氨气吸收；而己二酸酰胺脱水则需要较高活化能以及较高温度，因此需要加入适当催化剂来降低活化能，并抑制副反应。

己二酸氨化法制备己二腈工艺中两步脱水都是可逆的反应，因此需要加入过量的氨气并同时将产生的水及时采出促进反应向有利的方向进行，为了得到理想的结果，可以将氨气与己二腈的摩尔比设置为大于 5。

该反应过程体系复杂、反应温度高、副反应多，主要存在以下 5 类副反应。

① 熔融的己二酸容易分解，生成环戊酮、水和二氧化碳等，分解速度随温度升高而加快，而生成的环戊酮在反应温度下发生自缩合。

② 高温下生成环化的中间产物，在长时间加热或者局部过热时，会生成己二腈二聚物。

③ 粗己二腈中存在着一定量的酸性物质，容易引起蒸馏过程中的碳化结焦与催化剂中毒。

④ 羧酸酰胺进行局部热解脱去水时，容易生成一种极不稳定的异酰胺，异酰胺会很快分解为腈和羧酸或重排生成仲酰胺。

⑤ 己二腈中含有共轭化合物 1-亚胺基-2-氰基环戊烷或 1-胺基-2-氰基环戊烯。前者是使催化剂中毒的主要杂质之一，可以通过物理方法除去。

液相法工艺是在 200～300℃的情况下先进行己二酸熔融，反应温度相对较低，在催化剂条件下，将熔融己二酸、氨混合送入反应器，在催化剂作用下反应生成己二腈，气液两相的己二腈进入气液分离器。气相进入分离塔，塔顶采出挥发性产物、氨水、过量氨气；塔底采出含有己二腈的半腈化物，通常用作稀释剂参与反应，以提高己二腈收率；塔中采出粗己二腈。分离器中出来的液相进入膜式蒸发器，脱水后也用作稀释剂。粗己二腈经过进一步精制得到己二腈产品。

气相法工艺是在温度 350～420℃的情况下将固体粉末状己二酸气化，在催化剂作用下直接与氨气发生脱水反应，得到的气相冷凝后既得到己二腈、氨水的液态混合物，再经过分离、精制得到己二腈产品。由于反应温度过高，己二酸在汽化的同时会发生部分分解，选择性只达到 80%，因此研究学者一般需通过采用流化床反应器和快速气化来提高选择性。

己二酸法生产己二腈工艺流程如图 6-4 所示。

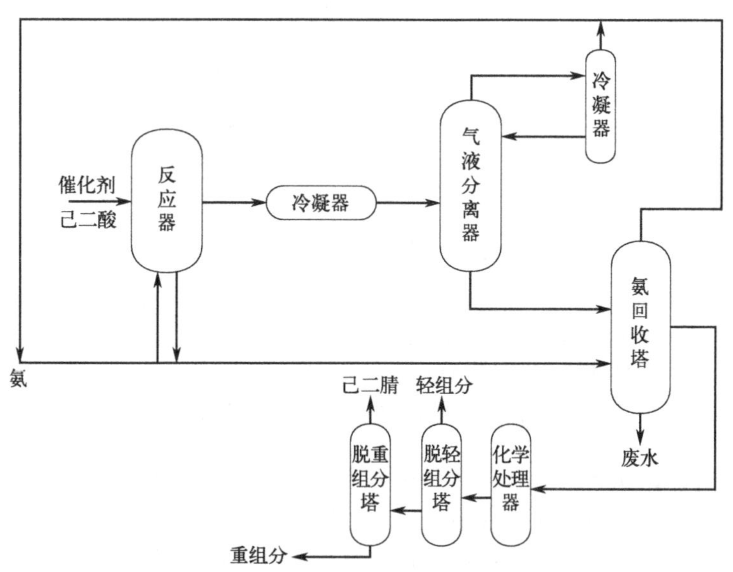

图 6-4 己二酸法生产己二腈工艺流程

此工艺的特点是流程简单，投资较少，存在的缺点是装置规模小、收率低、消耗高、操作条件苛刻。

6.2.2 丙烯腈电解二聚法

丙烯腈（AN）电解二聚法生产工艺由美国孟山都公司于20世纪60年代率先开发成功，并逐步从隔膜式电解法发展到无隔膜式电解法。

隔膜式电解法分为溶液法和乳液法，孟山都公司最早开发时采用溶液法，该方法的主要特点为：20％～40％的丙烯腈溶解在含有季铵盐等物质的阴极液里进行电解偶联反应制备己二腈。日本旭化成公司在孟山都公司溶液法的基础上研发了乳液法，该方法的主要特点为：丙烯腈借助乳化剂聚烯乙醇、电解质等物质，在阴极液里呈乳化状态，进行二聚反应。

隔膜式电解法工艺流程如图6-5所示。电解槽中电解后的阴极液送入汽提塔4，蒸出低沸点馏分，内含丙烯腈、丙腈和水的共沸混合物。共沸物在容器5中加以分离，上面有机层在塔6分离为丙腈和丙烯腈，后者返回前工序。在塔7中蒸出溶于水的有机物，令其返回容器5。未蒸出的残留物从塔4进入容器9，将己二腈半成品与阴极水溶液加以分离。半成品在汽提塔内干燥，并在11、13塔系统内精馏分离出产品。

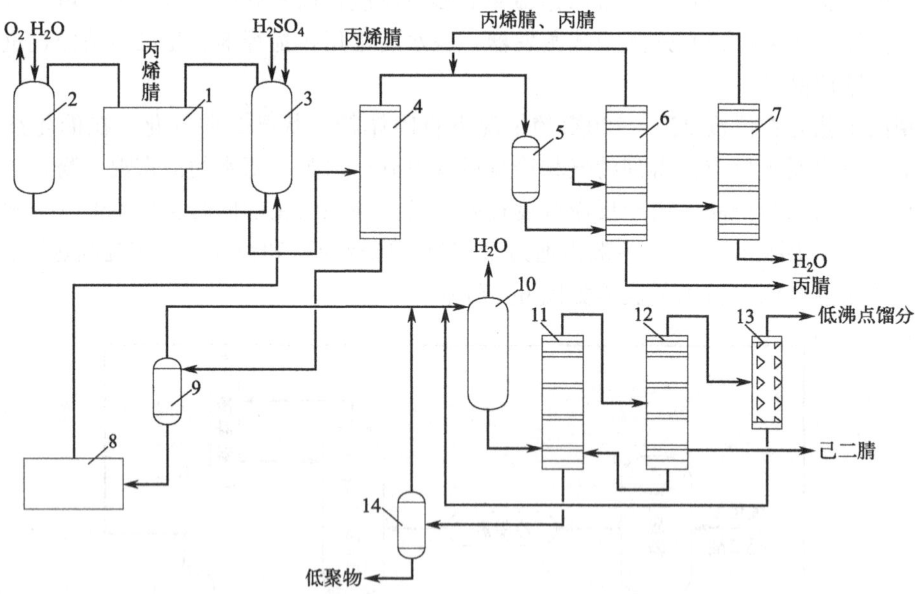

1—电解槽；2—阳极液容器；3—阴极液容器；4—汽提塔；5，9—弗格连斯容器；6—丙烯腈蒸出塔；7—挥发物自水层蒸出塔；8—阴极液纯化装置；10—蒸发器；11—低聚物析出塔；12—己二腈除去挥发物的塔；13—己二腈自轻馏分中析出塔；14—低聚物收集器

图6-5 隔膜式电解法工艺流程

无隔膜式电解法以比利时联合化学公司为代表，是一种直接电合成工艺，其电解液为乳液，因为丙烯腈不参与阳极反应，取消了隔膜。巴斯夫公司也采用一种特殊的毛细间隙电解槽，建立了无隔膜电解装置，电解槽由多片石墨板重叠构成。电化学法生产己二腈的两极反应如下：

阳极：$H_2O \longrightarrow 2H^+ + \frac{1}{2}O_2$

阴极：$2H_2C{=}CHCN+2H_2O \longrightarrow NC(CH_2)_4CN+2OH^-$

阴极材料对丙烯腈的氢化二聚过程起很重要作用，己二腈的最佳产率是在具有较高氢过电位的金属如铅、镉、石墨中得到的，反应时采用10%～15%的磷酸钾作为电解液，同时加入磷酸使溶液的pH值保持在8.5～9.0范围内。己二腈生产采用电解液强制循环并换热以维持温度，电解槽为双极性电极的压滤式。

图6-6为无隔膜式电解法流程，磷酸钾水溶液、氢氧化四乙基铵和丙烯腈分别从量槽1～3装入电解槽4、冷却器5和离心泵组成的循环回路。水相和油相的体积比设计为1∶0.5。从量槽1不断地加入磷酸四乙基铵溶液以补充被电解的水。塔8用于分离出从电解槽导出的油相中的季铵盐，并使之返回电解槽，淋洗塔6用于吸收电解槽中的气体丙烯腈。塔9分离出丙烯腈，塔11分离出丙腈后得到半成品己二腈，再经蒸馏釜13分离出丙烯腈低聚物得成品。隔膜电解法的电耗为4000kW·h/t（以己二腈计），丙烯腈消耗为1.1t/t；无隔膜电耗为3000kW·h/t，丙烯腈消耗为1.15t/t。因隔膜法要考虑阳极液和阴极液两个循环，所以无隔膜法的应用越来越广泛。

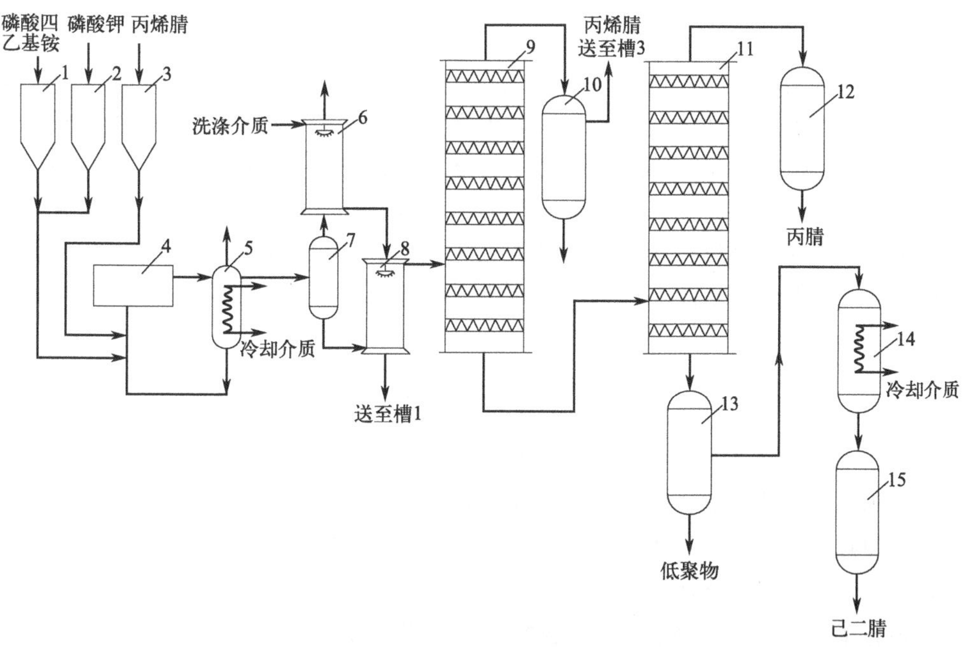

1～3—量槽；4—电解槽；5，14—冷却器；6，8—淋洗塔；7—相分离器；9，11—精馏塔；10—丙烯腈-水共沸物收集器；12—丙腈收集器；13—蒸馏釜；15—己二腈收集器

图6-6 无隔膜式电解法流程

6.2.3 丁二烯法

丁二烯（BD）法分为丁二烯氯化氢氰化法和丁二烯直接氢氰化法。丁二烯氯化氢氰化法是杜邦公司在20世纪60年代初开发的方法，该工艺过程复杂，腐蚀严重，投资大，且需消耗大量的氯气和氢氰酸，现已淘汰。20世纪70年代初，杜邦公司开发了不用氯气的丁二烯直接氢氰化法，在得克萨斯州建立了第一套生产装置并实现工业化。直接氢氰化法具有原料成本低、无污染、产品质量及收率高、工艺路线短、相对投资较低等特点，工艺先进，但

其技术被杜邦公司垄断。丁二烯直接氢氰化法比氯化法降低原料成本15%，节能45%。

(1) 丁二烯氯化氢氰化法

丁二烯氯化氢氰化法工艺又可称为“两步法”：第一步，1,3-丁二烯与氯气发生共轭加成反应生成1,4-二氯-2-丁烯；第二步，1,4-二氯-2-丁烯与氰化钠发生取代反应生成1,4-二氰基-2-丁烯，最后以Raney Ni为催化剂，1,4-二氰基-2-丁烯与氢气发生加成反应生成己二腈。该工艺涉及的主要方程式如下：

$$2NaCl+2H_2O \xrightarrow{\text{电解}} Cl_2+2NaOH+H_2 \tag{6-10}$$

$$2NaOH+2HCN \longrightarrow 2NaCN+2H_2O \tag{6-11}$$

$$C_4H_6+Cl_2 \longrightarrow ClC_4H_6Cl \tag{6-12}$$

$$ClC_4H_6Cl+2NaCN \longrightarrow NCC_4H_6CN+2NaCl \tag{6-13}$$

$$NCC_4H_6CN+H_2 \xrightarrow{\text{催化剂}} NCC_4H_8CN \tag{6-14}$$

由此可见该工艺涉及的反应主要包括NaCl溶液的电解反应、氰化钠的制备、丁二烯的氯化、氰基置换和氢气加成。主要的工艺流程如下：

氯气与丁二烯首先通过预热器进行预热，达到适宜的温度后进入混合器混合，然后进入反应器，反应温度为270～320℃，不能超过320℃，否则脱氯化氢的副反应增加，温度过低，则会使反应速度降低并增加副产物多氯化物。经过反应得到的是3,4-二氯-1-丁烯和顺反1,4-二氯-2-丁烯的混合物，混合物经过水洗塔水洗和精馏塔精馏得到纯度较高的反应物，与氢氰酸和催化剂混合，反应温度为90～150℃，可以用水作为溶剂，回收未反应完的氢氰酸，并使用溶剂对粗产品进行萃取，得到催化剂，同时分离出溶剂循环利用。生成的氰基丁烯异构体，对其精制并把它蒸发汽化和10倍氢量一起送入常压加氢塔。反应选用钯类催化剂，收率能达到95%，对得到的粗品己二腈精制，除去高沸物。

通过该工艺过程可以发现，丁二烯氯化氢氰化法虽然可将氯碱工业的产品氢气、氢氧化钠、氯气充分利用，其中氯气可以与丁二烯发生加成反应，氢氧化钠与氢氰酸反应制取氰化钠为后续加氰基作原料，氢气则可以用来还原C═C生成目标产品己二腈；但是采用该工艺生产己二腈不仅需要建立配套的氢氰酸与氯碱工业的生产装置，导致设备投资大，并且该工艺路线长，而且对设备腐蚀比较严重，目前已经被淘汰。

(2) 丁二烯直接氢氰化法

丁二烯直接氢氰化法是将丁二烯、氢氰酸、溶剂和催化剂加入带有搅拌器的反应器中，进行氰化反应，反应温度为100℃，以足够的压力保持反应物处于液相状态；反应产物分别在过滤器和蒸发器中回收催化剂和丁二烯，返回反应器进行循环使用；塔底产物送入和异构化系统共用的蒸馏塔进行分离。将蒸馏塔塔顶馏出的2-甲基-3-丁烯腈输送到异构化反应器内，与在过滤器、蒸发器中得到的催化剂[双(1,5-环锌二烯)镍及含磷配体组成的催化剂体系]和中间产物进行反应，得到4-戊烯腈(4PN)和3-戊烯腈(3PN)，4PN和3PN单程转化率为26.4%，选择性为79.8%；并将蒸馏塔塔底产物送到氢氰化反应系统，将4PN、3PN、氢氰酸和芳烃溶剂投入己二腈反应器中进行氢氰化反应，生成己二腈，再经过精制系统制取最终产品己二腈。丁二烯直接氢氰化法制备己二腈的工艺流程如图6-7所示。

丁二烯直接氢氰化法是将两个分子的HCN在零价镍和含磷配体组成的催化剂存在的情况下与丁二烯发生加成反应，反应可分为一级氢氰化、异构化和二级氢氰化三个过程，主要的反应方程式如下所示：

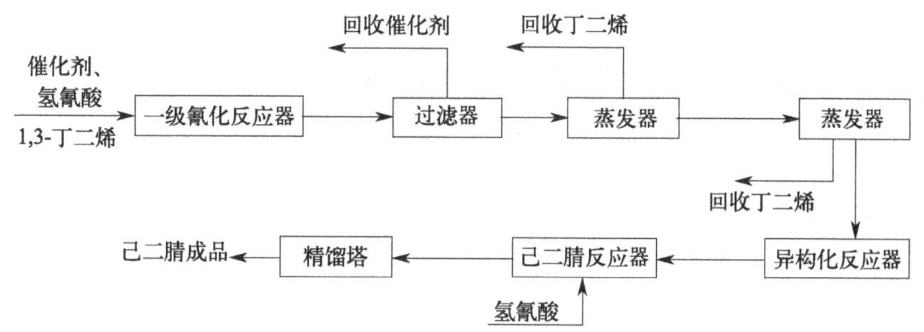

图 6-7 丁二烯直接氢氰化法制备己二腈工艺流程

a. 一级氢氰化

$$CH_2=CH-CH=CH_2+HCN$$

$$\longrightarrow NCCH_2CH_2CH=CH_2(4\text{-PN})+NCCH_2CH=CHCH_3(3\text{-PN})+NCCH_2C(CH_3)=CH_2$$

b. 异构化

$$NCCH_2C(CH_3)=CH_2\longrightarrow 4\text{-PN}+3\text{-PN}$$

c. 二级氢氰化

$$4\text{-PN}+3\text{-PN}+HCN=NC(CH_2)_4CN$$

总方程式：

$$CH_2=CH-CH=CH_2+2HCN\longrightarrow NC(CH_2)_4CN$$

一级氢氰化反应过程要求均相（液相）反应，反应器采用带有搅拌装置的反应釜，反应温度约为100℃，反应压力需使得反应物1,3-丁二烯（BD）与氢氰酸（HCN）保持在液态，约为6.8atm，催化剂为由含磷配体与零价Ni组成的络合物配体的不同，会带来不同的空间位阻以及电荷效应，配体主要包括磷单烷氧基磷、磷酸酯和亚磷酸酯等。反应物经过过滤器和蒸发器对丁二烯和催化剂进行回收，并循环到反应器中再利用，然后再对反应产物进行精馏得到纯净的3-戊烯腈（3-PN）和2-甲基-3-丁烯腈（2M3BN），反应产物3-PN进入二级氢氰化，2M3BN则进入异构化反应工段。

异构化反应阶段同为均相反应，且反应温度为80～120℃，反应产物回收催化剂之后与一级氢氰化共用的精馏塔体系分离，得到2M3BN循环回到异构化反应器再利用，3-PN与一级氢氰化反应工段得到3-PN一起进入异构化工段。

二级氢氰化反应原料为HCN和一级氢氰化和异构化反应生成的3-PN，在催化剂和芳烃溶剂的情况下发生反应，反应物流经过精馏塔，塔顶得到3-PN及其同分异构体腈类，并通过精馏塔分离，塔顶得到纯净的2-戊烯腈（2-PN）送去焚烧，塔底得到3-PN回收再利用，通过精馏塔回收溶剂后，再经过精馏塔精制得到纯度较高的己二腈。

BD来源广泛，但HCN是剧毒品，运输困难，需要有配套的氢氰酸生产工程，丁二烯法生产己二腈，工艺路线短，能耗低，适合大规模的生产，但是反应原料需使用剧毒且容易挥发的HCN，因此该工艺对于生产设备、操作以及管理具有极高的要求。该工艺采用的催化剂为含磷配体与零价金属镍组成的配合物，易水解易氧化，因此对生产原料需要严格控制，避免有水分而且操作过程全密闭。丁二烯直接氰法的技术热点在于选择和制取合适的催化剂配体，进而获得比较理想的催化剂，提高主产物3-PN的选择性以及产率，尽可能地减少2M3BN，使得异构化工程的处理量降低，进而减少投资。

6.3 丁二烯法制备己二腈反应机理

丁二烯直接氢氰化法是美国杜邦公司在丁二烯氯化氢氰化法的基础上开发的己二腈制备方法，并实现工业化。在实际的化学反应过程中，主要分为一级氢氰化、异构化和二级氢氰化 3 个步骤。

6.3.1 一级氢氰化

催化剂 NiL_4 由金属元素镍与四个配体组成，配体为亚磷酸三苯酯，催化剂 NiL_4 有 18 个电子，NiL_4 首先失去一个配体 L 变成 NiL_3，由于 NiL_3 由 16 个电子组成可以与反应体系中的 HCN 进行加成，重新生成 18 电子的 $HNiL_3CN$，此时 $HNiL_3CN$ 再失去一个配体 L 又变成 16 个电子的 $HNiL_2CN$，同理该物质可以与 1,3-丁二烯形成新的物质，由于该物质中 CN 基团的不稳定性发生转移，转移路径可分为 k_1 和 k_2 两条，CN 基团可以通过 k_1 路径转移到碳支链的最左端，同时与配体 L 进行结合重新组成 18 个电子结构，然后催化剂结构 NiL_3 从碳链直接脱除生成 3-戊烯腈，脱离出 NiL_3 与 HCN 进行加成重复上述步骤，k_2 途径的原理与 k_1 相同，只不过是将 CN 基团转移到碳链的中间生成 2-甲基-3-丁烯腈，经动力学研究 $k_1=2.5k_2$，因此决定了一级氢氰化反应产物中 3-戊烯腈为主产物，含量约为 2-甲基-3-丁烯腈的 2.5 倍。图 6-8 为己二腈一级氢氰化反应机理。

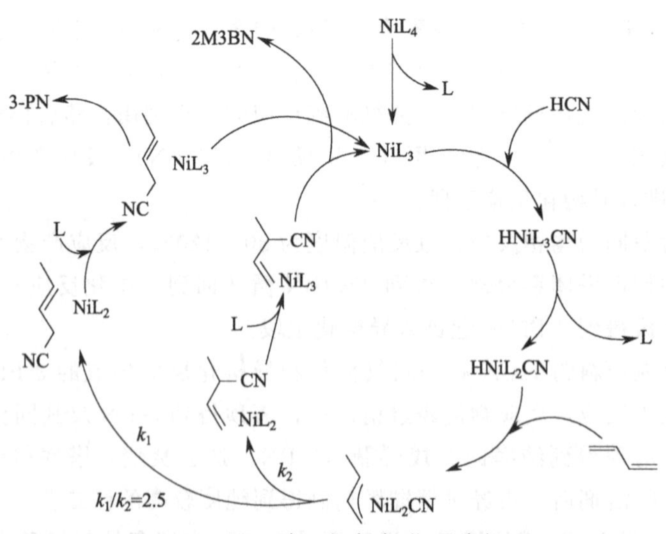

图 6-8 己二腈一级氢氰化反应机理

一级氢氰化工段反应原料为己二腈和氢氰酸，催化剂为配体（亚磷酸三苯酯）与镍形成的络合物。反应产物主要有 2-甲基-3-丁烯腈和 3-戊烯腈，由反应动力学可以发现 3-戊烯腈为目的产物，2-甲基-3-丁烯腈为主要副产物，研究发现 2-甲基-3-丁烯腈在同类配体与镍形成的催化剂存在的情况下可以异构化生成 3-戊烯腈，因此 2-甲基-3-丁烯腈和 3-戊烯腈为该工段的目的产物。除 2-甲基-3-丁烯腈和 3-戊烯腈以外，一级氢氰化会产生少量 2-PN、2-甲基-2-丁烯腈（2M2BN）、ADN、MGN、C_9 腈类，其中 2-PN、2M2BN 与 3-PN 和 2M3BN 为同分异构体，ADN 与 MGN 为二级氢氰化的产物，C_9 腈类为 BD 二聚物与 HCN 反应生成的杂质腈类。

6.3.2 异构化

异构化主要的反应过程是 2M3BN 在催化剂的作用下异构化生成 3-PN 和 2-PN，还有少量的 2M2BN 等，3-PN 为目的产物，其中 2M2BN 与 2-PN 为副产物。2M3BN 经过异构化反应之后，物流中主要含有 67.5%催化剂、3.9%2M3BN、27.8%3-PN、0.5%2-PN、0.3%2M2BN 等，图 6-9 为己二腈异构化反应机理。

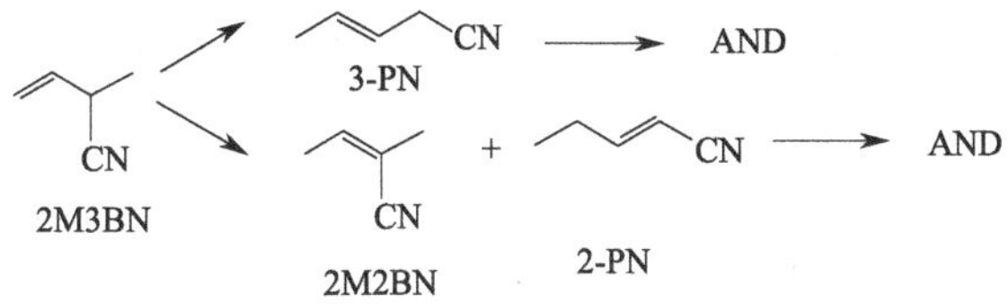

图 6-9 己二腈异构化反应机理

6.3.3 二级氢氰化

二级氢氰化过程首先是 3-PN 异构化为 4-戊烯腈（4-PN）的过程，与一级氢氰化类似催化剂 NiL_4 先与一个 H^+ 质子化生成 $[HNiL_4]^+$，然后再脱除一个配体 L 生成电子体系 $[HNiL_3]^+$，此时该电子体系 $[HNiL_3]^+$ 为 16 电子可以与带有不饱和键的 3-PN 结合，3-PN 中 π 键的存在导致该电子体系与 π 键结合的位置会有两种情况存在，后面与一级氢氰化相似催化剂与碳链进行分离，由于 π 键结合的位置不同，分离的情况也会有两种，一种是产物 4-PN，另一种则生成了 2-PN，分离开来的催化剂重新回到 16 电子体系 $[HNiL_3]^+$，重新与 3-PN 进行结合可以进行下一步的异构化。图 6-10 为己二腈二级氢氰化反应机理。

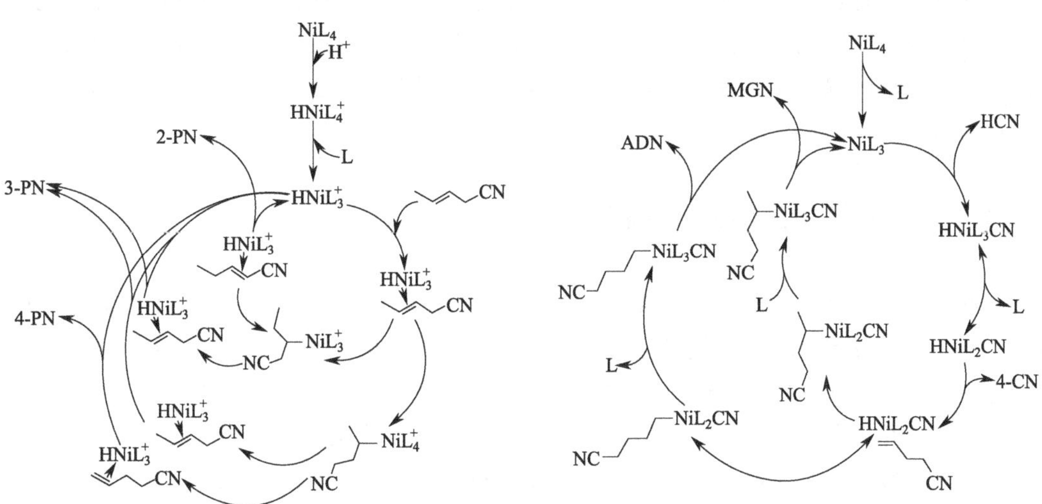

图 6-10 己二腈二级氢氰化反应机理

4-PN 与 HCN 的反应与一级氢氰化过程相似，但是二级氢氰化工段需引入助催化剂，反应过程中助催化剂可以作为 CN 中 N 上孤对电子的接受体，进而将催化中间体的空间位阻进行增加，以此来削弱 Ni—CN 键，可以使得反应中间体避免降解。而反应机理与一级氢氰化相似，18 电子状态下的催化剂先后失去两个配体同时与反应体系的助催化剂生成 $HNiL_2$（CN-A)，同理由于 π 键的存在，导致后期生成主产物己二腈与副产物 2-甲基-戊二腈（MGN)。

6.4 丁二烯法制备己二腈工艺过程

丁二烯直接氢氰化制己二腈工艺流程主要分为一级氢氰化工序、异构化工序、二级氢氰化工序、纯化工序、催化剂制备工序等。

6.4.1 催化剂制备工序工艺流程

丁二烯直接氢氰化制己二腈催化剂制备工序包括催化剂配制、反应、催化剂回收等步骤。催化剂反应是将催化剂反应釜用氮气（高纯氮）置换，使系统中氧体积分数低于 1×10^{-4}。工艺过程在氮气保护下，依次加入配体、镍粉、溶剂等物料。启动搅拌，然后将反应釜逐步升温至 120℃，取样分析釜内催化剂浓度，当浓度达到 40%左右时，停止搅拌。通过输送泵将混合液送入离心机中进行分离，重组分镍粉浆料返回反应釜中循环利用，清液送到催化剂配置罐保存。

配体与催化剂储罐内的催化剂进行混合，根据需要混合成不同浓度，分别送往各工段成品罐以备用。催化剂配置是各工段反应后的催化剂，先进入各工段的配套离心机，进行失活催化剂的分离。分离后的轻相返回各自工段的催化剂配制罐，通过补充新鲜的催化剂，配置成合格的催化剂送往催化剂成品罐备用。

催化剂回收是各工段分离后的催化剂重新汇合后先进行预热，然后与萃取剂环己烷一起混合，进入离心萃取机对催化剂进行回收处理；萃余相作为废液去焚烧处理；萃取相通过溶剂回收塔回收环己烷，环己烷循环利用，回收的催化剂返回催化剂配置罐重新使用。图 6-11 为催化剂制备工序工艺流程。

6.4.2 一级氢氰化工序工艺流程

一级氢氰化工序包括反应、闪蒸、脱重、脱轻、2-甲基-3-丁烯腈分离、3-戊烯腈分离等步骤，主要工艺过程是将一级氢氰化反应釜用氮气（高纯氮）置换，使系统中氧体积分数低于 1×10^{-4}（高纯氮中氧含量标准)，并处于氮气保护状态。

一级氢氰化工段主要的反应原料为氢氰酸与丁二烯，催化剂由配体与金属镍耦合而成，配体采用亚磷酸三苯酯。催化剂与配体稳定性较差极易氧化、水解，高温下易分解。因此需要对反应原料氢氰酸和丁二烯进行预处理，使得水含量不得高于 200mg/L。反应温度通常

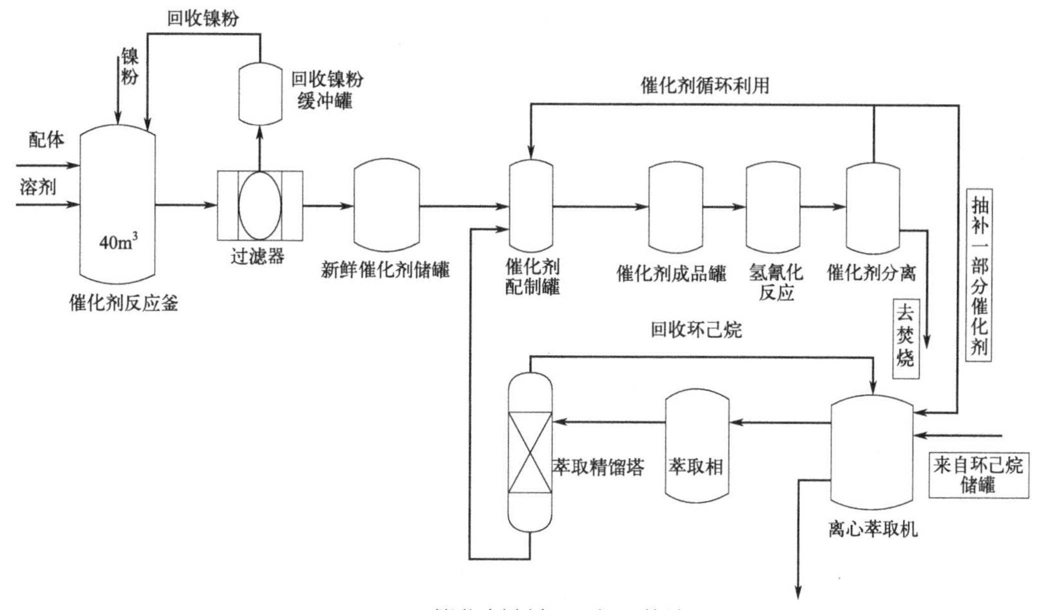

图 6-11 催化剂制备工序工艺流程

设定为 100℃，压力为 3atm[❶] 左右，确保反应器内物流保持液体状态，丁二烯稍过量。反应产物主要有 HCN、3-戊烯腈、2-甲基-3-丁烯腈、丁二烯、2M2BN 和 2-PN、催化剂与配体溶剂等。一级氢氰化反应通常设计为两级釜式串联反应。反应产生的热量由设置在反应釜内的冷却盘管内的冷却介质带走，保证反应温度的稳定。

一级氢氰化反应方程式：

$$+ \ \mathrm{HCN} \xrightarrow{\text{催化剂}} \mathrm{NC}\ (\text{3-PN}) + \mathrm{NC}\ (\text{2M3BN})$$

丁二烯、氢氰酸按照一定比例先进入混合器进行混合；混合液再与催化剂一起进入下一个混合器进行混合，实现了催化剂、丁二烯、氢氰酸的均匀混合后进入一级氢氰化反应釜，一级反应结束后，物料通过液位调节进入二级反应釜继续反应。

反应结束后，反应液从反应釜连续出料进入闪蒸罐进行闪蒸，闪蒸后的物料分为两部分，气相进入一级脱重组分塔上部，液相进入一级脱重塔下部。

脱重塔的目的是将未反应的丁二烯、氢氰酸及一级氢氰化反应产物 2M3BN、3-PN 与催化剂进行分离；催化剂溶液从脱重塔釜采出送往催化剂工段；丁二烯、氢氰酸及 2M3BN、3-PN 从塔顶采出，经冷凝后进入一级脱轻塔。

一级氢氰化脱轻塔的目的是将丁二烯、氢氰酸与 2M3BN、3-PN 分开，丁二烯和氢氰酸从塔顶采出，经冷凝后去丁二烯/氢氰酸储罐回收，在一级氢氰化回收使用；塔釜物料为 2M3BN、3-PN，送一级 2M3BN 塔进行处理。图 6-12 为丁二烯法制备己二腈一级氢氰化工序流程。

一级氢氰化 2M3BN 塔是将 2M3BN 和 3-PN 分开，获得高纯度的 2M3BN。一级 2M3BN 塔的进料来自一级氢氰化脱轻塔塔釜和异构化脱重塔塔顶。2M3BN 产品从塔顶采出，经冷凝后进入 2M3BN 储罐，作为异构化反应的原料。塔釜物料主要为 3-PN，送往一级氢氰化 3-PN 精馏塔。

---

❶ 1atm＝101.325kPa。

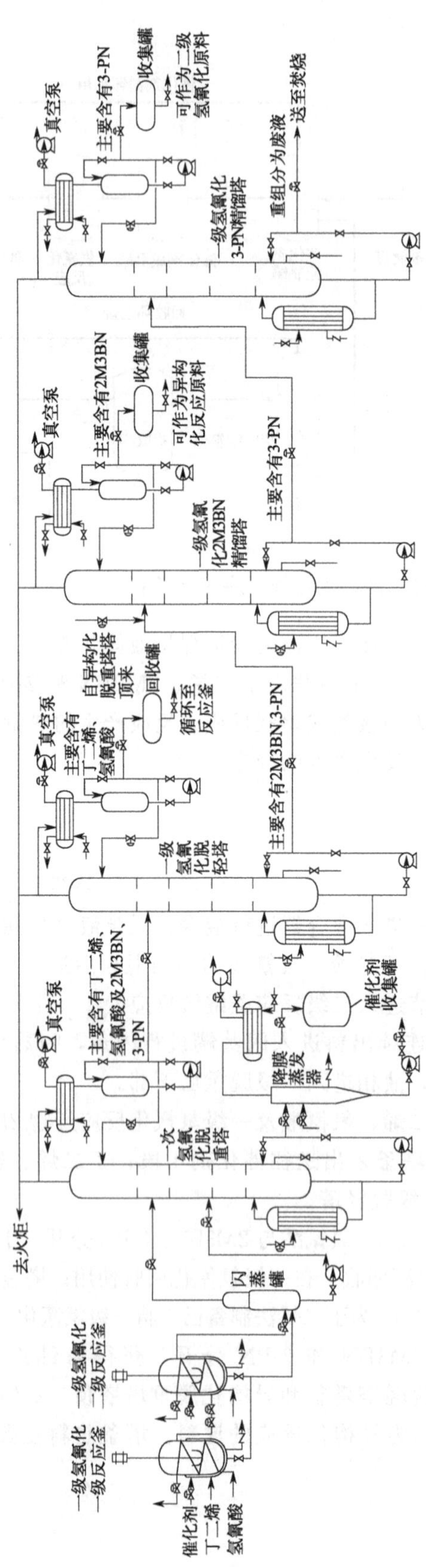

图6-12 丁二烯法制备己二腈一级氢氰化工序流程

一级氢氰化 3-PN 塔的主要作用为获得高纯度的 3-PN 产品；3-PN 从塔顶采出，经冷凝后进入 3-PN 储罐，作为二级氢氰化的原料；塔釜物料为废液，送往废液焚烧装置进行焚烧。

6.4.3 异构化工序工艺流程

丁二烯法制备己二腈异构化反应过程主要是 2-甲基-3-丁烯腈在催化剂的作用下异构化生成 3-PN 和 2-PN，还有少量的 2M2BN 等，3-PN 为目的产物，其中 2M2BN 与 2-PN 为副产物。异构化反应器通常设计采用 3 台间歇异构化反应釜，设计反应温度为 130℃左右，反应压力为 0.2～0.3MPa。

丁二烯法制备己二腈异构化工序包括反应、过滤、脱重等步骤。

来自一级氢氰化 2M3BN 精馏塔分离出的 2M3BN 进入罐区 2M3BN 储罐，通过异构化 2M3BN 进料泵输送至异构化界区，2M3BN 液体和来自催化剂工序制备的催化剂溶液，由流量计分别按设计比例计量，分别经过原料预热器预热到 100℃后连续加入异构化反应釜达到单釜进料要求后，对异构化反应釜内的混合液升温，温度、压力达到设定值后进行反应，通常反应时间设定 3h。本工序设计 3 台异构化反应釜间歇反应，采用循环进料反应的方式，在第一个反应釜进料结束后通过阀门开闭切换到对第二个反应釜进料，这样依次循环使异构化三个反应釜实现进料-升温-反应-排料的过程，图 6-13 为丁二烯法制备己二腈异构化工序流程。

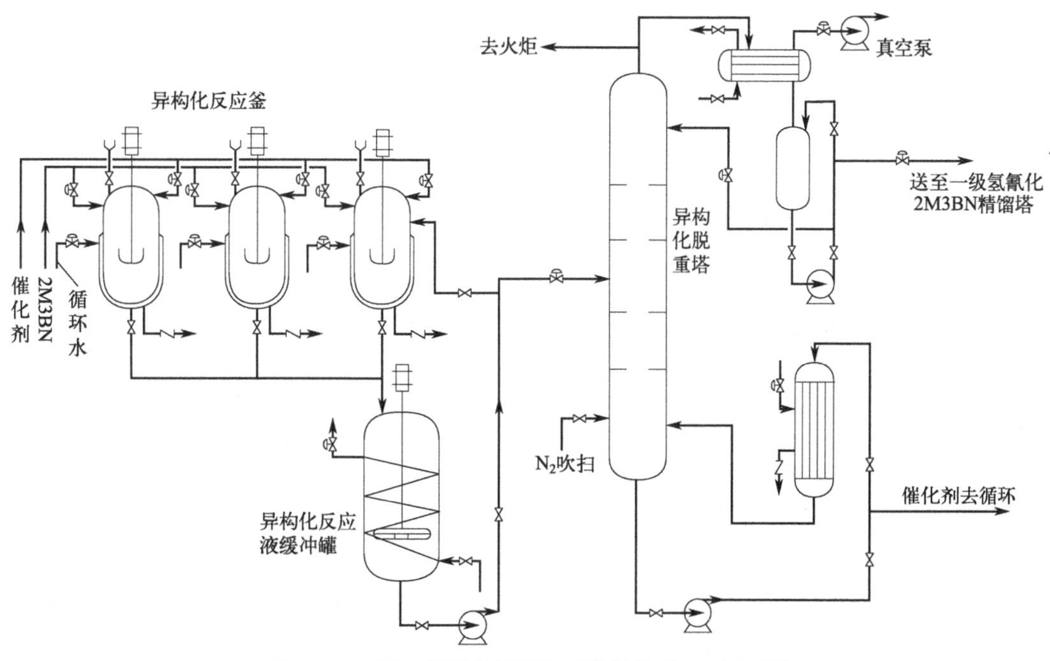

图 6-13 丁二烯法制备己二腈异构化工序流程

反应结束后，异构化反应釜内的反应液排入异构化反应液缓冲罐，由离心机进料泵输送进入离心机进行分离，离心机分离出的未反应的含有辅料的滤液通过转料装置返回异构化反应釜继续进行反应；过滤后的清液去异构化脱重塔进行蒸馏分离。脱重塔釜液送入催化剂工段，重新配制成异构化反应所需浓度的催化剂，重新返回异构化反应釜进行反应。

6.4.4 二级氢氰化工序工艺流程

丁二烯法制备己二腈二级氢氰化工艺过程为 HCN 与 3-PN 在催化剂作用下生成己二腈和杂质二甲基戊二腈（MGN）的过程，该工艺过程主要分为两部分：首先是 3-PN 异构化生成 4-PN，然后 4-PN 与 HCN 反应合成 ADN。在反应过程中二级氢氰化反应要比一级氢氰化反应快，3-PN 异构化生成 4-PN 之后，4-PN 可以与 HCN 快速反应制备成己二腈，反应过程可以在一个反应器内完成，反应器通常设计为釜式反应器。

丁二烯法制备己二腈二级氢氰化工序包括反应、脱重、脱轻、回收 3-PN、短程蒸发等步骤。

将二级氢氰化反应釜用氮气（高纯氮）置换，使系统中氧体积分数低于 1×10^{-4}（高纯氮中氧含量标准），并处于氮气保护状态。催化剂、3-PN 按照一定比例先进入混合器进行混合；实现催化剂和 3-PN 的充分混合后进入二级氢氰化反应釜。液体氢氰酸经气化后进入二级氢氰化反应釜。

二级氢氰化为三级釜式串联反应。每级反应结束后，物料通过液位调节进入下一级反应釜继续反应。反应产生的热量由设置在反应釜内的冷却盘管内的冷却介质带走，保证了反应温度的稳定。脱重塔的目的是将未反应的氢氰酸、3-PN 与催化剂等高沸点物质进行分离；催化剂溶液等高沸点物质从脱重塔釜采出送往短程蒸发进行处理；未反应的氢氰酸、3-PN 从塔顶采出，经冷凝后进入二级脱轻塔。图 6-14 为丁二烯法制备己二腈二级氢氰化工序流程。

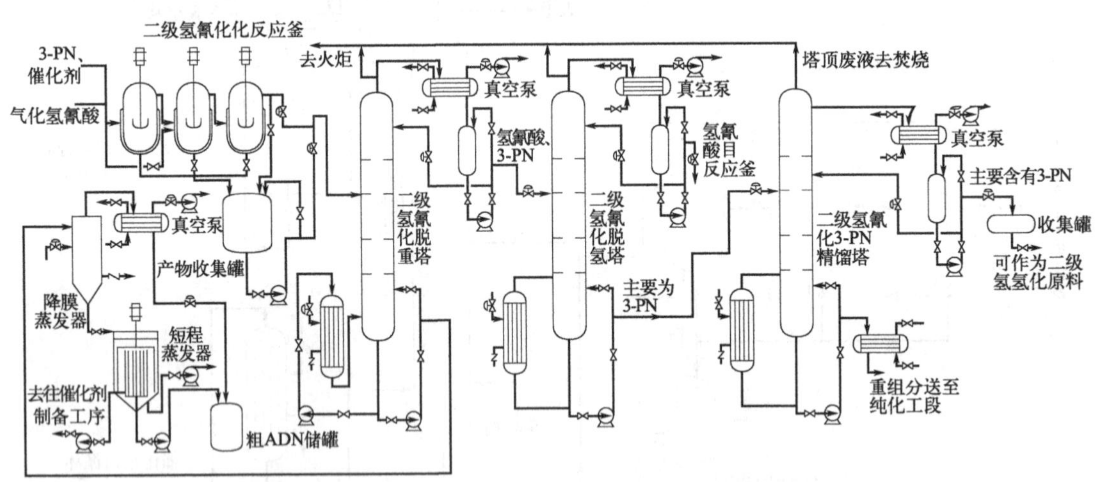

图 6-14 丁二烯法制备己二腈二级氢氰化工序流程

二级脱轻塔的目的是将氢氰酸与 3-PN 分开，氢氰酸从塔顶采出，经冷凝后去回收氢氰酸储罐，在二级氢氰化回收时使用；塔釜物料为 3-PN，送二级 3-PN 塔进行处理。二级氢氰化 3-PN 塔的主要作用为获得高纯度的 3-PN 产品。3-PN 从塔顶侧线采出，经冷凝后进入 3-PN 储罐，作为二级氢氰化的原料；塔顶物料为废液，送往废液焚烧装置进行焚烧；塔釜物料送往纯化脱重塔进行处理。

短程蒸发的目的是将热敏催化剂与高沸点己二腈等产物进行分离，获得己二腈混合液的同时保证催化剂活性不会发生变化。短程蒸发的轻馏分经冷凝后进入粗己二腈（简称 ADN）储罐，重组分去催化剂工段。各个塔及降膜、短程蒸馏器的不凝气体送尾气焚烧系统。

6.4.5 纯化工序工艺流程

丁二烯法制备己二腈纯化工序目的是经过各塔精馏得到高纯度的产品己二腈、副产品2-甲基戊二腈（简称 MGN）。己二腈纯化工序包括脱重塔、脱轻塔、粗 ADN 塔、ADN 塔、MGN 塔等精馏分离步骤。

二级氢氰化工序制备的（粗）ADN 混合液、一级 3-PN 精馏塔釜液和二级 3-PN 回收塔釜液首先进入纯化脱重塔进行分离，脱重塔塔顶采出的物料包括己二腈、甲基戊二腈、3-PN、间甲酚等；脱重塔塔釜的物料主要为配体、己二腈和高沸点杂质，该物料进入产品回收塔继续回收己二腈。从纯化脱重塔塔顶过来的物料进入纯化脱轻塔继续分离，塔顶采出的物料主要为间甲酚、3-PN，该股物料进入纯化 PN 塔。纯化脱轻塔塔釜采出的物料主要包括己二腈、甲基戊二腈、乙基丁二腈（简称 ESN）等的二腈混合物。

从纯化脱轻塔塔釜采出的二腈混合物进入纯化粗 ADN 塔，目的是将己二腈和其他二腈进行分离，从塔釜采出的物料进入纯化 ADN 塔，塔顶采出的物料主要包括甲基戊二腈和乙基丁二腈。从纯化粗 ADN 塔釜采出的物料进入纯化己二腈塔，目的是获得纯度很高的己二腈产品，己二腈产品从（塔顶）侧线采出，塔顶（回流）采出的物料返回脱重塔，塔釜采出的物料进入产品回收塔进一步回收己二腈。

从纯化粗 ADN 塔塔顶采出的物料进入纯化 ESN 塔，目的是将乙基丁二腈和甲基戊二腈分开，塔顶采出的是乙基丁二腈，该股物料去焚烧处理，塔釜采出的物料主要为甲基戊二腈，该股物料进入纯化 MGN 塔。从纯化 ESN 塔釜过来的物料进入纯化 MGN 塔，目的是获得高纯度的甲基戊二腈产品，塔顶采出甲基戊二腈产品，塔釜采出液去往脱重塔。

从纯化脱轻塔塔顶采出的物料与降膜蒸发器轻相一起汇合进入纯化 PN 塔，目的是将单腈和间甲酚进行分离。塔顶采出的物料主要为单腈，该股物料去（二级氢氰化）3-PN 回收塔进一步提高（回收）3-PN 的纯度；塔釜采出的物料进入纯化间甲酚塔，目的是获得高纯度的间甲酚产品。产品回收塔的主要作用是进一步回收己二腈，物料来源包括纯化脱重塔塔釜、纯化 ADN 塔塔釜。

习题

1. 简述己二腈在当今工业领域中的地位、用途及发展。
2. 简述己二腈的制备方法及各自优缺点。
3. 简述以丁二烯为原料制取己二腈的两条工艺路线。
4. 丁二烯法制备己二腈反应机理是什么？
5. 简述丁二烯直接氢氰化制己二腈工艺三大步骤的特点。

6

7 己二胺加工工艺

学习目的及要求

1. 了解己二胺（HMDA）的性质和用途；

2. 了解以己二腈、氢气为原料制备己二胺的工艺条件和工艺流程以及己二胺反应釜的结构和特点；

3. 掌握以己二腈、氢气为原料加工制备己二胺的反应原理。

7.1 概述

己二胺作为一种重要的有机工业生产原料和化工中间体在尼龙工业市场占据着重要的地位，己二胺常温常态下为无色透明的结晶体，是一种强碱性有机物。己二胺的主要用途是用来和己二酸中和反应生产尼龙 66 产品，和葵二酸反应生产尼龙 610 产品，然后制成各种尼龙树脂、尼龙纤维和工程塑料产品，是合成材料中重要的中间体。己二胺也用于合成二异氰酸酯，以及用作脲醛树脂、环氧树脂等的固化剂、有机交联剂等。己二胺可以由己二腈、己二醇和己内酰胺生产，大规模生产己二胺的方法一般都是由己二腈作原料，图 7-1 为己二胺的形貌。

图 7-1　己二胺的形貌

己二胺的工业生产是美国杜邦公司首先利用镍系催化剂在一定的温度和压力下对己二腈和氢气进行加氢反应制备，该工艺方法最初是间歇的，后来采用连续生产方法，生产技术分为高压法和低压法。日本东丽公司开发了己内酰胺法生产己二胺，该法在磷酸盐催化剂存在下，己内酰胺氨化氢化制得己二胺，其中经历了氨基乙腈中间体，该工艺在 1965 年实现工业化。另外，由于己二胺生产技术为国外资本所垄断，国内一些小型己二胺生产企业成功研发了尼龙逆向分解工艺。该工艺以尼龙 66 合成原理为基础，采用逆向过程，从尼龙 66 中逆向分解生产己二胺和己二酸。该工艺的原料为生产尼龙 66 过程中产生的废丝废料，分解得到的己二胺和己二酸进行外销。此法降低了小型企业的生产成本与投资，增大了企业间的竞争优势，但是该技术路线原料的来源不稳定。

目前全球己二胺的生产技术主要由美国杜邦公司、英威达公司、法国罗地亚公司、德国巴斯夫公司等跨国公司垄断。国内己二胺生产企业主要有中国平煤神马集团和辽阳石化。中国平煤神马集团是从日本旭化成公司引进的低压加氢工艺装置与技术，辽阳石化公司是从法国的隆波利公司引进的己二胺生产技术。

7.1.1 己二胺的性质

己二胺中文别名为1,6-己二胺、1,6-二氨基己烷，英文名称为 hexylenediamime，在常温常压下为白色片状的结晶体，分子式为 $C_6H_{16}N_2$，分子量为116.2；己二胺熔点为41～42℃，正常沸点204～205℃，相对密度0.883（30℃），黏度（50℃）1.46kPa·s，折射率 n_D（40℃）1.4498，闪点81℃，自燃点390～420℃，微溶于水（0℃，100mL 水中溶解2.0g；30℃，100mL 水中溶解0.85g）。

己二胺是一种强碱性有机物，有氨臭味，可燃，有毒且具有腐蚀性。己二胺溶于水、乙醇和苯，难溶于环己烷、乙醚、四氯化碳、己二胺和苯。己二胺能吸收空气中的二氧化碳和水，生成不溶的碳酸盐。图7-2为己二胺结构式。

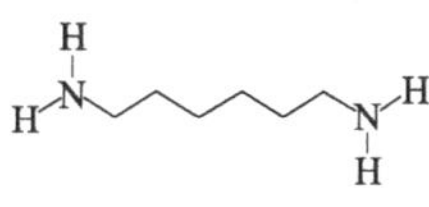

图7-2 己二胺结构式

己二胺是强的有机碱，能与亲电性化合物如 H^+、卤代烷、羟基等化合物发生反应。己二胺是一种重要的双官能团化合物。由于分子中含两个具有反应活性的官能团，可以生成多种重要的化学品。己二胺的基本理化性质列于表7-1。

7

表7-1 己二胺理化性质

性质	己二胺	性质	己二胺
分子式	$C_6H_{16}N_2$;$H_2N(CH_2)_6NH_2$	分子量	116.2
沸点	204～205℃	熔点	41～42℃
相对密度	0.883(30℃)	黏度	1.46kPa·s
外观	无色透明状晶体，有氨臭，可燃	溶解度	易溶于水，不溶于乙醇、苯和乙醚
自燃点	390～420℃	折射率	1.4498(40℃)
蒸气压	2.0kPa/90℃	闪点	81℃
危险标记	20(碱性腐蚀品)	稳定性	稳定

7.1.2 己二胺的用途

己二胺分子包含两个反应官能团，可以生成多种重要的化工工业产品。己二胺的重要用途是尼龙66、尼龙610和 HDI 的原料。

尼龙66（聚己二酰己二胺）是己二胺与己二酸的缩聚产物，其颜色是半透明或不透明的，常被制成圆柱状颗粒。它的机械强度和硬度高，化学稳定性好，可生产塑料树脂。尼龙66还具有良好的耐热、耐磨性能，可用作机械零件。此外易反复加工成型，可用于生产工业丝。尼龙66还可进行改性以增加其某一方面的特性。

尼龙610（聚癸二酰己二胺）是己二胺和癸二酸的聚合产物。尼龙610具有介于PA6和PA66之间的理化性能，耐强碱强酸；具有良好的机械强度，尺寸稳定性好。尼龙610是合成材料中重要的中间体，可以制成各种树脂、尼龙纤维丝和工程塑料。

HDI 是己二胺光化反应产物。HDI 主要用于生产黏结剂、纺织整理剂、涂料等，在航天、涂料、纺织等方面有着广泛的应用。HDI 做成的聚氨酯涂料环保并且有很好的耐油性和耐黄性，也有耐暴晒、保色、保光的优点。随着国家对环保理念的推广与普及，消费者的环保观念日益增强，HDI 在国内市场大受喜爱，需求量大幅增长。图 7-3 为己二胺主要用途。

己二胺的下游化工产品 PA66、PA610、HDI 在各种领域有广泛的应用前景，所以作为原料的己二胺非常重要。己二胺还被用于制造各种有机化学品，例如纺织和造纸工业所需要的化学稳定剂、漂白剂、橡胶乳化剂；用于生产树脂所需的固化剂以及交联剂；航空航天所用涂料等；己二胺也可以生产消毒剂。

己二胺 {尼龙 66 / 尼龙 610 / HDI}

图 7-3 己二胺主要用途

7.2 己二胺制备工艺

己二胺的生产工艺较多，按原料可分为己二腈法、己二醇法、己二酸法、己内酰胺法、丁二烯法，其中后三种方法均需经过中间体，再生成己二胺。目前工业市场上常用的工艺路线为己二腈法。

7.2.1 己二腈法

己二腈工艺采用己二腈催化加氢的方法，己二腈在一定温度压力下，经过催化剂的催化，同氢气发生反应生成己二胺。该反应的转化率很高，反应中会有少量的杂质，主要是氨基乙腈、环氧丙烷。反应的方程式为：

$$NC—(CH_2)_4—CN+4H_2 \longrightarrow H_2N—(CH_2)_6—NH_2 \tag{7-1}$$

工业生产中，己二腈工艺生产加工路线可分为高压和低压两种过程。两种方法的相同点是都采用了循环加氢工艺路线，不同点是所选用的催化剂不同，这也造成了反应温度和反应压力的不同。

高压法根据用的催化剂不同又分成两种路线：

① 采用的是钴-铜催化剂，反应的压力为 60～65MPa 之间，反应的温度为 100～135℃之间。

② 采用铁催化剂，反应的压力为 30～35MPa，反应的温度为 100～180℃。该法反应过程复杂，会使用液氨作为溶剂，还会加入芳烃以提高反应效率。该法产品选择率在 90%～95%。但高压法的反应压力高，因而操作过程的安全性低，对设备的要求比较高，资本投入大，适合单套规模较大的装置，国际上美国的杜邦公司采用高压法生产工艺。

低压法选用的催化剂为镍系催化剂，同时需要氢氧化钠或氢氧化钾作助催化剂，反应的溶剂为乙醇。反应条件比较宽松，反应压力在 1.8～3.0MPa 之间，反应温度为 60～100℃。该方法生产过程中会有副产物生成，需要经过精制工序，经精制提纯后，产品的含量指标可达 99%。低压法的反应要求不高，操作安全性高，目前大部分制备己二胺的工艺都采用低压法。

7.2.2 己二醇法

己二醇法通过1,6-己二醇氨化脱水制取己二胺。化学方程式为：

$$HOCH_2(CH_2)_4CH_2OH+2NH_3 \longrightarrow H_2N(CH_2)_6NH_2+2H_2O \tag{7-2}$$

该反应所用催化剂为骨架镍催化剂，反应压力为23MPa左右，反应温度为200℃，收率比较高，可达90%。该法生产过程中会产生大量的副产物，经过技术处理后，可将副产物循环利用，提高了己二胺的收率，己二胺的收率高达96%，但是得到的己二胺产品纯度不高，同时副产物的循环造成反应工序多，工艺复杂，该法应用范围不大。

7.2.3 己二胺制备的其他工艺

7.2.3.1 己二酸法

该方法需经中间产物己二腈。己二酸与氨发生胺化反应生成己二腈[式(7-3)]，己二腈再进行氢化制得己二胺。

$$HOOC(CH_2)_4COOH+2NH_3 \longrightarrow NC(CH_2)_4CN+4H_2O \tag{7-3}$$

该方法根据相态的不同，可以分为两种方法。

(1) 气相法

气相法的反应温度为300～350℃，己二酸经过磷酸硼催化剂的催化，生成己二腈。产品的选择率不高，仅为80%左右，这是因为己二酸在反应过程中会发生分解。后采用流化床反应器使己二酸瞬时汽化，可以将反应选择率提高到90%。

(2) 液相法

液相法采用磷酸催化剂，反应温度在200～300℃之间。这种方法需要经过胺化反应，脱水、脱重、真空蒸馏以及再加氢工序。虽然该法技术成熟，但是工序长，生产成本高，对资源的利用不合理，使该生产技术发展受限，难以得到大范围推广，目前该法已被淘汰。

7.2.3.2 己内酰胺法

己内酰胺法是在反应温度为350℃的条件下，己内酰胺与氨经过磷酸盐的催化，发生氨化反应生成氨基己腈。反应的方程式为：

$$NH(CH_2)_5CO+NH_3 \longrightarrow H_2N(CH_2)_5CN+H_2 \longrightarrow H_2N(CH_2)_6NH_2 \tag{7-4}$$

该方法收率极高，甚至高达100%，但是该法反应的操作条件也很苛刻，反应温度要达到350℃，并且作为主要原料的己内酰胺价格十分昂贵，所以一般是通过回收尼龙6生产中的己内酰胺残次品用作原料来进行生产的。该方法产量有限，并未得到大范围推广，只适合小型生产。

7.2.3.3 丁二烯法

丁二烯法分成三种。

(1) 丁二烯氯化氢化法

丁二烯氯化氢化法已经在20世纪60年代开发成功，后因工艺复杂、资源利用不合理遭淘汰。

(2) 1,3-丁二烯与 HCN 催化法

1,3-丁二烯与 HCN 在催化剂作用下，发生氢氰化反应生成戊烯腈，再加氢催化生成己二胺。反应温度为 100℃，反应方程式为：

$$CH_2(CH)_2CH_2 + 2HCN \longrightarrow NC(CH_2)_4CN \tag{7-5}$$

该法以丁二烯生产己二腈为基础。该法以剧毒、易挥发的氢氰酸为原料，对于生产设备、操作管理有极高的要求。

(3) 新型的方法

该方法是丁二烯经过催化剂的催化，在 H_2 和 CO 的氛围中发生双醛化反应，生成了 1,6-己二醛，己二醛再经缩合、脱水、氨化氢化制得己二胺。反应方程式为：

$$CH_2(CH)_2CH_2 + 2CO + 2H_2 \longrightarrow OHC(CH_2)_4CHO \tag{7-6}$$

该方法的优点是原料氢气、一氧化碳、氨气容易得到，价格低廉，生产成本低；缩合过程中用到的伯胺经处理可以循环利用，环保经济。该法的缺点是双醛化的选择性低。

7.3 己二腈催化加氢反应机理

己二腈催化加氢制备己二胺的反应是一种多相催化反应，它是在固体催化剂表面上发生的，且催化剂的存在能有效减小活化能使化学反应加速进行。通常反应由吸附、表面反应和脱附等步骤组成。

7.3.1 反应过程

己二胺的工业化生产通常选择己二腈低压加氢工艺技术，该工艺采用己二腈催化加氢的方法，既己二腈在一定温度压力下，经过催化剂的催化，同氢气发生反应生成己二胺。该反应的转化率很高，反应中会有少量的杂质，主要是氨基乙腈、环氧丙烷，反应的方程式见式(7-1)。

该技术与其他工艺相比，具有以下优点：

① 工艺操作。该工艺的反应压力、温度的要求相对宽松，设备少且对设备要求不高，操作安全性较高，流程简单。

② 生产过程。该反应的反应收率高，制得的己二胺纯度较高，质量好；流程简单，设备数量少；工业化范围广，技术成熟。

③ 耗能。不经历中间过程，直接制得己二胺，氢气、催化剂可以循环利用，能量利用合理。

7.3.2 己二腈催化加氢反应机理

己二腈加氢催化反应过程中，催化剂能降低己二腈加氢反应的活化能，并加快反应的进程。己二腈催化加氢是一种气液固三相反应，其机理主要分为以下几个过程：

① 己二腈分子和氢气分子扩散到催化剂表面；

② 两种分子在催化剂表面进行吸附；

③ 两种分子进行化学反应，己二胺分子在催化剂表面进行解吸脱附；

④ 己二胺分子通过扩散离开催化剂表面。

己二腈存在两个腈基，加氢过程中，副产物会比较多，己二腈加氢主要反应历程如图7-4所示。

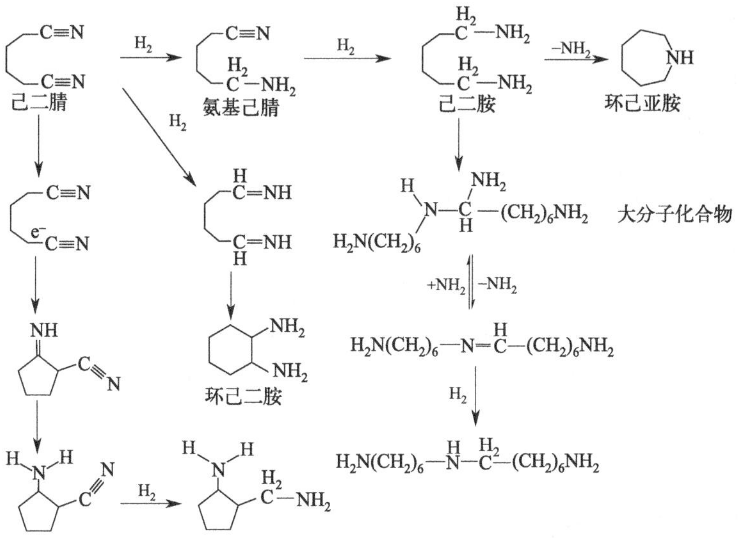

图 7-4 己二腈加氢主要反应历程

具体历程：

① 己二腈一端的腈基首先还原为氨基己腈，氨基己腈再还原为己二胺。己二胺脱氨基，环化生成环己亚胺。己二胺还会发生自缩合生成大分子化合物。

② 己二腈部分加氢后再经环化形成杂质环己二胺。

③ 己二腈在碱性环境中会成环，生成一部分 2-氰基环戊亚胺，2-氰基环戊亚胺会继续加氢生成氨基甲基环戊烷。

7.3.3 己二腈催化加氢催化剂

催化剂是己二腈加氢反应工艺的核心部分，己二腈催化加氢的过程中，不仅会生成目的产物，而且会生成其他副产物。在工业生产中既要己二腈尽可能多地生成目的产物，也要抑制己二腈发生环化或缩合，减少副产物的生成。催化剂的种类对己二腈的反应路径有很大的影响。这是因为产物与副产物在催化剂上的活性中心和吸附容量不同，可以通过选择合适的催化剂来控制己二腈加氢产物的分布。

7.3.3.1 均相催化剂

均相催化剂溶解于溶剂中进行催化反应，形式是离子或分子。在己二腈加氢反应中应用的均相催化剂主要有两种。一种是贵金属络合物，另一种是 Ziegler 型催化剂。均相催化剂的优点是选择性好、活性高，缺点是催化剂的制作工艺复杂、造价昂贵，并且不易与产物分离，所以此类催化剂在工业应用中受到限制。

7.3.3.2 雷尼镍型催化剂

雷尼镍型催化剂主体是活性高的金属（如铜、铁、钴、镍）离子，在使用过程中以乙醇作为溶剂且要加入氢氧化钠或氢氧化钾作为辅助剂以抑制仲胺和叔胺的生成。此类催化剂中最为常用的为雷尼镍和雷尼钴，但雷尼镍造价便宜，是目前应用范围最广的催化剂。雷尼镍型催化剂在己二腈加氢反应中有较高的选择性。

7.3.3.3 负载型催化剂

负载型催化剂是目前研究的热点，未来可能代替雷尼镍型催化剂。它将活性金属负载到二氧化钛、二氧化硅的单一或混合载体上，载体抑制了金属颗粒的聚集，使金属颗粒在载体表面更加分散，有效提高了催化活性及稳定性。

基于雷尼镍催化剂的优点，工业生产中通常选择雷尼镍作为己二腈催化加氢工艺的催化剂。与其他催化剂相比，该工艺具有以下优点：

① 雷尼镍催化剂具有多孔的结构，氢气易被吸附，对加氢反应具有较高的催化效果；

② 加氢反应完成后表面的物料分子会扩散离开，催化剂能循环利用；

③ 催化剂具有良好的结构稳定性和热稳定性，允许其在各种各样的反应条件下使用；

④ 催化剂在常用溶剂中溶解度低，相对密度高，利于反应完成后进行液相分离。

7.4 己二胺工艺流程

7.4.1 己二胺工艺流程概述

己二腈低压加氢工艺以己二腈和氢气为原料，在溶剂乙醇、催化剂雷尼镍和助催化剂氢氧化钠的作用下，采用低温、低压，使己二腈通过加氢反应生成己二胺。己二腈低压加氢工艺流程主要包括催化剂活化、加氢反应、催化剂回收钝化、己二胺精制、公用工程工段。工艺流程如图 7-5 所示。

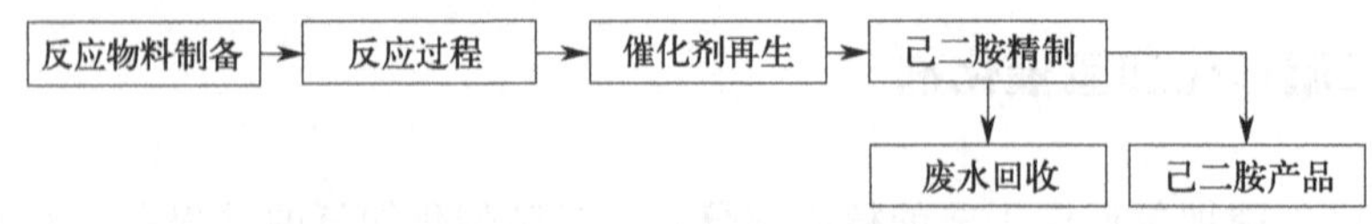

图 7-5 己二腈加氢工艺流程框图

7.4.1.1 反应物料的制备

反应物料催化剂和原料的制备是活化雷尼镍合金与己二腈、乙醇、氢氧化钠混合制取加氢反应物料。催化剂为含镍和铝的合金，将此合金的水浆液用 NaOH 活化处理后水洗，清除 Al，成为雷尼镍，从而获得催化剂的活性。Al 在 NaOH 溶液中，以可溶性偏铝酸钠形式被清除。催化剂的制备如式(7-7) 所示。

$$2Ni\text{-}Al+2H_2O+2NaOH = 2Ni+2NaAlO_2+3H_2 \quad (7\text{-}7)$$

在催化剂混合物中加入一定量的水，然后对雷尼镍合金溶液进行搅拌。合金中的铝与水反应会产生氢气，因此可以通过夹套冷却水控制温度，尽量抑制产生氢。此外，吹入部分低压氮，使混合过程不积蓄氢气。加入 NaOH，使合金浆液与 NaOH 进行搅拌混合，发生反应；反应过程控制温度和 NaOH 浓度，并控制停留时间。反应产生的 H_2 由吹入大量的空气进行置换。经催化剂活化器活化后的催化剂与来自反应排放的回收后催化剂进行混合，制备成催化剂溶液。把催化剂溶液同己二腈、溶剂乙醇等进行混合后，进入反应系统。

7.4.1.2 己二胺反应过程

反应系统是在反应温度为 70～80℃，在反应压力为 2～3MPa 条件下，进行己二腈加氢反应，生成己二胺，反应过程氢气过量，反应如式(7-1)。己二腈加氢反应为放热反应，助催化剂 NaOH 的作用是利于伯胺的生成。另外，在己二胺的生产过程中，还发生一些副反应，主要副产物有氨基己腈（ACN）、二氨基环己烷（DCH）、氨基甲基环戊烷（AMCPA）等。

氢气用循环压缩机进行循环，从外部接受仅仅在反应中消耗的氢气量，经压缩机升压后，进入反应器的反应管内。反应后剩余的氢在气液分离器中与液相分离，循环氢与补充氢混合后送入加氢反应器。

7.4.1.3 己二胺反应工艺描述

己二胺加氢反应过程为放热反应，每生成 1kg 己二胺约放出 604 千卡的热量。工业上通常把加氢反应器设计为 3 根相似的反应管，将己二腈、乙醇、雷尼镍催化剂和氢氧化钠助催化剂混合制成反应液，反应液用进料泵从反应管底部送入反应器，氢气经过增压压缩机的升压后，也从反应管底部送入。反应在管内进行，氢气带动反应液上升到气液分离器，在上升过程中，反应基本完成，反应产生的热量与反应管的夹套通入的冷却水进行换热。在气液分离器内过量的 H_2 与液相分离，氢气从分离器顶部送入氢洗涤塔，用乙醇循环泵向塔内输送乙醇，使乙醇在塔内循环，氢气与乙醇逆流接触，氢气中夹带的乙醇被吸收。洗涤后的氢气经塔顶冷凝器冷凝分离气体中的乙醇，气体在氢吸收槽中进一步气液分离，然后送入氢循环压缩机，己二腈加氢反应工段流程如图 7-6 所示。

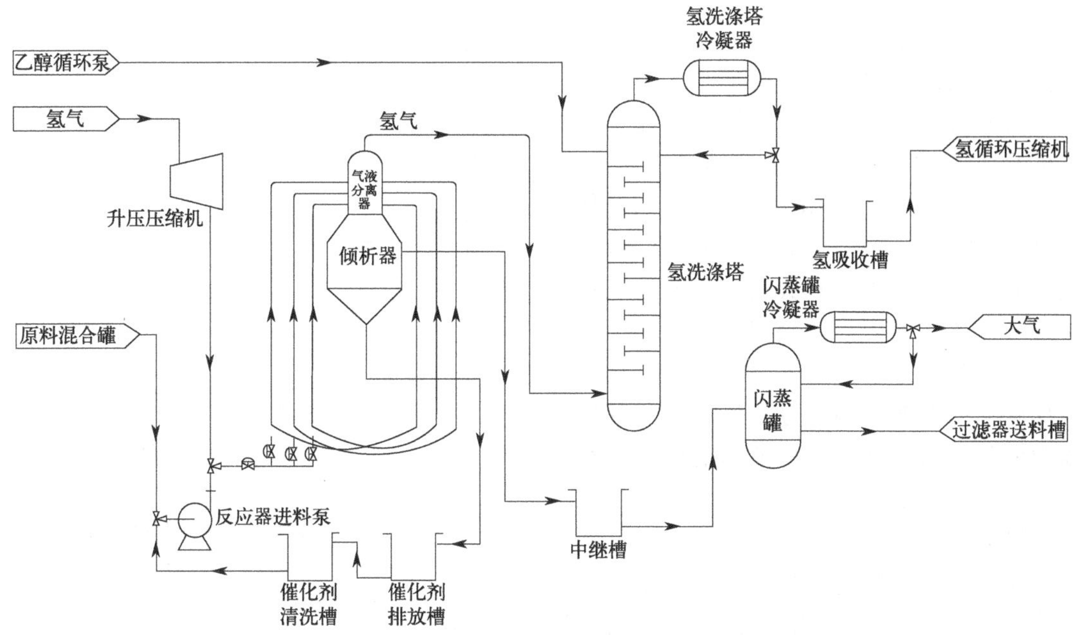

图 7-6 己二腈加氢反应工段流程

溶剂从反应管的另一端向下部循环，气液分离器分离的反应液从它的下方进入倾析器，在倾析器内，经沉淀从反应液中分离出催化剂，液体从上部通过反应器液位调节器排出，向下流入中继槽，然后流入闪蒸槽，溶解气体经闪蒸槽冷凝器冷却后，放入大气，槽内液体流入过滤器送料槽。倾析器下部沉淀的催化剂，从倾析器下部的回流管送至催化剂排放槽，然后自动排向催化剂清洗槽，洗净后返回反应器。

得到的产品粗己二胺存在较多的副产物，包括重组分、轻组分，因此在精制过程中，会经过不同脱组分的塔，首先粗己二胺经过脱水塔进行简单脱水，出去之后顺着管路流入脱焦塔，在脱焦塔内会除去大部分的高沸物、氢氧化钠混渣以及重组分产物。接着流出的产品己二胺及低沸物会进入第一脱轻塔内，在塔内进行简单精馏，之后在塔底流出含有少量杂质的产品进入第二脱轻塔，产品经过第二脱轻塔的进一步处理，流出高纯度的产品己二胺，同时少量杂质在经过塔内的再一次反应后流入成品塔，在成品塔内分为两部分：一部分即为重组分与前面从脱焦塔内流出的重组分一起进行回收，另一部分会再循环流入第二脱轻塔，进行再次精馏。

粗己二胺经过精制制备纯的己二胺商品。粗己二胺中的水由脱水去除，没有除去的有机物中容易析出不溶的 NaOH 固体，从而造成堵塞，因此脱水过程要进行定期的蒸馏清洗。粗己二胺的轻组分和杂质可以通过精馏去除。

7.4.2　己二胺反应器

己二腈加氢制备己二胺反应采用雷尼镍为催化剂，反应为气液固三相反应。己二腈加氢反应原料己二腈与溶剂乙醇，再加上催化剂混合均匀后同氢气在反应器内混合均匀进行反应，反应器可以设计成列管式反应器、连续搅拌釜式反应器、流化床反应器、固定床反应器以及最新的磁稳定床反应器。工业化生产中，己二腈加氢反应器通常设计为列管式反应器，反应液与氢气从反应器底部供应，氢气与反应液一起从反应管底部上升，达到气液分离器并完成反应。为了消除反应产生的热量，反应管的外管可以通冷却水。反应后，气液分离器中未反应的 H_2 与液体分离，液体从反应管的另一端向下部循环，气液分离后的液体部分从它的下方进入倾析器，在倾析器内，催化剂经过沉淀，同液体进行分离；倾析器下部沉淀的催化剂向反应管的下部循环，为了保持加氢反应器中催化剂的浓度，要将部分催化剂连续排出反应器进行活化。

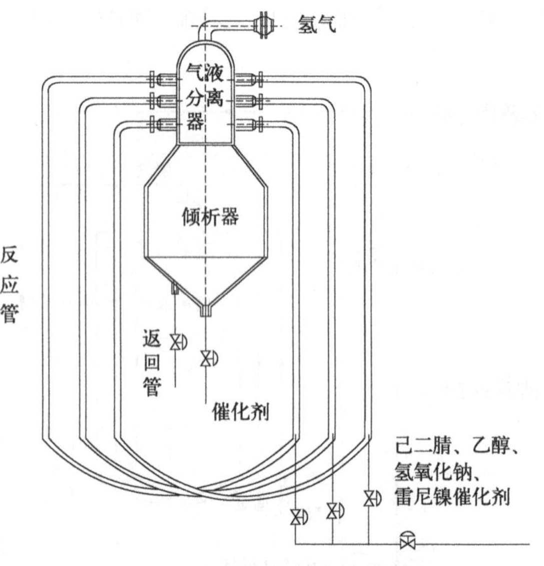

图 7-7　己二胺反应器结构简图

根据己二腈加氢反应的特点，己二胺反应器选择带倾析器的列管式反应器，工业化生产过程中，己二胺反应器可以设计为图 7-7 的结构。

7.5 己二胺反应器温度异常处理

己二胺反应器通常设计为管式反应器，反应器内两相流动接触反应。反应系统设定反应温度为70～80℃，在反应压力为2～3MPa条件下，进行己二腈加氢反应，生成己二胺，反应过程设置氢气过量，己二腈加氢反应为放热反应。另外，在己二胺的生产过程中，还发生一些副反应，主要副产物有氨基己腈、二氨基环己烷、氨基甲基环戊烷等。

7.5.1 异常现象及原因分析

某工作日己二胺反应器温度达到98℃高位报警。

(1) 己二胺反应器温度高会引起的问题

① 当温度继续上升会出现己二胺反应器联锁启动报警，引起紧急停车。

② 己二胺反应器温度继续上升会引起己二胺加氢副反应的进行，副产物氨基己腈、二氨基环己烷、氨基甲基环戊烷会上升。

(2) 原因分析

① 温度检测端口出现误操作。

② 反应管的套管由于水锈而影响热量传递。

③ 循环冷却水的温度出现波动，循环水量不能满足反应的散热要求。

④ 反应管换热器的传热系数由于水锈而下降。

7.5.2 异常处理过程及巩固措施

(1) 异常处理过程

① 温度检测端口检测显示正常。

② 完全打开反应管的套管冷却水，确认传热系数是否比正常时低，发现传热系数正常。

③ 现场确认循环冷却水的流量是否正常，经过现场工艺检测发现循环冷却水的流量相比仪表的指示值小，经过修改循环冷却水指示，发现己二胺反应器温度回落到75℃，确认该原因是造成己二胺反应器温度升高的主要原因。

④ 反应管换热器的水锈检测正常。

(2) 巩固措施及跟踪验证

① 巩固措施。定期对循环冷却水的流量仪表进行校核，减少仪表误差。加强巡检力度，及时发现异常，及早处理，防患于未然。

② 跟踪验证。调校冷却水的流量仪表后，反应器温度显示正常，反应器稳定运行。

习题

1. 简述己二胺在当今工业领域的地位、用途及发展。

2. 简述己二胺的制备方法及各自优缺点。
3. 己二腈加氢法分为哪两种？并简述其各自的特点。
4. 己二酸生产己二胺分为哪两种？并简述其各自特点。
5. 己二腈加氢法同其他方法相比具有哪些方面的优点？
6. 己二腈加氢反应的机理是什么？
7. 均相催化剂分为哪两种？各自的特点又是什么？
8. 雷尼镍催化剂的优点有哪些？
9. 简述己二腈加氢反应的工艺流程。
10. 己二腈加氢的反应器为什么选用列管式反应器？

8　己内酰胺加工工艺

学习目的及要求

1. 了解己内酰胺的性质和用途；

2. 了解制备己内酰胺的反应原理、己内酰胺单体聚合制备尼龙 6 树脂的合成原理、尼龙 6 聚合反应釜的结构及特点；

3. 掌握尼龙 6 树脂的合成原理、工艺条件和工艺流程。

8.1　己内酰胺概述

己内酰胺是一种重要的化工中间原料。己内酰胺作为单体，主要用作生产尼龙 6 纤维及树脂，其中尼龙 6 纤维广泛用于纺织、轮胎和渔业等行业，约占己内酰胺总产量的 90%；树脂用于生产工程塑料、胶卷及涂料等，约占己内酰胺总产量的 10%。尼龙 6 工程塑料耐磨、强度高，不需要润滑，是工程塑料中最大的品种之一，己内酰胺单体如图 8-1。

尼龙 6 是 1938 年由德国公司首先发明，并成功研究出用单一的己内酰胺为原料，ε-氨基己酸作为引发剂，通过加热聚合制得聚己内酰胺，并于 1941 年实现小规模生产。中国的尼龙产业起步于 20 世纪 50 年代。1959 年，中国引进德国 300t/a 尼龙 6 聚合纺丝设备，建成北京合成纤维厂。近年来，尼龙行业发展的新方向已经转向了追求高品质、高性能的尼龙 6 切片生产、加工，大量的从业者和研究人员对聚合技术和生产工艺进行了多种理论的研究创新，实现了聚合方法的多样选择，在尼龙 6 的聚合规模大型化、操作简单化、低聚体回收以及单体回收等方面取得重大突破，逐渐实现尼龙 6 切片低成本、低消耗、高性能、高质量的生产，尼龙 6 聚合经历了从小容量到大容量、间歇聚合到连续聚合的过程，生产工艺得到较大的改进，与此同时，尼龙 6 的改性研究成为化工材料新的热点之一。

图 8-1　己内酰胺单体

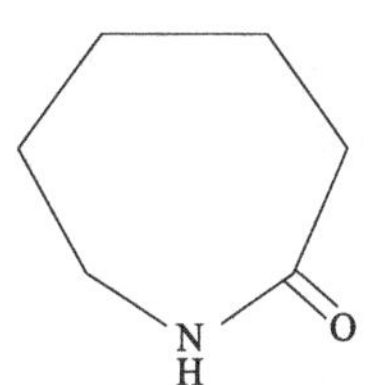

图 8-2　己内酰胺结构式

8.1.1 己内酰胺的性质

己内酰胺英文名字为caprolactam，简称CPL，是指主链以酰胺键链接重复结构单元的一大类聚合物。己内酰胺为白色晶体或结晶性粉末，分子式$C_6H_{11}NO$或$NH(CH_2)_5CO$，分子量113.16，熔点68～70℃，沸点140～142℃。手触有润滑感，工业品有微弱的叔胺气味，易溶于水、乙醇、乙醚、氯仿和苯等。己内酰胺70%水溶液的密度是1.05g/cm^3，受热时容易发生聚合反应。图8-2为己内酰胺结构式。

尼龙6分子的结晶度通常在20%～40%，为半结晶聚合物。由于尼龙6分子主链上的酰胺键（—CONH—）具有极性，能够形成分子间的氢键，即便处于熔融状态，分子间的相互作用力也不能完全被消除。这种特殊的分子结构，使得尼龙6分子具有良好的结晶性、稳定的化学性质和出色的力学性能，表8-1为尼龙6的物理化学性质一览表。

表8-1 尼龙6的物理化学性质

商品名	尼龙6、锦纶6、聚己内酰胺
分子结构式	$H[HN—(CH_2)_5—CO]_nOH$
颜色、形态	半透明或不透明乳白色结晶性颗粒
熔点/℃	215～220
沸点/℃	211.9
密度/(g/cm^3)	1.084
热分解温度/℃	＞300
吸水率/%	1.8%(23℃水中24h)
综合性能	力学性能优异，耐磨出色，自润滑性好，耐热绝缘，能自熄，耐化学药品性好

8.1.2 尼龙6树脂的特征及用途

尼龙6树脂也称锦纶6、聚酰胺6或PA6，是己内酰胺的均聚物，是由单体己内酰胺经开环聚合反应生成的线型聚酰胺。己内酰胺用水、酸或碱引发开环后，分别按照逐步聚合、阴离子聚合、阳离子聚合的方式进行聚合反应，最终得到性能不同的尼龙6产品。通常阳离子聚合是以质子酸或Lewis酸引发聚合反应，聚合过程中副反应多，产品转化率低，聚合物的分子量都不高，最高分子量一般为10000～20000，应用范围较窄，因此工业上较少采用此种方法。阴离子聚合是以碱金属引发己内酰胺单体生成预聚体再浇注到模内，在较低的温度下继续聚合成整体的铸件，用于制备大型的机械零部件，此种材料也叫铸造尼龙（MC尼龙）。工业上广泛采用的是水解逐步聚合法制备PA6，即在酸的催化下，以水为开环剂，在高温下（250～280℃）催化CPL开环生成ω-氨基酸，在负压的状态下，排出水分，氨基酸使己内酰胺质子化，而后进行开环聚合，经过12～24h聚合反应得到PA6。这种方法生产的PA6分子量高，分子量分布窄，可大规模生产，是制备PA6最成熟且最广泛应用的方法。

（1）尼龙6树脂的特征

PA6树脂作为一种重要的合成材料，不仅具有耐腐蚀、耐虫蛀等合成纤维的共同特点，还具有以下特点。

① 结晶性。PA6 分子链中含有由亚甲基组成的柔性链段，这些柔性链段由许多酰胺键连接，因其主链上没有侧基，分子链段运动阻力小，且酰胺键易形成氢键，因此 PA6 是一种半结晶聚合物。

② 吸水性。PA6 分子链中酰胺键密度是所有聚酰胺中最大的，所以其吸湿率是所有聚酰胺中最高的，若制成衣物，材料的吸汗能力强，舒适度好。

③ 耐磨性、耐溶剂性、耐化学品性。耐磨性是指材料在加工和使用过程中因摩擦而经受磨损的性能，强度降低越小失重越小，则对摩擦稳定性高，耐磨性好。PA6 的摩擦系数小，具有优良的耐磨性能和自润滑性。PA6 具有较好的耐溶剂性，对一般的有机溶剂如烃类、醇类、醚类、酮类溶剂都比较稳定，也对碱有较好的耐受性，仅可溶于甲酸、浓硫酸、苯酚。

④ 加工特性。PA6 的加工流动性好，易于进行注塑、吹塑、浇塑、喷涂、焊接等多种方法加工成型，因此应用领域较广。

⑤ 热性能。PA6 的熔点在 220℃左右，玻璃化转变温度约为 50℃，但其长期使用温度约为 100℃，耐热性相对较差。因其分子链中的酰胺键比较脆弱，在受热时会发生热裂解，且它的吸水性也会加速其分解。虽然 PA6 存在耐热性和尺寸稳定性的缺陷，但可以通过改性来加以改善。

(2) 尼龙 6 的用途

己内酰胺是生产聚酰胺材料尼龙 6 的主要中间体材料，是一种重要的有机化工原料，己内酰胺主要用作生产尼龙 6 工程塑料和尼龙 6 纤维，尼龙 6 工程塑料主要用作汽车、船舶、电子电器、工业机械和日用消费品的构件和组件等；尼龙 6 纤维可制成纺织品、工业丝和地毯用丝等。此外，己内酰胺还可用于生产抗血小板药物 6-氨基己酸等，用途十分广泛。

己内酰胺是生产锦纶纤维和工程塑料的主要原料，而锦纶纤维是当前人们重要的生活物资，由于国内己内酰胺消费量每年以 5%的速度逐年递增，而国内己内酰胺生产能力增长缓慢，面对日益增长的消费需求，市场供需缺口较大。

中国的 PA6 早期主要作为纺丝原料，到 20 世纪 50 年代开始作为一种工程塑料使用。中国的 PA6 生产从 20 世纪 50 年代后期开始发展，发展初期，主要从东欧国家引进生产设备和技术，然后进行消化吸收和国产化。80 年代开始引进国际上先进的 PA6 纤维高速纺丝设备与技术，从此中国 PA6 纤维迅猛发展，PA6 也成为我国聚酰胺纤维中产量最大的品种。

8.1.3 尼龙 6 聚合机理

工业上生产尼龙 6 的方法和工艺有很多，根据己内酰胺开环引发剂种类的不同，聚合机理主要有水解聚合法、阴离子型聚合法及阳离子型聚合法等。

单体聚合过程中会发生多种不同性质的反应，同时伴随着副反应的发生以及副产物对主反应不利的情况，过程较为复杂。己内酰胺的聚合方法大致可以分为以下几类。

(1) 水解聚合法

己内酰胺水解聚合法制备的尼龙 66 产物分子量及分子量分布宽度适中，适于纺丝，用于纤维领域。水解聚合是目前工业上大规模生产尼龙 6 的典型方法，反应可分为己内酰胺水解开环、缩聚、加聚三个阶段。开环反应以水为引发剂，己内酰胺水解开环，反应生成氨基己酸。缩聚反应是氨基己酸分子间形成酰胺键（—CONH—）的过程，实现分子链的生长；加聚反应为单体己内酰胺和短链聚己内酰胺发生亲核加成反应，短链的聚己内酰胺变成长链，分子量增大。水解聚合所需时间较长，经常需要10h以上，经过上述三个阶段以后，聚合物产物分子量可以达到15000～20000，产物的分子量及分子量分布宽度适中。

（2）阴离子型聚合法

己内酰胺阴离子型聚合法主要用于制备尼龙6工程塑料，用作实验室的改性研究。己内酰胺在催化剂和助催化剂的存在下可进行阴离子聚合，反应在几分钟之内能够达到90%以上的转化率，生成高分子量的尼龙6树脂。但这种聚合方法目前只局限于实验室中展开，投入工业规模化应用也亟待后续的深入研究与改进。通过阴离子聚合实现尼龙6的增强改性研究，以获得人们所需要的性能，已经被国内外专家学者和科研人员广泛展开，目前也有小规模运用于尼龙6工程塑料生产当中。

（3）阳离子型聚合法

己内酰胺在胺盐、干燥氯化氢等的存在下的聚合叫作阳离子聚合，利用铵盐提供的阳离子或者氯化氢提供的带正电离子，让己内酰胺加成开环。但聚合过程中副反应众多，原料转化率和聚合物分子量都不高，故应用较少，目前，这种聚合方法同阴离子型聚合法一样，仅局限于实验室的研究阶段。

上述三种尼龙6聚合方法的比较见表8-2。

表8-2 尼龙6聚合方法

聚合方法	优点	缺点
水解聚合法	技术成熟	聚合时间长
阴离子型聚合法	聚合时间短	仅限于实验室
阳离子型聚合法	催化剂易得	仅限于实验室

8.1.4 尼龙6聚合工艺

尼龙6的生产工艺路线有常压连续聚合、二段式聚合、间歇式高压釜式聚合、固相后缩聚、多段式连续聚合等。由不同的工艺路线生产所得到的产品，性能上差异明显，应用领域也大不相同，图8-3为尼龙6工艺路线分类图。

尼龙6工艺路线：
- 常压连续聚合
- 二段式聚合
- 间歇式高压釜式聚合
- 固相后缩聚聚合
- 多段式连续聚合

图8-3 尼龙6工艺路线分类

（1）常压连续聚合工艺

常压连续聚合是目前国内工业上使用最广泛和最为典型的生产工艺，适于尼龙6民用纤维的生产。工艺聚合装置采用大型VK（vereinfacht kontinuerlich）管，设置聚合温度260℃，聚合时间20h；萃取系统通过热水在萃取塔内与切片逆流接触，将溶液中残留的单体（主要为己内酰胺）以及低聚物（主要为环状二聚体）萃取出来；干燥系统使用热氮气循环气流对切片进行干燥，残留单体及低聚物通过萃取水三效蒸发浓缩工艺进行回收，回收得到的单体己内酰胺再送入预聚釜式反应器。整套装置使用DCS集散系统实现连续生产、集中管理和分散控制。工艺的技术经验丰富、能够实现大规模化生产，缺点主要是聚合时间较长。

(2) 二段式聚合工艺

该工艺聚合装置由前聚合管与后聚合管两个组成，因此称为二段式聚合。二段式聚合工艺又分为前聚合高压、后聚合常压，前聚合加压、后聚合减压，前、后聚合均为常压三种方法。三种方法中，以前聚合加压、后聚合减压工艺综合性能最优，但设备造价昂贵，国内应用少。

工艺流程特点为：聚合时间在15～17h，时间较长，且设备复杂，聚合系统设计和聚合投资成本高，但产品性能优良，可以用于制作工业帘子布。

(3) 间歇式高压釜式聚合工艺

该工艺主要用于生产小批量、多品种工程塑料级切片，装置也可用于生产尼龙66。工艺灵活，便于更换品种，生产弹性化。缺点是单体消耗量较连续法多，单体转化率不高，聚合时间长。

(4) 固相后缩聚聚合工艺

通过调节反应温度，聚己内酰胺仍然可以继续发生聚合反应，分子量得以提高，通过这种方法可以用来增加切片的黏度，改善切片的均匀性。固相聚合是在比较低的反应温度下进行反应的，不需要溶剂，无环境污染问题，能耗比较低，可以连续长时间生产，也可以分批分次生产，目前已经受到整个工业界的广泛关注，但目前主要为专利报道。

(5) 多段式连续聚合工艺

工艺过程包括水解预聚合、加成反应、真空闪蒸、螺杆后聚合等工艺。多段式连续聚合的优点是聚合所用时间较短为6～7h、聚合产品可直接纺丝、可生产高黏度工业丝切片，缺点是设备建设费用和生产成本较高、检修周期长。

五种聚合工艺的特点见表8-3。

8

表8-3 聚合工艺特点

聚合工艺	工艺优点	工艺缺点	设备难易度
常压连续聚合	产量高,生产连续	聚合时间最长	易
二段式聚合	生产成本较低	设计成本高	较难
间歇式高压釜式聚合	工艺灵活	产量低,成本高	易
固相后缩聚聚合	聚合时间较短	工艺不成熟	较难
多段式连续聚合	产品质量优	生产条件严格	难

8.2 己内酰胺工艺流程

己内酰胺单体到尼龙6树脂，主要经过熔融、聚合、萃取、干燥、单体回收5个工序。己内酰胺常压连续水解聚合制备尼龙6生产工艺流程如图8-4所示。

8.2.1 己内酰胺熔融、聚合

8.2.1.1 己内酰胺熔融

(1) 基本原理及流程

己内酰胺熔融就是利用加热源（蒸汽）加热己内酰胺固体，使之熔融成液态。原料间歇

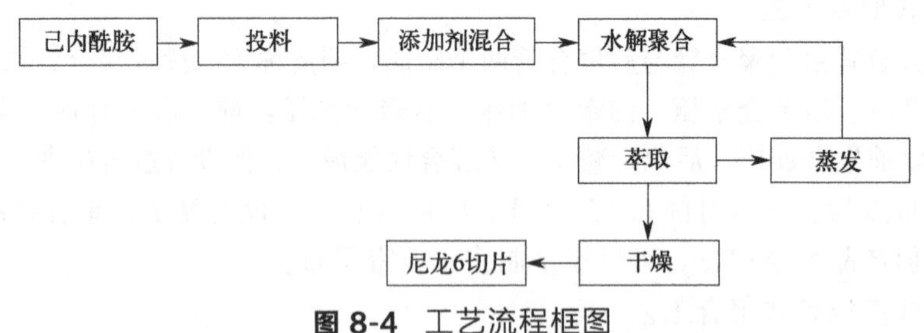

图 8-4 工艺流程框图

加入熔融槽，在氮气保护（防止己内酰胺在熔融状态下被空气氧化）下用蒸汽间接加热熔融，熔融好后被送入单体贮槽；聚合用的助剂，包括去离子水用作开环剂，醋酸用作分子量稳定剂，二氧化钛 TiO_2 用作消光剂，调配后混合送入助剂贮槽；最后单体、助剂各自通过计量泵，定量送入聚合管。

（2）工艺参数控制

己内酰胺的熔点约 69℃，故熔融温度应控制在 80～105℃。生产上醋酸一般控制在 0.13%～0.15%（相对于单体的质量分数），控制精度为 0.01%。

8.2.1.2 己内酰胺聚合

（1）聚合原理

己内酰胺聚合工序通常以联苯混合物作为加热介质，水作为开环引发剂，己内酰胺经连续聚合生成高分子聚合物。在一定的反应条件下，聚合反应最后达到动态平衡，使聚合体的分子量达到要求值，可逆反应使最终混合物中含有聚合物、单体、低聚物和水，其中 10% 左右的单体和低聚物需经过后续的萃取工序回收或除去。

（2）聚合工艺流程

己内酰胺聚合过程中，熔融好的单体己内酰胺以及调配好的助剂，由计量泵加入聚合管，在聚合管上端混合均匀，进行己内酰胺水解开环及初步缩聚反应。物料在向下运动的过程中，一面排水（有利于反应的正向进行并抑制副反应），一面逐步进行水解开环、缩聚、加聚、链交换等系列的化学反应，最后根据工艺条件而使聚合体达到一定的分子量而由出料口排出。物料从聚合釜顶部流到底部，通过温度控制来调节聚合度。为提高聚合率，即减少单体量，在聚合后期对熔体进行降温以有利于聚合物和单体间的化学平衡。由出料口排出的聚己内酰胺熔体经过注带操作形成细流，经冷凝水冷却，冷凝水的温度一般控制在 15～25℃，凝固成条带状，在切粒机中进行切粒，之后固体切片进入萃取塔完成萃取工艺。

8.2.2 己内酰胺萃取、干燥

8.2.2.1 己内酰胺萃取

（1）萃取原理

聚合反应的不充分和副反应的进行，不仅会降低聚合物品质，也给后续的加工带来困难，因此在此工序中应该尽可能去除或减少己内酰胺单体和低聚物。萃取工序是为了除去切片中的单体己内酰胺和低聚物，使单体和低聚物含量低于 0.6%。单体和低聚物在热水中溶解度很大，而聚合物几乎不溶于热水，利用二者在热水中的溶解度差异，本工序采用热水作萃取剂。在萃取过程中，单体和低聚物浓度不断增大，低聚物在热水中溶解度差，而在单体-水-低聚物体系中溶解度大，所以低聚物在萃取塔上段先被除去，单体在萃取塔下段被热水萃取出去。

（2）萃取工艺流程

加工过程可采用逆流分段连续式萃取，设备可以采用连续型萃取塔，萃取上段主要用于萃取低聚体（主要为二聚体），萃取塔下段以萃取单体为主。加工原料连续从顶部进入萃取塔，在萃取塔顶部用蒸汽间接加热至 80～95℃，起到预热的作用。塔内切片从顶部不断向下运动；热的去离子水从底部进入萃取塔，并从塔底向上流动，两股物流逆流接触，洗去切片中的单体和低聚物。萃取后湿的切片则用氮气流送入连续干燥塔进一步干燥。

8.2.2.2 己内酰胺干燥

（1）干燥原理

干燥是利用热氮气流给湿切片加热，使湿切片表面的水分汽化，切片内部的水分向表面扩散。汽化后的水分经氮气带走，从而得到干切片。干燥过程的快慢，取决于干切片表面水蒸气的压力与氮气气流中水蒸气分压，两者压差愈大，干燥速度愈快。氮气贯穿整套装置，可循环使用。

（2）干燥流程

干燥系统由干燥塔和热氮气的循环两部分组成。从萃取系统来的切片进入干燥塔上部，切片自上而下运动，热氮气流分别由中、下部进入塔内与切片逆流换热，切片受氮气加热，水分被蒸发，含水量逐渐减少。干燥后切片从塔下部进入列管式冷却器降温。

8

8.2.3 己内酰胺单体回收

萃取水中含有 8%～10%的单体和低聚物，如不进行回收，既损耗原料，提高成本，又污染环境。单体回收工序采用间歇蒸馏方法，利用沸点不同，将水、己内酰胺、低聚物及杂质分开。为了获得纯净的己内酰胺，必须除去其中的挥发性碱。己内酰胺在常压下沸点高且高温时己内酰胺易聚合和氧化，故本部分可以采用真空蒸馏（真空度要求达到－0.1MPa），工艺设定温度在 100～155℃范围之内，以获得较低的蒸发温度，节约能耗。

8.3 己内酰胺水解聚合的反应机理

己内酰胺水解开环可以看作是催化反应的一个过程，实质上是官能团之间的反应，本质上是逐步的聚合反应。在己内酰胺聚合的反应动力学机理研究当中，主反应主要包括以下三个：己内酰胺的水解开环、加聚反应、缩聚反应。除了上述三个主反应之外，还有两个低聚物产生的副反应：环状二聚物的开环、环状二聚体加成聚合反应。反应主要为己内酰胺先水解开环，再进行缩聚和加聚反应，最后以 8000～10000 的分子量聚合生成聚己内酰胺，即尼龙 6；水解开环聚合反应时间长，分子量分布窄，适合大规模生产，是当今普遍采用的方法。

8.3.1 己内酰胺水解开环反应机理

实验研究发现己内酰胺在无水的时候并不能水解开环，进而不能发生聚合反应；在羧酸的条件下，可以产生少量的聚合物；在温度到达 220～270℃，且反应过程中有水或反应产物中有水存在的条件下才能发生开环，进而发生聚合反应，开环剂去离子水中亲核基团会进攻己内酰胺发生极化连接到被开环的己内酰胺分子产生的氨基己酸分子上，形成一段确定长度的短链。开环反应方程式见式(8-1)。

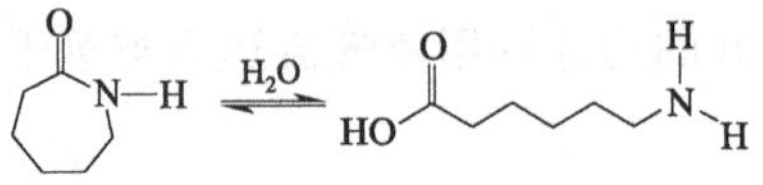

$$\text{己内酰胺 (N—H)} \xrightleftharpoons{H_2O} HO-C(=O)-(CH_2)_5-NH_2 \tag{8-1}$$

8.3.2 加聚反应机理

加聚反应的机理是一分子的聚合物中的氨基和一分子的己内酰胺链接，形成链增长的效果。加聚反应方程式见式(8-2)。

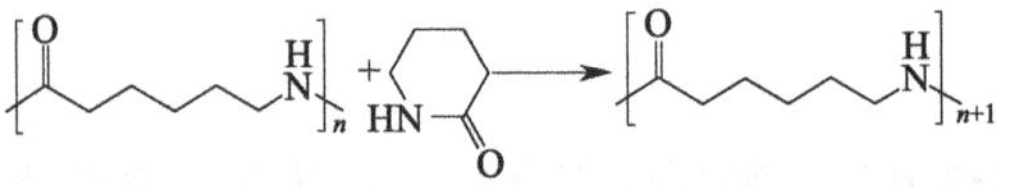

$$[-C(=O)-(CH_2)_5-NH-]_n + \text{HN (己内酰胺)} \longrightarrow [-C(=O)-(CH_2)_5-NH-]_{n+1} \tag{8-2}$$

8.3.3 缩聚反应机理

缩聚反应的机理主要是一分子的氨基己酸中的羧基和一分子氨基己酸的氨基发生反应，并且脱去一分子水。分子数量相当的氨基己酸分子短链相互连接形成分子长链，在长链的首端和末端的羧基和氨基反应脱去一分子的水，发生了缩聚反应，缩聚反应还伴随着己内酰胺的部分开环反应。氨基己酸的羧酸一段会有催化的作用，一分子的氨基己酸的氨基和另一分子氨基己酸的羧基会生成酰胺键，这样使短链分子逐步增长。缩聚反应方程式如式(8-3)。

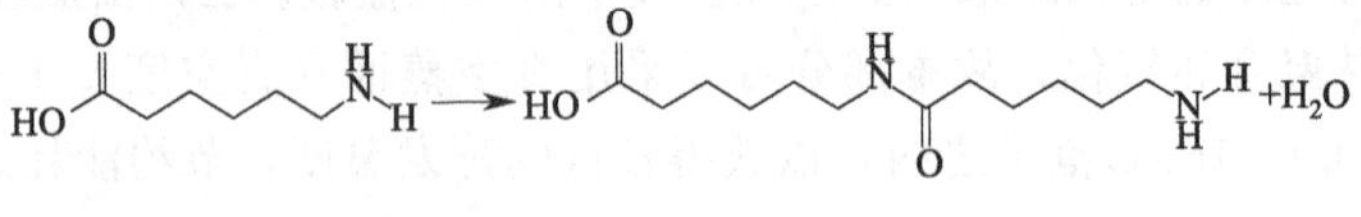

$$HO-C(=O)-(CH_2)_5-NH_2 \longrightarrow HO-C(=O)-(CH_2)_5-NH-C(=O)-(CH_2)_5-NH_2 + H_2O \tag{8-3}$$

8.3.4 低聚物的生成和开环反应

低聚物是聚合分子量较小的产物，分子聚合量不符合产物的标准，所以在后面的工段要回收或除去这些低聚物，以免影响后续工段的反应。低聚物生成的反应方程式如式(8-4)。

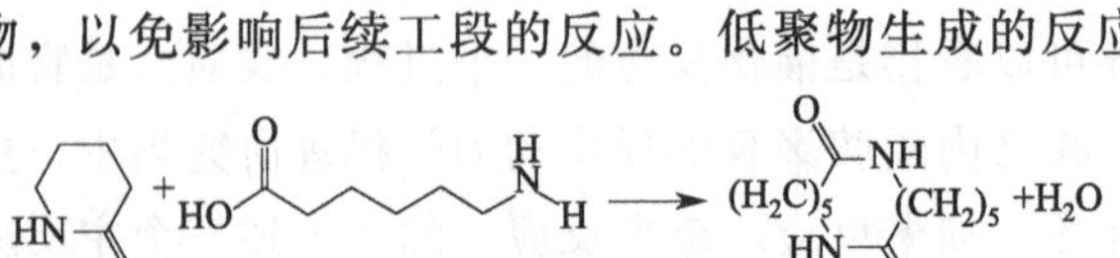

$$\text{HN (己内酰胺)} + HO-C(=O)-(CH_2)_5-NH_2 \longrightarrow (H_2C)_5 \text{—环状二聚体 (O, NH, HN, O)—} (CH_2)_5 + H_2O \tag{8-4}$$

低聚物主要会发生开环反应，也会发生少量 n 聚体的反应，这些反应都影响了后续尼龙 6 的产生，影响了重要的主反应。低聚物开环方程式如式(8-5)。

$$(H_2C)_5\left<\begin{matrix}CO-NH\\ HN-CO\end{matrix}\right>(CH_2)_5 + H_2O \longrightarrow HO\left[CO(CH_2)_5NH\right]_2H \quad (8\text{-}5)$$

由低聚物生成的少量 n 聚物的反应方程式见式(8-6)。

$$(H_2C)_5\left<\begin{matrix}CO-NH\\ HN-CO\end{matrix}\right>(CH_2)_5 + HO\left[CO(CH_2)_5NH\right]_nH \rightleftharpoons HO\left[CO(CH_2)_5NH\right]_{n+2}H \quad (8\text{-}6)$$

(1) 终止反应

不同聚合度的尼龙 6 有不同的应用领域，作用也不同，因此在生产中需要生产不同聚合度的尼龙 6 来满足不同的生产需要。这时需要分子稳定剂来有效地控制反应的聚合程度。工业生产中通常采用醋酸作为分子稳定剂，可以有效地把聚合物的聚合量确定到所需要的聚合度，从而达到控制分子量的效果。氨基终止的反应方程式见式(8-7)。

$$\left[CO(CH_2)_5NH\right]_n + H_3C-COOH \longrightarrow HO\left[CO(CH_2)_5NH\right]_n-CO-CH_3 + H_2O \quad (8\text{-}7)$$

(2) 开环剂

在制备尼龙 6 的时候，己内酰胺需要经过开环，才能再进行缩聚和加聚，而开环所需要的催化剂就是去离子水。正常的水中，都会含有很多离子杂质，去离子水就是把水中的离子杂质去除的纯净水，去离子水中仍然含有少量的可溶性有机物质。用去离子水作为开环剂，把己内酰胺水解开环，再进行聚合反应，加聚和缩聚最后生产出尼龙 6。

(3) 消光剂

尼龙 6 的制备还需要准备消光剂，来确保生产出的尼龙 6 产品的质量和光泽达到完美的效果。通常用二氧化钛（钛白粉）作为消光剂。

8.4 己内酰胺聚合反应器设计

聚合反应器选用连续搅拌釜式反应器，反应器年生产 10 万吨尼龙 6，设计装置生产时间为 7200h，即每小时生产 13.89 吨。单体己内酰胺的转化率为 92%。反应器内温度为 260℃，压力为 5bar（0.5MPa）。夹套内为联苯，入口温度为 275℃，出口温度为 240℃，工作压力为 1.2bar。

8.4.1 聚合反应器设计

(1) 反应器内筒体积

己内酰胺与去离子水在助剂的存在下发生化学反应，反应物状态为液态，属于液相反应，并且单位时间内物料的密度变化视为不变，故可认为反应过程为恒容状态。

根据计算所得的原料单体己内酰胺质量流量为 15248.31kg/h；去离子水的质量流量为 5083.08kg/h；反应器进料中己内酰胺与去离子水摩尔比为 1∶1，混合液的相对密度为 1。

原料的体积流量

$$Q_0=\frac{15248.31+5083.08}{1}=20331.39(\mathrm{L/h})$$

己内酰胺初始浓度

$$c_{A0}=\frac{15248.31\div 113.16}{20331.39}=6.63(\mathrm{mol/L})$$

反应时间

$$\tau=c_{A0}\int_0^{X_{Af}}\frac{\mathrm{d}X_A}{kc_Ac_B}=\frac{1}{kc_{A0}}\int_0^{X_{Af}}\frac{\mathrm{d}X_A}{(1-X_A)^2}=\frac{1}{0.530\times 6.63}\times\frac{0.92}{1-0.92}=3.28(\mathrm{h})$$

式中，τ 为反应时间，h；c_{A0} 为己内酰胺初始浓度，mol/L；X_A 为己内酰胺转化率，%；k 为反应平衡常数；c_A 为己内酰胺的浓度，mol/L；c_B 为水的浓度，mol/L。

反应体积

$$V_r=Q_0\times\tau=20331.39\times 3.28=66686.96\mathrm{L}=66.69(\mathrm{m^3})$$

工业上，聚合反应器的装填系数一般取值为 0.6～0.85，参考实际聚合反应器装置的物料装填情况，现取装填系数为 0.8，可得反应器实际体积为：

$$V=\frac{V_r}{0.8}=\frac{66.69}{0.8}=83.4(\mathrm{m^3})$$

(2) 反应器内筒高度和直径

反应器内进行的反应为液-液反应，故 H/D_i 为内筒高度与内筒直径的比值，一般可取 1～2，故选 $H/D_i=1.6$。

筒体内径

$$D_i=\sqrt[3]{\frac{4V}{\pi\frac{H}{D_i}}}=\sqrt[3]{\frac{4\times 83.4}{\pi\times 1.6}}=4.05(\mathrm{m})$$

式中，V 为反应器实际体积，$\mathrm{m^3}$；H 为内筒高度，m；D_i 为内筒直径，m。

经计算反应器内筒直径为 4.05m，圆整后，内筒直径 D_i 为 4100mm。

查阅资料可知，当 DN=4100mm 时，标准椭圆封头的高度 $h_1=1065\mathrm{mm}$，内表面积 $F_n=18.737\mathrm{m^2}$，容积 $V_h=9.5498\mathrm{m^3}$。所以 1m 高的筒体容积 V_1 为

$$V_1=\frac{\pi}{4}\times D_i{}^2=\frac{\pi}{4}\times 4.1^2=13.20(\mathrm{m^3})$$

内筒高度 H 为

$$H=\frac{V-V_h}{V_1}=\frac{83.4-9.5498}{13.20}=5.59(\mathrm{m})$$

式中，H 为内筒高度，m；V 为反应器实际体积，$\mathrm{m^3}$；V_1 为 1m 高的筒体容积，$\mathrm{m^3}$；V_h 为标准椭圆封头的容积，$\mathrm{m^3}$。

经过圆整得，内筒的高度为 5600mm。

计算内筒的值

$$\frac{H}{D_i}=5600\div 4100=1.37$$

结果符合核定范围 1～2。

(3) 反应器夹套的高度和直径

当 D_i=4000～5000mm 时

$$D_j=D_i+200$$

故夹套的内径

$$D_j=D_i+200=4100+200=4300(\text{mm})$$

式中，D_j 为反应器夹套内径，mm；D_i 为反应器内径，mm。

同上，取投料系数为 0.85，则夹套高度为

$$H_j=\frac{V\times 0.85-V_h}{\frac{1}{4}\pi D_i^{\ 2}}=\frac{83.4\times 0.85-9.5498}{\frac{1}{4}\pi\times 4.1^2}=4.65(\text{m})$$

式中，H_j 为反应器夹套高度，m；V 为反应器实际体积，m^3；V_h 为标准椭圆封头的容积，m^3；D_i 为反应器内径，m。

经过圆整得到，H_j=4700mm。

(4) 内筒材料的选取与壁厚

根据反应器的内部压力与外部压力的大小关系可知，反应器的内筒内部压力小于外界压力，内筒受外压大于内压，故内筒为外压容器。且反应过程中，物流无腐蚀性，故选取内筒的材料为 Q235-A。

查阅不同温度下 Q235-A 的弹性模量 E^t，再结合本次设计条件，为便于计算，取弹性模量 $E^t=210\text{GPa}=2.1\times 10^{11}\text{Pa}$。

取钢板负偏差 c_1=2.00mm，腐蚀裕度 c_2=3.00mm，焊接系数为 $\varphi=0.8$，材料许用应力为 $[\sigma]^t=105\text{MPa}$。

则筒体厚度为

$$\delta_d=\frac{P\times D_i}{2\times[\sigma]^t\times\varphi-P}+c_2=\frac{0.5\times 4100}{2\times 105\times 0.8-0.1}+3=15.24(\text{mm})$$

所以，计算之后为

$$\delta_n=15.24+2+3=20.24(\text{mm})$$

圆整后得为

$$\delta_n=21(\text{mm})$$

外径 D_0 为

$$D_0=D_i+2\delta_n=4100+21\times 2=4142(\text{mm})$$

临界压力 P_{cr} 为：

$$P_{cr}=2.59\times E^t\times\frac{(\delta_n/D_0)^{2.5}}{H/D_0}=2.59\times 2.10\times 10^5\times\frac{(21\div 4142)^{2.5}}{5600\div 4142}$$

$$P_{cr}=0.736\text{MPa}$$

式中，P_{cr} 为内筒的临界压力，MPa；E^t 为材料的弹性模量，Pa；δ_n 为内筒壁厚，mm；D_0 为内筒的外径，mm；H 为内筒高度，m。

由于模拟时设置反应器内的工作压力为 5bar=0.5MPa，可得：

$$P_c=1.1\times 0.5=0.55\text{MPa}$$

$P_c<P_{cr}$，设计合理。

8

(5) 夹套材料的选取与壁厚

夹套内设计的工作压力为 1.2bar，大于外压，故夹套为内压容器，同样选取 Q235-A 材料。

设置夹套内联苯混合物入口温度为 275℃，查得 Q235-A 材料在对应材料的许用应力为 $[\sigma]^t=105\text{MPa}$，且由上可得夹套的设计压力为 0.12MPa。

故，夹套壁厚 δ 可由下式计算 ($\varphi=0.8$)：

$$\delta=\frac{P_c\times D_i}{2[\sigma]^t\varphi-P_c}=\frac{0.12\times4300}{2\times105\times0.8-0.11}+3=6.1(\text{mm})$$

式中，δ 为夹套壁厚，mm；P_c 为夹套设计压力，MPa；$[\sigma]^t$ 为材料的许用应力，MPa。

名义壁厚 $\delta_n=6.1+2+3=11.1(\text{mm})$

圆整之后得：$\delta_n=12\text{mm}$

8.4.2 机械强度的核算和校核

反应过程中由于容器内壁承受较大的压力，故对容器进行液压试验校核。Q235-A 设计温度下的屈服极限 $[\sigma^t]=105\text{MPa}$。

液压试验：

$$P_T=1.25\frac{[\sigma]}{[\sigma^t]}\times P=1.25\times0.12=0.75(\text{MPa})$$

液压试验强度校核满足公式：

$$\sigma^t=\frac{P_T(D_i+\delta_n)}{2\delta_n}\leqslant0.9R_{el}\varphi$$

式中，φ 为焊缝系数，取 $\varphi=0.85$，则

$$\sigma^t=0.75\times\frac{4100+12}{2\times12}$$

$$=29.99<0.9\times105\times0.85=80.33$$

内筒和夹套液压试验满足强度要求。

8.4.3 法兰及搅拌装置的选取

根据筒体内径 DN=4100mm 且 $P=0.1\text{MPa}$，所以 PN<0.6MPa，故选用 RF 型、乙型平焊法兰，尺寸为 $D=4260\text{mm}$，$D_1=4215\text{mm}$，$D_2=4176\text{mm}$，$D_4=4156\text{mm}$。垫片材料选取石棉橡胶板，选用垫片为 4255×4205×3。

根据反应时的条件，查阅化工标准相关文件，选取平桨式搅拌器，搅拌器外径为 1560mm，搅拌轴公称直径 DN=350mm，标记为搅拌器 1560-350。

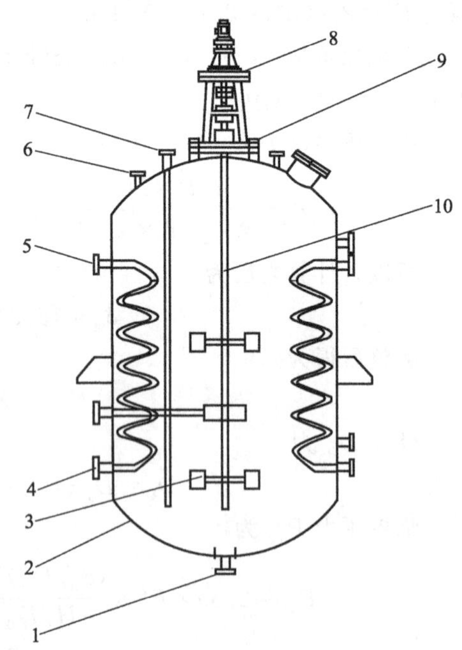

1—出料口；2—反应器壁；3—搅拌叶片；4—导热油入口；5—导热油出口；6—加料口；7—添加剂加入口；8—搅拌电机；9—搅拌密封；10—搅拌轴

图 8-5 己内酰胺聚合反应器结构

8.4.4 反应器设计结果

聚合反应器选用连续搅拌釜式反应器，己内酰
胺反应器为工艺流程中反应进行的场所，反应器的性能是工艺生产的核心。己内酰胺聚合反应器能满足以下要求：

① 反应器传热性能良好，反应器内温度分布均匀；

② 反应器在进行压力校核时能满足生产工艺的要求；

③ 使主反应持续正向进行，提高原料的转化率，减少原料的消耗以及获得理想的收率。

图 8-5 为己内酰胺聚合反应器结构。

为了便于查找，现将上述计算结果和结算项目编成表 8-4。

表 8-4 设计结果一览表

反应器类型	连续搅拌釜式反应器	反应器类型	连续搅拌釜式反应器
内筒体积/m^3	83.4	法兰尺寸 D/mm	4260,4215,4176,4156
内筒直径/mm	4100	垫片材料	石棉橡胶板
内筒高度/mm	5600	垫片型号	4255×4205×3
内筒材料	Q235-A	搅拌器类型	平桨式搅拌器
内筒壁厚/mm	21	搅拌器外径/mm	1560
夹套直径/mm	4300	搅拌轴公称直径 DN/mm	350
夹套高度/mm	4700	搅拌器标识	搅拌器 1560-350
夹套材料	Q235-A	容器支座	B 型悬挂式支座
夹套壁厚/mm	12	支座材料	Q235-B
法兰型号	RF 型、乙型平焊法兰		

8.5 尼龙 6 聚合沉淀槽二氧化钛增多异常处理

尼龙 6 纤维在使用过程中通常要加入白色颜料来消除纤维表面的光亮和降低摩擦系数。二氧化钛具有无毒、优异的不透明性、白度和光亮度，是目前工业上应用广泛的颜料。由于二氧化钛具有强极性和微细的颗粒特点，使二氧化钛不容易在非极性介质中分散，但在极性介质中容易凝聚。自然界二氧化钛有三种同素异形体——金红石型、锐钛矿型和板钛矿型，金红石型二氧化钛工业上用于尼龙 6 的消光剂。

二氧化钛主要用作 PA6 消光剂，生产过程中，在投料前，要检查冷冻水的温度，没有冷冻水会影响二氧化钛的分散效果；离心后的二氧化钛，在加入己内酰胺前，每批必须取样分析二氧化钛浓度，尽可能做到调配后浓度一致；每批二氧化钛投完后，投料斗与下料管都应该用脱盐水冲洗干净，清洗的水要计入脱盐水总量；启动搅拌器时，要先检查液位是否超过了规定的最低液位；搅拌器运行时，要注意检查调配罐的冷冻水，防止二氧化钛分散液温度高；在调配罐加入己内酰胺水溶液之前，先开启搅拌，保证分散效果；要定期更换二氧化钛过滤器滤芯，保证二氧化钛进料稳定。

8.5.1 异常现象及原因分析

(1) 异常现象

某工作日出现二氧化钛沉淀槽内二氧化钛增多现象。

(2) 原因分析

在进入己内酰胺聚合系统前，要进行充分的分散，以便在进行聚合反应时，均匀的二氧化钛在聚合系统中存在。生产中采用吸粉机分散48h左右，在搅拌的作用下同分散剂六偏磷酸钠进行充分混合。

针对聚合沉淀槽二氧化钛增多进行了以下原因分析。

对原料金红石型二氧化钛通过激光粒度仪进行分析，分析结果$D50$在0.05～0.3μm，激光粒度仪检测二氧化钛粒度小于0.6μm。分析认为原料符合要求，不是沉淀槽内二氧化钛增多的主要原因。离心机经过确认，功率正常，运转正常，能够满足生产过程中的离心分离要求。生产记录，分散时间为48h，认为不是本次异常的主要原因。

对吸粉机分散系统进行检测，发现溶剂六偏磷酸钠量正常，但是，搅拌系统功率偏小，搅拌轴转动时有轻微振动，分析认为是沉淀槽内二氧化钛增多的主要原因。

8.5.2 异常处理过程及巩固措施

(1) 异常处理

针对吸粉机系统搅拌问题进行了以下处理，对搅拌系统进行了彻底检修，更换搅拌电机，并对搅拌轴进行了校正。投入运行后，沉淀槽内二氧化钛增多现象得到了处理。

(2) 巩固措施

按照生产要求，定期对吸粉系统进行校核，准确掌握生产运行状况。加强巡检力度，及时发现异常，及早处理，防患于未然。

(3) 跟踪验证

调校吸粉系统后，生产显示正常，搅拌器稳定运行。

习题

1. 简述尼龙6树脂的特征。
2. 分别简述己内酰胺和尼龙6的用途。
3. 分别简述制备尼龙6不同方法的特点。
4. 简述常压连续聚合工艺生产尼龙6的特点。
5. 简述二段式聚合工艺生产尼龙6的特点。
6. 简述间歇式高压釜式聚合工艺生产尼龙6的特点。
7. 简述固相后缩聚聚合工艺生产尼龙6的特点。
8. 简述多段式连续聚合工艺生产尼龙6的特点。
9. 简述己内酰胺常压连续水解聚合制备尼龙6生产工艺流程。
10. 简述己内酰胺水解聚合的反应机理。

9 尼龙 66 加工工艺

学习目的及要求

1. 了解尼龙 66 盐、尼龙 66 树脂的性质和用途；
2. 掌握以己二酸和己二胺单体为原料制备尼龙 66 的合成原理、工艺条件；
3. 了解尼龙 66 单体聚合制备尼龙 66 树脂的机理、尼龙 66 聚合反应釜的结构及特点。

9.1 尼龙 66 概述

尼龙是一种典型的半结晶型热塑性聚合物材料，在较宽的应用温度范围内，力学性能优良。尼龙是五大工程塑料中产量最大、品种最多、用途最广的聚合物材料，为五大工程塑料之首，尼龙在工业上有着极其广泛的应用，主要应用于汽车工业、航空航天、电子电气、机械建材、家电纺织等领域。尼龙材料中产量最高、应用最广的是脂肪族聚酰胺，主要有尼龙 66 和尼龙 6。

尼龙于 1889 年首次在实验室合成，随后美国学者利用己二酸和己二胺于 1935 年合成了尼龙 66，1937 年德国法本公司开发了 PA6，1939 年美国杜邦公司实现了尼龙 66 工业化生产继而又开发出一系列聚酰胺材料。中国自 1958 年开始自主生产尼龙，经过几十年的不断发展，我国在技术和工业生产方面得到很大的提高，并在世界范围内首次合成了尼龙 1010，至今已经建立了较为完善的尼龙工业体系。图 9-1 为尼龙 66 单体及树脂形貌。

(a) 尼龙66单体 (b) 尼龙66树脂

图 9-1 尼龙 66 单体及树脂形貌

9.1.1 尼龙 66 性质

(1) 尼龙 66 的一般性质

尼龙 66（PA66）盐是己二酸己二胺盐的俗称，分子式为 $C_{12}H_{26}O_4N_2$，分子量为 262.35。尼龙 66 盐是无臭、略带氨味、无腐蚀的白色或微黄色宝石状单斜晶系结晶。室温下，干燥或溶液中的尼龙 66 盐比较稳定，当温度高于 200℃时，会发生聚合反应。尼龙 66 树脂是由己二酸和己二胺进行缩聚反应制得的脂肪族聚酰胺，化学名是聚己二酰己二胺。尼龙 66 由于其优良的耐热性、耐化学药品性、优异的力学性能等被广泛应用于工业领域。图 9-2 为尼龙 66 结构式。

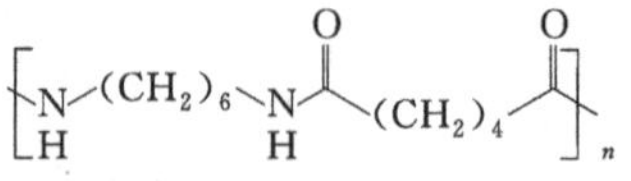

尼龙 66 名称中的 66 分别表示尼龙一个单元链节中酸和胺的碳原子数。根据尼龙 66 主链中酰胺基氢键在空间中的不同分布，尼龙 66 会产生不同的多态结构。主要分为两种：α 晶型和 γ 晶型。在室温环境中，尼龙 66 α 晶型的稳定性优于 γ 晶型，加热过程中会发生晶型的转变。表 9-1 为尼龙 66 聚合物及部分改性加工尼龙 66 产品的力学性能、热性能一览表。

$$\left[\text{NH}-(\text{CH}_2)_6-\text{NH}-\overset{\text{O}}{\overset{\|}{\text{C}}}-(\text{CH}_2)_4-\overset{\text{O}}{\overset{\|}{\text{C}}} \right]_n$$

图 9-2 尼龙 66 结构式

表 9-1 尼龙 66 的力学性能、热性能

性能项目			ASTM 法	均聚物	增韧	33%玻纤	矿物增强
一般性能	熔点/℃		D789	255	255	255	255
	密度/(g/cm³)		D752	1.14	1.08	1.38	1.45
	模塑收缩率/%		3.2	1.5	1.8	0.2	0.9
	吸水率	25h	D570	1.2	1.2	0.7	0.7
		50%RH		2.5	2.0	1.7	1.6
		饱和		8.5	6.7	5.4	4.7
力学性能	拉伸强度(尼龙)/MPa		D638	87	52	186	89
	极限伸长率/%		D638	60	60	3	17
	屈服伸长率/%		D638	5	5	3	17
	挠曲模量(尼龙)/MPa		D790	2800	1700	9000	5200
	洛氏硬度		D785	121	110	125	121
	埃佐冲击强度/J·m		D256	53	900	117	37
	泰伯磨耗/(mg/1000)		D1044	7		14	22
热性能	挠曲温度/℃	0.5mol/L 尼龙	D648	235	216	260	230
		1.8mol/L 尼龙		90	71	249	185
	线膨胀系数×10^{-6}/K^{-4}		D648	7	12	2.3	3.6

尼龙 66 树脂为不透明或半透明的乳白色热塑性半晶体-晶体材料，相对密度为 1.14 左右，熔融温度为 260℃左右，热分解温度大于 370℃，连续使用温度大于 105℃。尼龙 66 树脂为白色固体，常见的尼龙 66 是一种结晶性高分子，结晶度在 20%～40%之间，熔点在 250～270℃之间。尼龙 66 树脂的力学性能与其分子量的大小有一定的关系，考虑可用性和可加工性，通常将其分子量调节为 15000～30000，聚合度为 150～300，尼龙 66 的分子量太大会导致成型加工性能变差。尼龙 66 在较宽的温度范围内具有较高的强度、刚度和韧性，优良的耐磨性、耐蠕变性和自润滑性，其拉伸强度可达 80MPa，弯曲强度可达 127MPa，弯曲弹性模量可达 3GPa，比强度和比刚度可达 70MPa 和 2800MPa 左右。图 9-3 为部分尼龙 66 工程塑料样品。

尼龙 66 树脂同一般通用塑料相比，不仅具有良好的力学性能、韧性、抗蠕变性和耐疲劳性，而且具有耐磨损性、自润滑性、阻燃性和无毒环保等优点。但是尼龙也有自身明显的缺点，由于其分子主链上有很多的亲水酰胺基团，导致尼龙的吸湿性较强、尺寸稳定性较差，限制了它在高端行业中得到更广泛的应用，但是，通过改性后尼龙 66 的性能可以提高。表 9-2 为尼龙 66 聚合物及部分改性加工尼龙 66 产品的电性能和阻燃性能一览表。

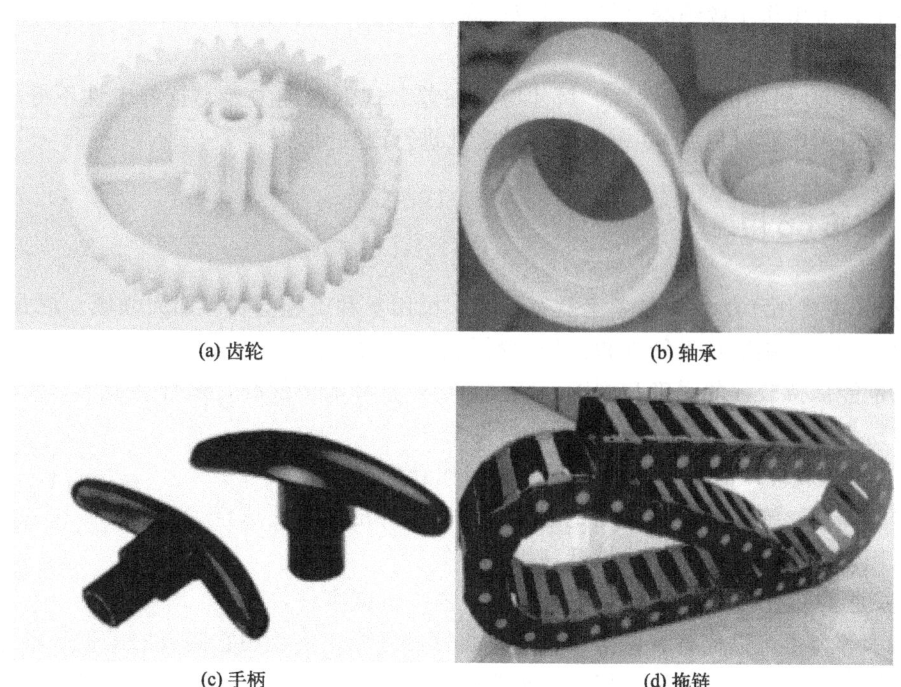

(a) 齿轮 (b) 轴承

(c) 手柄 (d) 拖链

图 9-3 尼龙 66 工程塑料样品

表 9-2 尼龙 66 电性能和阻燃性能

性能项目		ASTM 法	均聚物	增韧	33%玻纤	矿物增强
电性能	体积电阻率/Ω·m	D257	10^{15}	10^{14}	10^{15}	10^{14}
	相对介电常数/1000Hz	D150	3.9	3.2	4.5	3.8
	耗损因数	D150	0.02	0.01	0.02	0.01
	介电强度/(kV/mm)	D49	—5	—5	2.9	8
阻燃性	氧指数/%	D2683	28.3	8.9		3
	UL① 级别	UL94	V-2	B	B	B

① UL 是美国保险商试验所（Underwriter Laboratories Inc.）的简写，塑料行业阻燃通常按照 UL 的标准来衡量。

9

（2）尼龙 66 的特征

尼龙 66 树脂的机械强度高，韧性好，有较高的抗拉、抗压强度，比拉伸强度高于金属，比压缩强度与金属不相上下，但它的刚性不及金属。尼龙 66 的冲击强度比普通塑料高，耐疲劳性能突出，尼龙 66 制件经多次反复屈折仍能保持原有机械强度。自动扶梯、新型的自行车塑料轮圈等周期性疲劳作用极明显的场合经常应用尼龙 66；尼龙 66 的高结晶性材料热变形温度高，可在 150℃下长期使用，尼龙 66 经过玻璃纤维增强以后其热变形温度可达到 250℃以上。

尼龙 66 制品表面光滑，摩擦系数小，用作活动机械构件时有自润滑性、噪声低，可以作为传动部件使用，使用寿命长；耐腐蚀，耐碱和大多数盐液，性能优异，还耐弱酸、机油、汽油，耐芳烃类化合物和一般溶剂，对芳香族化合物呈惰性，但不耐强酸和氧化剂。PA66 能抵御汽油、油、脂肪、酒精等的侵蚀和有很好的抗老化能力，可作润滑油、燃料等的包装材料。PA66 具有自熄性，无毒，无臭，耐候性好，对生物侵蚀呈惰性，有良好的抗菌、抗霉能力；有优良的电气性能，电绝缘性好，尼龙的体积电阻很高，耐击穿电压高，在干燥环境下，可用作工频绝缘材料，即使在高湿环境下仍具有较好的电绝缘性；尼龙 66 材料制品重量轻、易染色、易成型。

但是尼龙 66 树脂的吸水性好、尺寸稳定性差、抗低温能力差、抗静电性不好、耐热性差，在工程应用中要对尼龙 66 树脂的不足之处进行改性处理。

9.1.2 尼龙 66 用途

尼龙 66 主要用于纺丝，制备工业帘子布、民用丝和工程塑料等四大领域。尼龙 66 是一种热塑性树脂，是制造化学纤维和工程塑料优良的聚合材料。尼龙 66 无毒、无臭，而且在较高温度也能保持较强的强度和刚度，特别是耐热性和耐油性好，适合制造汽车发动机周边部件和容易受热的部件。尼龙 66 主要用途见图 9-4。

尼龙 66：
- 工程塑料
- 工业丝
- 民用丝

图 9-4 尼龙 66 用途

PA66 是合成纤维的原料，可广泛用于制作针织品、轮胎帘子线、滤布、绳索、渔网等。经过加工还可以制成弹力尼龙，更适合于生产民用纺丝制品、泳衣、球拍及高级地毯等。

PA66 是工程塑料的主要原料，可以用于生产机械零件，如齿轮润滑轴承等，也可以代替有色金属材料作机器的外壳。由于用它制成的工程塑料具有密度小、化学性能稳定、力学性能良好、电绝缘性能优越、易加工成型等众多优点，因此，被广泛应用于汽车、电子电器、机械仪器仪表等工业领域，其后续加工前景广阔。PA66 在汽车工业中的用量约占其工程塑料总用量的 37%，其用途包括储油槽、汽缸盖、散热器、油箱、水箱、水泵叶轮、车轮盖、进气管、手柄、齿轮、轴承、轴瓦、外板、接线柱等。PA66 电子电器工业的应用约占其工程塑料总量的 22%，其用途包括电器外壳、各类插件、接线柱等。此外 PA66 也被广泛应用于文化办公用品、医疗卫生用品、工具、玩具等。

通过改性可以提高 PA66 的力学性能，扩大其应用范围，通过填充、共混增强等方法对 PA66 进行改性，可以制备出一系列高性能化、高功能化的改性 PA66 新品种，PA66 的深度加工具有加工工艺简单、建设周期短、投资少、增值快的特点。

9.1.3 分子量分布及尼龙聚合度

聚合物主要用作材料，强度是对材料的基本要求，而分子量则是影响强度的重要因素。因此，在聚合物合成和成型过程中，分子量总是评价聚合物的重要指标。

低聚物和高聚物的分子量并无明确的界限。通常低聚物的分子量一般界定在 1000 以下，而高聚物则多在 10000 以上，其间是过渡区。

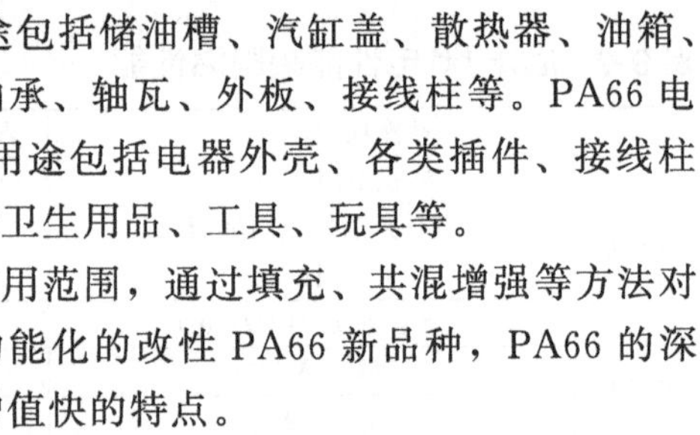

聚合物强度随聚合度的增大而增加，如图 9-5 所示。*A* 点是初具强度的最低聚合度，但非极性和极性聚合物的 *A* 点最低聚合度不同，如强氢键的聚酰胺约 40，纤维素 60，而低极性的乙烯基聚合物则在 100 以上，其分子量当以数千计。

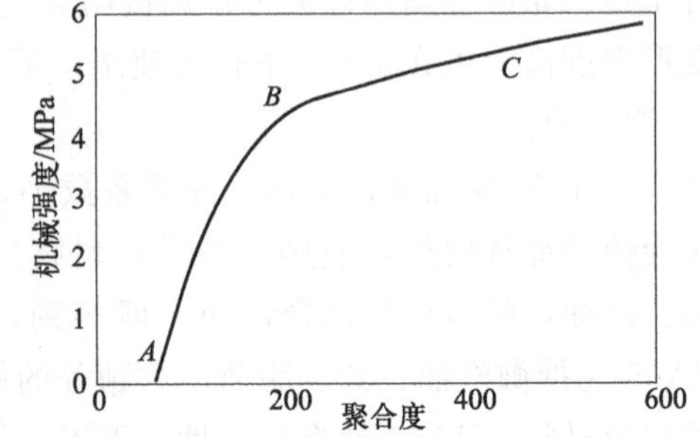

图 9-5 聚合物强度-聚合度关系

A 点以上聚合物的强度随聚合度的增大而迅速增加，到临界点 *B* 后，强度变化趋缓。*C* 点后，强度增加更缓。关于 *B* 点的聚合度，聚酰胺约

150，纤维素 250，乙烯基聚合物则在 400 以上。常用缩聚物的聚合度为 100～200，而烯类加聚物则在 500～1000 以上，相当于分子量 2 万～30 万，天然橡胶和纤维素超过此值。

常见聚合物的分子量见表 9-3。

表 9-3 常见聚合物的分子量

塑料	分子量/万	纤维	分子量/万	橡胶	分子量/万
高密度聚乙烯	6～30	涤纶	1.8～2.3	天然橡胶	20～40
聚氯乙烯	5～15	尼龙 66	1.2～1.8	丁苯橡胶	15～20
聚苯乙烯	10～30	维尼纶	6～7.5	顺丁橡胶	25～30
聚碳酸酯	2～6	纤维素	50～100	氯丁橡胶	10～12

9.1.3.1 平均分子量

乙醇、苯等低分子具有固定分子量，聚合物往往由分子量不等的同系物混合而成，分子量存在一定的分布，通常所说的分子量是指平均分子量。平均分子量有多种表示法，最常用的是数均分子量和重均分子量。

（1）数均分子量 $\overline{M}_n$

通常由渗透压、蒸气压等依数性方法测定，其定义是某体系的总质量 m 被分子总数 n 所平均。

$$\overline{M}_n=\frac{m}{\sum n_i}=\frac{\sum n_i M_i}{\sum n_i}=\frac{\sum m_i}{\sum\left(\frac{m_i}{M_i}\right)}=\sum x_i M_i \tag{9-1}$$

低分子量部分对数均分子量有较大的贡献。

（2）重均分子量 $\overline{M}_\omega$

又称质均分子量，通常由光散射法测定，其定义为：

$$\overline{M}_\omega=\frac{\sum m_i M_i}{\sum m_i}=\frac{\sum m_i M_i^2}{\sum n_i M_i}=\sum \omega_i M_i \tag{9-2}$$

高分子量部分对重均分子量有较大的贡献。

以上两式中，n_i、m_i、M_i 分别代表 i-聚体的分子数、质量和分子量。对所有大小的分子，即从 $i=1$ 到 $i=\infty$ 作加和。

凝胶渗透色谱可以同时测得数均分子量和重均分子量。

（3）黏均分子量 $\overline{M}_\upsilon$

聚合物分子量经常用黏度法来测定，因此有黏均分子量。

$$\overline{M}_\upsilon=\left(\frac{\sum m_i M_i^\alpha}{\sum m_i}\right)^{1/\alpha}=\left(\frac{\sum n_i M_i^{\alpha+1}}{\sum n_i M_i}\right)^{1/\alpha} \tag{9-3}$$

式中，α 是高分子稀溶液特性黏数-分子量关系式 $[\eta]=KM^\alpha$ 中的指数，一般为 0.5～0.9。

以上三种分子量的大小依次为：$\overline{M}_\omega>\overline{M}_\upsilon>\overline{M}_n$。作深入研究时，还会出现 Z 均分子量。

9.1.3.2 分子量分布

合成聚合物总存在一定的分子量分布，常称作多分散性。分子量分布有两种表示方法。

（1）分子量分布指数

其定义为 $\overline{M}_\omega$ 与 $\overline{M}_n$ 的比值，可用来表征分布宽度。对于分子量均一体系，$\overline{M}_\omega=\overline{M}_n$，

即 $\overline{M}_{\omega}/\overline{M}_{n}=1$。合成聚合物的分子量分布指数可在 1.5～2.0 至 20～50 之间，随合成方法而定。该比值愈大，则分布愈宽，分子量愈不均一。

(2) 分子量分布曲线

如图 9-6 所示，横坐标上注有 $\overline{M}_{n}$、$\overline{M}_{\upsilon}$、$\overline{M}_{\omega}$，依次增大。均分子量接近于最可几分子量。

平均分子量相同，其分布可能不同，因为同分子量部分所占的百分比不一定相等。

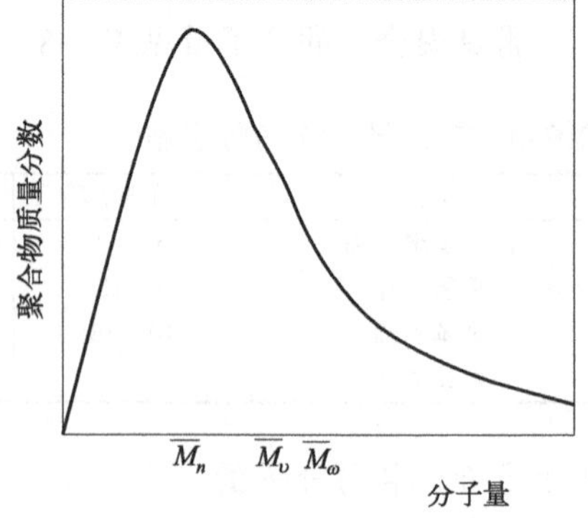

图 9-6 分子量分布曲线

分子量分布也是影响聚合物性能的重要因素。低分子量部分将使聚合物固化温度和强度降低，分子量过高又使塑化成型困难。不同高分子材料应有合适的分子量分布，合成纤维的分子量分布宜窄，而合成橡胶的分子量分布不妨较宽。

分子量和分子量分布是高分子合成的重要研究内容。

9.1.3.3 尼龙 66 聚合度

尼龙 66 产品的质量同生产过程影响反应的主要工艺控制点联系紧密，尼龙 66 聚合物的分子量 M 可由下式求出：

尼龙 66 聚合物的分子量 M 可参照聚合物分子量进行计算，可通过下式求出：

$$M=nM_0=\mathrm{DP}\times M$$

式中，M_0 为代表重复单元的分子量；DP 为聚合度；n 为结构单元数。

尼龙 66 的 $M_0=114+112=226$，通常学术上将类似尼龙 66 这样的聚合物中的两种结构单元的总数称为聚合度，记为 X_{n}。这样对尼龙 66 来说，$X_{\mathrm{n}}=2n=2\mathrm{DP}$，分子量质量 $M=X_{\mathrm{n}}\times M_0=2n\times M_0=2\mathrm{DP}\times M_0$，式中，$M_0$ 是重复单元内结构单元的平均分子量，即 $M_0=226/2=113$。如已知其分子量为 20000，则 $n\approx117$。

综合考虑尼龙 66 的可应用性和可加工性，工业生产通常将其分子量调整为 15000～20000，若分子量太大，聚合物黏度过高，成型加工性能变差。提高聚合物黏度的手段有添加合适的添加剂、提高反应温度、提高反应物浓度、增加反应时间和尽量减少小分子副产物等。

9.2 尼龙 66 盐合成

9.2.1 尼龙 66 聚合工艺

尼龙 66 聚合工业化生产有连续聚合工艺和间歇式聚合工艺两种。连续聚合和间歇式聚合工艺原理是一样的，都是己二胺和己二酸缩聚得到尼龙 66 高聚物。工业生产通常采用连续法生产，连续法工艺先进，操作方便，劳动生产率高。间歇缩聚法是在高压釜中进行的，设备简单，工艺成熟，产品更换灵活，但生产效率低。

(1) 尼龙 66 盐（单体）溶液的制备

尼龙 66 单体工业上用己二酸和己二胺按照 1∶1 比例进行生产，为保证反应过程中的己二胺和己二酸以等摩尔比进行反应，通常选择釜式反应器，己二胺和己二酸在水溶液中进行分子间等比例脱水反应制备尼龙 66 单体。尼龙 66 树脂用尼龙 66 单体进行缩聚反应制备。尼龙 66 盐单体的缩聚反应方程式为：

$$HOOC(CH_2)_4COOH+H_2N(CH_2)_6NH_2 = HOOC(CH_2)_4COHN(CH_2)_6NH_2+H_2O \tag{9-4}$$

该反应生成的尼龙 66 盐溶液大约在 30℃时结晶，并且在高温时易氧化降解。因此，反应时用热水通过夹套伴热和 N_2 作保护气。尼龙 66 盐溶液在反应器中可以按照 1∶1 完全中和，并通过加入反应器水量调节其溶液浓度为适当值，调节其 pH 值在 7.7～8.0 之间，以保持稳定。

制备尼龙 66 盐溶液主要有水溶液法和溶剂结晶法。水溶液法是将己二胺和己二酸分别配成水溶液，直接用于缩聚反应生产尼龙 66 树脂，是最理想的工艺。水溶液法的特点是不需要采用甲醇等有机溶剂，安全可靠且方便易行，工艺流程短而且成本低。溶液结晶法是用甲醇或者乙醇作为溶剂将己二胺和己二酸溶解，经过中和、结晶、离心分离和洗涤，从而制得固体尼龙 66 盐。溶剂结晶法从运输方面来说方便、灵活，而且产品质量好。但固体尼龙 66 盐对温度、湿度、光和氧的敏感性较强，而且在缩聚反应前还要重新加水溶解。

(2) 尼龙 66 聚合

尼龙 66 的聚合（缩聚）反应需要在高温条件下进行，随着反应中缩合水的脱除，逐步生成线型的高分子量尼龙 66 聚合物，反应方程式如下所示：

$$n[{}^{+}H_3N(CH_2)_6NH_3^{+}\ {}^{-}OOC(CH_2)_4COO^{-}] \rightleftharpoons H[NH(CH_2)_6NHOC(CH_2)_4CO]_nOH+(2n-1)H_2O \tag{9-5}$$

生成的尼龙 66 聚合物根据不同的产品需求，选择不同的后续加工设备分别进行纺丝、拉膜、切粒或者是注塑等。

9.2.2 尼龙 66 间歇聚合

间歇式聚合是进行聚合的尼龙 66 盐一次全部加入聚合反应器内（一次加料法），在规定的条件下完成聚合，最后出料包装。间歇聚合生产工艺的主要设备——聚合釜要求用不锈钢材质，釜外有加热夹套或盘管，釜内有内加热器，可以通过热媒对反应物进行加热，底部呈圆锥形，整体呈圆柱形，耐压，釜内设置有搅拌器，搅拌通常为螺带式，可以使物料混合均匀，利于反应中缩合水的排出，改善反应过程中的传热和传质。

间歇式聚合工艺比较简单，工艺过程为把己二酸（ADA）、己二胺（HMD）和高纯水（WPH）按比例打入尼龙 66 盐成盐反应器制备尼龙 66 单体。尼龙 66 盐单体由储槽根据设定分批打入浓缩槽，然后进入聚合釜，在聚合釜中经过加热阶段把釜内压力调到设定值，而后进入预聚阶段，当物料达到一定温度时进入减压阶段（如果需要添加二氧化钛则在预聚阶段的适当时候加入），釜内压力根据设定分几段缓慢减至设定值（通常设定值接近常压或负压），然后进入完成阶段，聚合物的分子量可以通过改变完成阶段压力和时间的设定来调节，此阶段完成后进行挤出切粒，切粒成切片，经干燥后根据需要可以纺丝或做成工程塑料等产品。尼龙 66 间歇聚合如图 9-7 所示。

因此，可以把连续聚合理解为各个聚合反应阶段在各个不同但职能比较单一的设备中完成，而间歇式聚合是在同一设备中完成不同阶段的反应。

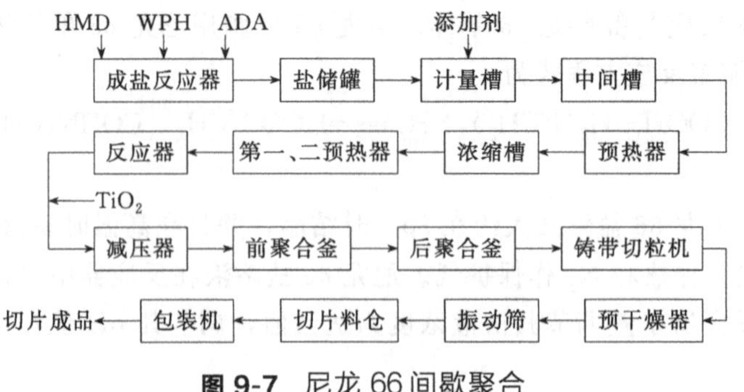

图 9-7 尼龙 66 间歇聚合

尼龙 66 间歇式聚合工艺流程简述。

(1) 尼龙 66 合成盐

按配比在成盐反应器内先后加入纯水、己二胺及己二酸，搅拌反应后既制得尼龙 66 盐溶液，经过滤后送往盐液储罐存储待用。

(2) 聚合工艺

① 储罐中的尼龙 66 盐水溶液，通过泵送入盐计量槽，并在盐计量槽中定量加入热稳定剂、催化剂、消泡剂等添加剂，以控制聚合物的分子量，并提高其耐热性等性能。计量槽通常为分批操作。

② 尼龙 66 盐溶液从盐中间槽由泵送出，经盐过滤器、盐预热器连续地供给带搅拌的浓缩槽。盐溶液经预热器预热后，温度提高到设定值。盐溶液在浓缩槽内，通过蒸汽盘管加热，除去部分水分，使盐溶液的浓度增加，温度继续升高。通常为了保持出浓缩槽盐溶液浓度恒定，生产过程设置有压力、温度、液位自动控制系统。

③ 浓缩后的盐溶液从浓缩槽经反应器供给泵送出，经预热器将盐溶液升温后进入反应器，在反应器内进行初步缩聚。反应器物料的供给、输送量的大小，根据反应器入口处液位的高低自动控制。

④ 出反应器的聚合物，由闪蒸器供给泵送至闪蒸器。在闪蒸器内，物料的压力逐步降至常压，从而使溶解在聚合物中的水分迅速分离出来。出闪蒸器的聚合物，靠自重落入聚合器。聚合物中的残存水分，常压下从聚合器中被分离，从而使聚合物的相对黏度在聚合器中进行提高。

⑤ 出聚合器的聚合物，经后聚合器供给泵，送入后聚合器。聚合物在后聚合器内，在真空条件下，分离残存的水分和进一步缩聚的生成水，使聚合物的黏度进一步提高。

⑥ 达到要求黏度的聚合物，从后聚合器经熔体输送泵输送至切粒机进行切粒、预干燥、振动筛进入切片接受料仓，再经氮气输送装置输送至切片中间料仓或进入切片干燥系统后送入切片包装料仓，最终经包装机包装，成品切片以袋装形式出厂。

⑦ 为防止聚合物氧化降解，在聚合器和后聚合器内均充入氮气进行保护。

9.2.3 尼龙 66 连续聚合

尼龙 66 连续聚合工艺是相对间歇聚合而言的。连续聚合物料在生产装置内持续经过不同的反应设备，完成物理化学变化，最终得到符合要求的产品。连续聚合工艺主要包含浓缩、反应、减压、聚合四个阶段，连续聚合生产线主要设备分为五部分：浓缩槽、反应器、闪蒸器、聚合器、后聚合器。尼龙 66 盐溶液通过浓缩、高压缩聚、物料减压、常压缩聚和负压缩聚反应，从而制得合格的聚合物及最终的尼龙 66 树脂。

将一定浓度和温度的尼龙 66 盐溶液在带夹套和蛇管的立式圆筒搅拌槽（浓缩槽）中经蒸汽或导热油加热，将温度提高到 120℃左右，浓度浓缩为 70%左右的盐液，然后经流体输送泵送到预热器中预热至 215℃左右，后进入反应器内加热，发生脱水和预缩聚，当温度达到 245℃左右即得到低聚物。低聚物通过齿轮泵送入减压器中，用高效的加热方法将物料温度迅速加热到 280℃左右，并通过口径的逐渐变大实现逐步减压，直至接近常压，使物料中的水分汽化，得到气液混合泡沫状聚合物，然后进入立式反应器（即聚合器）内，将经过减压器闪蒸汽化的水分经分离器分离除去，生成具有一定黏度的聚合物，再通过齿轮泵送入与聚合器结构相似但容积略小的后聚合器内，通过减压装置给后聚合器提供一定的真空度，进一步脱除水分，增加分子量，提高黏度。对聚合后的产品进行切粒、干燥即得到尼龙 66 树脂产品。尼龙 66 连续聚合流程如图 9-8 所示。

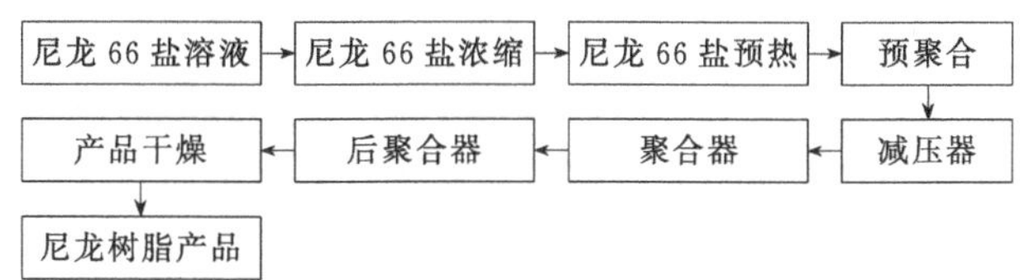

图 9-8 尼龙 66 连续聚合流程

9.2.4 尼龙 66 聚合的工艺参数

（1）聚合温度

尼龙 66 单体聚合反应过程中，较低的温度及水蒸气压力（即平衡时的压力）有利于聚合反应向正反应方向进行，但是温度过低时，聚合物易凝固，所以选择合适的聚合温度是聚合反应的关键因素。尼龙 66 的缩聚反应实际是在熔融状态下进行的，所以其反应的初始温度至少需要比尼龙 66 盐的熔点高 10℃左右，一般将其控制在 210℃左右。反应过程中为了提高反应速率，需要进一步地提高分子的活化能，一般将最终的反应速度设置在 280℃左右，即比聚合物熔点高 15℃左右。

尼龙 66 固态条件下的缩合反应属于非平衡缩聚反应，只要反应官能团互相接触，即可发生链分子的增长，低分子量聚合物进行固态缩聚时，可得到分子量很高的产物。为避免熔体黏度和操作温度高带来的问题，可以待熔融聚合物成固态后，使其在玻璃化转变温度和熔点之间相当宽的范围内继续发生固相聚合，脱除缩合水，得到分子量更高的聚合物。由于固相聚合反应一般控制在预聚体熔点温度以下 10～40℃进行，因此，聚合反应速率低，所需时间较长，这对产量是不利的。树脂在干燥反应器内停留时间取决于出料速度，出料速度慢，则树脂停留时间长，有利于除去树脂中的水分，但长时间的加热易造成树脂热解或氧化；出料速度快，则停留时间短，干燥反应器内物料变得疏松，增大了汽化面积，同样有利于除去水分，因此，在某一干燥温度下，存在一最佳出料速度，既保证了树脂的干燥效果，又不会因树脂停留时间长而造成热解或氧化。选择合适的出料速度，准确地控制低含氧量、低含水量的氮气流量，对固相聚合也很重要。针对不同种类的不同水分要求和间歇聚合不同批次产品间的水分含量差，固相聚合（干燥系统）通常通过监测压差大小来调节冷、热氮气进气阀门开度，对产品水分进行调节，保证聚合物黏度。

(2) 聚合压力

在缩聚反应后期，虽然没有己二胺挥发的问题，但为进一步脱除缩聚水，提高聚合物的黏度，在缩聚反应的后期要选择合适的操作压力，一般选择常压或者微真空，降低气相压力，同时通入惰性气体（氮气），降低气相中的蒸汽分压，推动水分脱除的程度和速率。

(3) 聚合添加剂

根据下游产品的性能需求，选择合适的添加剂对改善产品质量有很大帮助。如己内酰胺作为聚合物的增塑剂和大分子取向的润滑剂，可提高纤维的拉伸性能，改善手感，降低刚性，可以极大改善纺丝级产品的性能，降低毛丝率。将不加任何添加剂的尼龙 66 聚合物置于光照条件下时间过长就会变黄，其强力保持率也会随之大幅度下降。

二氧化钛是一种良好的紫外光吸收剂，它可以吸收波长小于 385nm 的绝大多数紫外光，而且对紫外光的吸收能力随着直径的减小而急速增加，因而在尼龙 66 缩聚反应过程中选择使用粒径范围在 2000～5000nm 之间、粒度均匀、表面晶格完整的二氧化钛，将其用水浮液进行处理，使其在聚合物中均匀分散，使得其拥有较好的光透射和光反射能力，而且能减缓聚合物的结晶速度，破坏大分子晶格的形成，改善聚合物的结晶程度，提高产品质量。

醋酸根离子作为尼龙 66 聚合反应的分子链调节剂，起着终止反应、封闭端基的作用，加入醋酸根能显著提高端基的热氧稳定性。另外，铜离子与聚酰胺分子能够形成铜的螯合物，使得与酰胺基相邻的亚甲基氢原子变得更加稳定。

尼龙 66 的工业生产中往往还要加入消泡剂（4%）和催化剂次磷酸钠（4%）。图 9-9 为尼龙 66 添加剂种类简图。

尼龙 66 添加剂：
- 醋酸铜
- 次磷酸钠
- 碘化钾
- 二氧化钛

图 9-9 尼龙 66添加剂种类

9.3 尼龙改性

尼龙材料具有机械强度高、自润滑、耐磨损、自熄等优点，但是尼龙材料也具有吸水性强、在空气中易老化、低温干态下冲击强度低等缺点，限制了其应用。尼龙大分子链中含有酰胺基、末端氨基和末端羧基，在一定条件下，能激发这些基团的反应活性，因此，可通过嵌段、接枝、共混、增强和填充等方法进行化学和物理改性。尼龙改性按照材料性能的变化可分为增强改性、增韧改性、阻燃改性等。尼龙的改性按其是否发生化学反应分为物理改性和化学改性。

① 物理改性是指改性过程中不发生或者极小程度上发生化学反应，在尼龙树脂中按照目标需求加入相应的填料、改性剂、添加剂或者其他的聚合物，通过熔炼共混得到相应性能的材料。大致有小分子物质添加改性、不同聚合物之间的共混改性、聚合物之间的相互复合改性、形态控制以及表面改性等物理改性。物理改性具有工艺简单、操作便捷、原料广泛、针对性强、可控性强、组合方便的特点，便于批量化地制备高性能的目标产品，是一种经济易行地能快速实现尼龙产品专用化、高功能化的有效途径，从而在实际应用生产中意义重大，在目前改性行业被广为采用。

② 化学改性是指能实现分子设计，在改性过程中聚合物的分子链上发生化学反应的改性方法，这种化学反应有可能是发生在大分子链的主链上也有可能是侧链或者大分子链之

间，包括聚合物大分子链的接枝反应、不同聚合物单体之间的共聚反应、聚合物活性分子链之间的交联反应以及聚合物大分子链上的官能团反应等。单体之间的共聚一般是通过引入另外单体使得大分子主链的结构和性能有所改变，聚合物大分子链之间的反应一般是加入带有能与尼龙分子链中的活性基团反应的极性基团的有机化合物，在一定的条件下与尼龙的大分子反应改变尼龙的大分子结构或者大分子链之间的相互作用使得性能改变。化学改性能在微观的层面上对尼龙进行改性，能较为主动地得到预期的产物，但是由于其一般在树脂的合成阶段实行，条件要求较高，工艺设备要求相对复杂，限制了其在实际改性中的应用。

尼龙改性一般有针对性，通过这些改性，能够制备出来满足特殊要求的导电尼龙、透明尼龙、阻燃尼龙、自润滑耐磨尼龙等产品。尼龙改性产品性能优异，品类繁多，能够扩展尼龙材料的应用范围。

9.3.1 尼龙增韧改性

尼龙材料存在低温及干态冲击强度差、制品尺寸不稳定、缺口冲击强度不高等缺点，限制了尼龙在电子、汽车等对材料韧性要求较高的领域的应用，工业上可以通过对尼龙增韧改性提高其使用性能。尼龙增韧改性的方法有两种，一种为物理共混增韧，另一种为化学反应增韧。物理共混增韧是通过尼龙与增韧改性剂共混，来提高尼龙的加工性能和缺口冲击强度的改性方法。化学反应增韧是通过化学反应如接枝、嵌段、共聚、交联等，在基体分子中引进新的柔性链段，改变尼龙基体的分子结构，从而提高它的韧性的改性方法。尼龙增韧改性主要包括聚烯烃增韧尼龙、橡胶弹性体增韧尼龙、聚烯烃弹性体增韧尼龙、高性能工程塑料增韧尼龙、无机刚性填料增韧尼龙、有机低分子增韧尼龙等。

（1）聚烯烃增韧尼龙

在尼龙中引入非极性的聚烯烃可以有效地提高尼龙的低温冲击性能，但是解决材料间的相容问题是关键。非极性的聚烯烃和极性的尼龙混在一起由于聚合物的结构和相形态有大的差别从而会呈现明显的相分离现象，因此这类体系必须进行增容，一般采用接枝增容的手段提高材料之间的相容性。

工业上采用的方法一般是在聚烯烃的分子链上接上加入能和聚酰胺末端基团反应的马来酸酐（MAH），接枝后的聚烯烃分子链带有酸酐官能团，该官能团在熔融共混的时候与聚酰胺的端基活性基团形成化学键，从而能够改善界面相容性。

（2）橡胶弹性体增韧尼龙

尼龙在室温下干态具有较高的冲击强度，尼龙材料对缺口比较敏感，一旦材料有裂缝形成，将很快顺着裂纹源被破坏。此时，加入高韧性的橡胶组分能够在一定程度上改善尼龙冲击强度低的缺点。

（3）聚烯烃弹性体增韧尼龙

热塑性聚烯烃弹性体常温下显示橡胶弹性，高温下又能塑化成型，与橡胶不同之处的优点在于可直接使用而不需硫化交联。一般热塑性聚烯烃弹性体为共聚合的高分子或者接枝共聚物。

9.3.2 尼龙增强改性

尼龙作为应用最广的工程塑料，作为结构材料使用时要求其强度更强，模量更高，为满足高强度的要求，可以通过尼龙增强改性满足工业要求。增强改性是功能性材料中最常见的改性方法，由此形成的复合材料一般由增强体和基体构成，增强体负责载荷的传递，基体则黏结增强体。尼龙材料的增强改性，是通过填料填充的方法，一方面能在保证材料原有耐化学性能的同时强度得到提高，尺寸稳定性得到改善，另一方面能有效控制成本。用于增强的添加物主要是纤维类和无机粒状或片状填料。填料的形状和性质对尼龙树脂的性能影响很大，通常填料在复合物中的添加量为20%～40%。工业上主要应用的增强添加物为玻璃纤维、碳纤维、晶须和无机矿物。

(1) 玻璃纤维增强

玻璃纤维增强尼龙复合材料是在复合材料中加入一定量的玻璃纤维，通过玻璃纤维的无序排列和与基体的界面面积增大，达到提高尼龙材料承受载荷的能力。表9-4为长、短玻璃纤维增强尼龙66复合材料的各项性能。

表9-4 长、短玻璃纤维增强尼龙66复合材料的各项性能

纤维长度/mm	4	7	10	13
拉伸强度/MPa	164.7	167	170.2	184.4
弯曲强度/MPa	195.4	225	222.8	242.8
弯曲弹性模量/GPa	8.91	10.22	10.80	11.22
缺口冲击强度/(kJ/m^2)	13.7	15	16.0	17.5

(2) 碳纤维增强

碳纤维与玻璃纤维相比具有更高的强度与刚性，高温蠕变小，阻尼性能和热稳定性好，尺寸稳定性更高，用来增强尼龙66具有更好的效果。碳纤维在制备抗静电材料、电磁屏蔽材料以及面状发热体材料方面有着很广泛的应用，通过改变其纤维长度、表面处理方式和用量还可以制备综合性能优异的电极材料等导电材料。碳纤维增强尼龙能制得性能强度极佳、刚性很好的材料，能代替传统的金属材料在国防领域和航空航天领域有广泛的应用。

(3) 晶须增强

晶须由于其尺寸极小，一般不存在内部缺陷，屈服强度接近最大理论值被用来增强聚合物，因其增强材料具有极好的力学性能而成为关注热点。复合材料的拉伸性能和模量与晶须含量成正比。通常冲击强度在晶须质量分数不超过25%呈上升趋势，超过25%有所下降，在达到35%时，冲击强度又出现上升的趋势。通过扫描电镜（SEM）对微观结构观察表明，晶须沿着熔体流动方向排列是力学性能得到改善的重要原因。

(4) 无机矿物增强

无机矿物对尼龙进行增强是工业上常用的方法，无机矿物来源广泛，价格低廉，用来作为尼龙的增强添加剂可以有效控制材料成本，无机矿物的添加能有效地对尼龙材料进行增强。用于尼龙增强的无机填充物有硅灰石、稀土、高岭土、蒙脱土、滑石粉、粉煤灰、云母等，添加量通常在30%左右，无机添加物在添加之前为了更好地达到增强的效果一般会用偶联剂对其进行活化，以保证与基体之间良好的结合。

9.3.3 尼龙阻燃改性

燃烧是快速进行的物理、化学过程，出现燃烧时，通常伴随有放热、发光等特征。凡存在

燃烧现象的地方，总会有某种燃料、空气中的氧参加。在燃料、氧（或其他氧化剂）之间发生化合反应，释放热量，生成气体或固体的反应产物。发生燃烧的三个基本条件必须具备。

材料的阻燃主要通过气相阻燃，即抑制在燃烧反应中起链增长作用的自由基，而发挥阻燃作用；凝聚相阻燃，即在固相中阻止聚合物的热分解，阻止聚合物释放出可燃气体或改变聚合物的热降解途径；中断热交换，即将聚合物产生的热量带走而不反馈到聚合物上，使聚合物不再不断分解。聚合物的阻燃和燃烧都是很复杂的过程，实际上某种阻燃体系的阻燃实现往往是几种机理同时在起作用。

聚合物的燃烧在气相和凝聚相两个相区内进行，即分为气相阻燃机理和凝聚相阻燃机理。提高聚合物燃烧时碳化物的含量有助于凝聚相的阻燃，是一种有效的阻燃方法；而通过阻燃剂与聚合物反应，产生难燃气体，从而在气相中阻燃也是一种有效的阻燃途径。在工业应用中常将这两种方法共同作用于同一体系。

尼龙的阻燃主要通过以下两种途径。

（1）添加阻燃剂

添加阻燃剂是通过机械混合方法，将阻燃剂加入尼龙中，使其获得阻燃性。该方法的优点是使用方便、适用面广，但对聚合物的使用性能有较大影响。可用于尼龙的主要添加型阻燃剂有双（六氯环戊二烯）环辛烷、十溴二苯醚、多磷酸铵等。卤系阻燃剂虽然具有较高的阻燃效率，但由于在燃烧过程中释放出有毒气体，其他几种阻燃剂用于玻纤增强阻燃尼龙体系的效果并不明显。

膨胀型阻燃剂是以磷、氮为主要成分的阻燃剂，它必须要由碳源、酸源、气源三种主要成分构成。含有这类阻燃剂的聚合物受热可分解出难燃性气体，如氨气、水蒸气等，使体系发泡膨胀，生成海绵状的碳质泡沫层，起到隔热、隔氧、抑烟、防止产生熔滴作用。

（2）反应型阻燃

反应型阻燃是作为一种反应单体参加反应，并结合到尼龙的主链或侧链上去，使聚酰胺本身含有阻燃成分。其特点是稳定性好、毒性小、对材料的使用性能影响小、阻燃性持久，是一种较为理想的方法，但操作和加工工艺复杂，在实际应用中没有添加阻燃剂方法普遍。

习题

1. 分别简述尼龙 66 性能的优缺点。
2. 简述尼龙 66 的应用和发展领域。
3. 分别简述工业尼龙 66 连续聚合和间歇聚合两种工艺的特点。
4. 简述尼龙 66 聚合反应釜的结构和特点。
5. 简述尼龙 66 间歇聚合工艺流程及工艺条件。
6. 简述尼龙 66 连续聚合工艺流程及工艺条件。
7. 分别简述制备尼龙 66 盐溶液水溶液法和溶剂结晶法两种方法的特点。
8. 分别简述尼龙物理改性和化学改性两种方法的特点。
9. 分别简述尼龙物理共混增韧改性和化学反应增韧改性两种方法的特点。
10. 简述实现尼龙阻燃的两种方法的原理及特点。

10 化工装置安全生产与管理

学习目的及要求

1. 了解化工装置开车前的安全检查要求，化工试车前的清洗、置换、吹扫工作要点及安全程序；

2. 了解化工装置开停车顺序、重要设备的停车注意事项及要求；

3. 掌握安全生产责任制的职责划分意义。

10.1 化工装置开车前安全管理

化工生产工艺过程复杂，涉及的危险物质多，工艺条件（参数）复杂，容易存在安全控制盲点。生产装置开车运行前，要进行化工装置的安全检查验收，确认生产装置的安全运行条件，确保生产装置开车有序进行。

10.1.1 新装置开车前的安全确认

化工生产具有涉及的危险品多、工艺条件苛刻、生产流程长、规模大型化、生产控制自动化等特点，装置开车前要充分做好开车前的安全检查准备工作。开车前要编写操作规程、安全规程，制定可行的开车运转方案等。新装置投产、检修过程及恢复生产时，发生事故频率高，开车前必须切实做好安全确认工作。

新装置开车前要检查施工的完成情况，确认装置的施工是否符合安全试运行的要求，主要包括以下几方面。

① 确认施工设计的图样、施工记录、施工质量控制等资料是否齐全。

② 确认施工的完成情况，装置施工是否已全部完工，施工现场是否清理完毕，确认施工现场无明显的安全隐患。

③ 对照工艺完成施工情况，根据工艺要求，设计安全预检查表，表10-1为常用的化工装置运行项目检查表。

表 10-1 化工装置运行项目检查表

项目	设计要求	安全检查内容	检查情况
平面布置	平面布置图	厂区平面、车间平面 主要设备布置	是否相符

续表

项目	设计要求	安全检查内容	检查情况
工艺流程	工艺流程图	设备配置、主要设备安装 配管工艺条件、操作条件	是否相符
机械设备	设备装配图	容器、反应设备、 辅助机械	是否相符
电气设备	电气设计图	照明、动力系统 电气设备	是否相符
消防安全	消防设计图	消防设施、报警设施 防火防爆	是否相符
环保及劳动保护	三废处理要求	处理设施 劳动保护设施	是否一致

10.1.2 装置检修后开车前的安全确认

化工装置投产后，由于长周期运行，经受化学腐蚀、自然侵蚀等因素影响，容易出现隐患和缺陷，需要按照工艺设计要求进行及时检修。检修后，为确保安全运行，在开车前要展开确认。

(1) 清理检修施工现场

化工装置检修施工单位在撤离现场前，要做到“三清”，即清查设备内部有无以往工具和零件；清扫管线通路，检查有无拆除的盲板或垫圈阻塞；清除设备、房屋顶上、地面上的杂物垃圾。凡先完工的工种，应先将工具、机具搬走，然后撤除临时支架、临时电气装置等。拆除脚手架时，要自上而下，下方要派专人照看，禁止行人逗留，上方要注意电线仪表等装置。对于永久性电气装置，在检修完毕后应先检查工作人员是否已全部防护，最后由所在车间与检修人员共同检查现场清理是否达到规定标准。

(2) 确认装置检修的可靠性

试车就是对检修过的设备加以确认，试车必须在完工、净料、清理现场后才能进行。试车分为单机试车、分段试车和联动试车(图 10-1)。试车前的确认内容有试温、试压、试漏、试真空度、试安全阀、试仪表灵敏度等。

化工前置试车 { 单机试车 / 分段试车 / 联动试车 }

图 10-1 试车分类

(3) 生产安全验收

试车合格后，按规定办理验收移交手续，正式移交生产。验收由检修部门会同设备使用部门双方，并有安全管理部门参加，根据检修任务书、检修施工方案所规定的项目、要求及记录为标准，逐项复核验收。易燃易爆生产车间，必须进行防爆测试验收，并符合标准。

10.1.3 生产运行的准备

化工装置生产运行是一项系统工程，涉及部门广，人员多，要充分做好前期的准备工作，并制定详细可行的方案，以确保试运行的安全。生产运行前要建立安全运行组织保证体系，企业的安全、设备、生产、技术、环保及后勤保障等部门的主要负责人要参加，并明确分工。

10.1.3.1 制定可操作的运行方案

生产安全运行方案主要包括以下内容。

① 工艺过程说明，对具体工艺条件进行说明，如温度、压力等；工艺过程产品的组成内容，如原辅料、中间体、产品的性质等。

② 运转操作的重点环节程序及时间安排次序进行说明，例如明确主要设备运转及控制参数、发生误操作的应急措施等。

③ 试运转阶段的准备，运转前进行最后检查，确定公用工程设备的启动、转动机械类设备的试运转、有关安全设备的试操作和性能检验、紧急切断回路的动作确认等。

④ 模拟运转，包括试压、漏点检查及单机空运转以及联动试车方案。

⑤ 装置性能确认和投料，包括运行各阶段中的操作方法以及中间产品、不合格产品的处理方法，记录保持正常运转的操作方法，记录项目有各单元装置开始运转的顺序及运转变更条件、运转的问题及特殊注意事项等。

⑥ 停车安全方案及安全管理、试运转时的安全记录应记述下列事项：生产岗位防火、防爆、防毒、防腐蚀的重点位置及预防措施；防毒设施、个人防护用品的使用方法；特殊工作服等劳保用品及其他安全用具的数量、设置及保管场所；运行出现异常情况时的处置要领、事故处理方法、疏散方法及其他应急救援措施。

10.1.3.2 置换、吹扫与清洗

(1) 置换

为保证检修及生产运行安全，必须对易燃、有毒气体进行置换，置换通常采用蒸汽、氮气等惰性气体为置换介质，也可采用注水排气法。设备经置换后，如果需要用空气置换惰性气体以满足生产工艺要求的，应该置换至氧含量符合生产工艺要求，置换过程应注意以下事项。

置换前应编制置换方案，绘制置换流程图，根据置换和被置换介质的密度差异，合理选择置换介质入口、被置换介质排出口及取样部位，防止出现死角。若置换介质的密度比被置换介质小时，应从设备最高点送入置换介质，由最低点排出被置换介质，取样分析点宜放在设备的底部位置和可能成为死角的位置；反之，置换介质的密度大于被置换介质的密度时，应由设备或管道最低点送入置换介质，由最高点排出被置换介质，取样点宜在顶部位置及产生死角的部位，确保置换彻底。

被置换的设备、管道等必须与系统进行可靠隔绝。置换要求用水作为置换介质时，一定要保证设备内注满水，且在设备顶部最高处溢流口有水溢出，并持续一段时间，严禁注水未满。用惰性气体作置换介质时，必须保证惰性气体用量（一般为被置换介质容积的 3 倍以上)，置换作业排出的气体应引入安全场所。如需检修动火，置换用惰性气体中氧的体积分数一般小于 1%。置换是否彻底、置换作业是否已符合安全要求，不能只根据置换时间的长短或置换介质的用量，而应以取样分析是否合格为准。按置换流程图规定的取样点取样分析是否达到合格。

(2) 吹扫

对设备和管道内没有排净的易燃、有毒液体，一般采用以蒸汽或惰性气体进行吹扫的方法清除，吹扫作业安全注意以下事项。

吹扫作业应当根据停车方案中规定的吹扫流程图，按管段号和设备位号逐一进行，并填

写登记表。

在登记表上注明管段号、设备位号、吹扫压力、进气点、排气点、负责人等。

吹扫结束应取样分析，吹扫结束时应先关闭物料入口再停气，以防管路系统介质倒流。

(3) 清洗

对置换和吹扫都无法清除的黏结在设备内壁的易燃、有毒物质的沉积物及结垢等，必须采用清洗铲除的办法进行处理，以避免沉积物或结垢遇高温迅速分解或挥发，使空气中可燃物质或有毒有害物质浓度大大增加而发生燃烧、爆炸或中毒事故。清洗一般有蒸煮和化学清洗两种。

① 蒸煮。通常较大的设备和容器在清除物料后，都应用蒸汽、高压热水喷扫或用碱液（氢氧化钠溶液）通入蒸汽煮沸，采用蒸汽宜用低压饱和蒸汽；被喷扫设备应有静电接地，防止产生静电火花引起燃烧、爆炸事故，防止烫伤及碱液灼伤。

② 化学清洗。常用碱洗法、酸洗法、碱洗与酸洗交替使用等方法进行化学清洗。碱洗和酸洗交替使用法适于单纯对设备内氧化铁沉积物的清洗，若设备内有油垢，应先用碱洗去油垢，然后清水洗涤，接着进行酸洗，氧化铁沉积即溶解。若沉积物中除氧化铁外还有铜、氧化铜等物质，仅用酸洗法不能清除，应先用氨溶液除去沉积物中的铜，然后进行酸洗。因为铜和铜的氧化物污垢和铁的氧化物大都呈现叠状积附，故交替使用双氧水和酸类进行清洗；如果铜及铜的氧化物污垢附着较多，在酸洗时一定要添加铜离子封闭剂，以防因铜离子的电极沉积引起腐蚀。对某些设备内的沉积物，也可用人工铲刮的方法予以清除。进行此项作业时，应符合进入设备作业安全规定，设备内氧及可燃气体、有毒气体含量必须符合要求。特别应注意的是，对于可燃物沉积物的铲刮应使用铜质、木质等不产生火花的工具，并对铲刮下来的沉积物妥善处理。

采用化学清洗后的废液处理后方可排放。一般将废液进行稀释沉淀、过滤等，或采用化学药品中和、氧化、还原、凝聚、吸附，以离子交换等方法处理，使之符合排放标准后再排放。

10.1.3.3 安全操作规程的编写

新装置开工生产前应编制安全操作规程。由于生产装置的岗位特点各不相同，无论是原料助剂、工艺流程、自动化程度、产品工艺生产特点，还是易燃、易爆、易中毒的特点，都有很大的差异。所以安全操作规程的编制，一定要从本岗位实际出发，结合工艺技术、自控条件以及同类事故经验，总结、归纳、学习和理解各岗位的安全操作要求。

(1) 岗位开车的安全操作规程要点

岗位开停车是事故发生概率较大的一个环节，无论是正常的装置开车还是检修改扩建后的装置开车都是如此。事故发生往往是由某一块盲板未抽或未加，或某个阀门开关不正确而引起的。所以按规定程序认真仔细地进行开车前的准备和操作，是安全开车的重要保证。

开车过程中的安全操作规程编制包括以下内容。

核准安全开车的流程和开车步骤，认真核准自控仪表设定值和控制指令；认真进行设备、系统的检查，包括阀门的开关状态，盲板加堵与抽除状况，水、电、汽、气、冷剂、燃料气、燃料油等公用工程的供给量和接受状况，安全检测仪表及安全设施的投用情况，原材料、助剂的准备情况等；按规定进行手动盘车和电动盘车；原料、助剂的配制分析和合格备用情况；原料、助剂贮槽的排水（排液），加热、冷凝（却）系统排水（排液）；阀门的开、关不能用力过猛，特别是高压、高温、深冷、急冷系统和蒸汽管网及其他有冷凝液积存的系统，进料阀门的开启一定要缓慢操作，必要时要按规定认真进行系统的预热和预冷；密闭的贮槽、反应器、塔器等，检修后开车投料（接料）前必须先分析氧含量，氧含量低于2%方能开车。

(2) 化工设备的安全操作规程要点

化工生产装置中塔器、贮槽、反应器、换热器、锅炉等设备一般都是压力容器。压力容器的安全管理要认真执行《压力容器安全技术监察规程》等规定。岗位操作过程的设备安全操作规程编制应包括以下内容。

操作人员要在企业生产技术和安全技术培训合格的基础上接受地方特种设备安全监督管理部门压力容器操作培训，并取得合格证书；认真落实岗位压力容器使用维护专责制，加强日常巡检和维护，保护压力容器及附件如安全阀、液位计、压力表等安全装置完好；检修更换压力容器阀门时，要严把阀门的材质和质量关，特别是贮槽类压力容器进出口第一道切断阀不能使用铸铁阀门，且阀门的公称压力要比压力容器的压力上限高一个压力等级；压力容器检修完毕后必须经过严格定压查漏试验（压力容器的定期水压试验和气压试验由安全和设备部门的专业人员进行），定压查漏合格之后方可投入使用；压力容器安全操作的根本保证是严格执行工艺条件，不超温、不超压、不超贮，及时排水（排液），消除假液面和设备阀门、管线的冻堵，认真执行岗位巡回检查，及时消除跑、冒、滴、漏和其他工艺异常及安全隐患，保证压力容器的安全运行；超期服役和降级使用的压力容器，要有重点监护使用责任书，在工艺允许的范围内尽可能降压、降温、降低贮存液面进行控制。

(3) 化工单元反应的安全操作规程要点

氧化反应在化工操作中十分常见，以异丙苯氧化生产过氧化氢异丙苯为例介绍氧化反应操作规程要点。

过氧化氢异丙苯工业用途是高分子聚合反应的激发剂。过氧化氢异丙苯的工业生产采用空气氧化生产。由于过氧化氢异丙苯性质活泼，在80℃以上开始分解，在135℃以上会剧烈分解爆炸，在遇到酸、碱容易发生分解，剧烈振动会引起爆炸。因此操作中应特别注意以下几点。

① 严格控制氧化反应器及系统的操作温度。氧化反应器的反应温度不仅影响反应速度和收率，也直接影响装置的安全生产。氧化反应在80℃以上进行，一般控制在110～120℃。如果反应温度降低，氧化反应速度变慢，反应温度过高，则氧化速度加快，过氧化氢异丙苯的分解过程也相应加快。特别在系统中过氧化物浓度较高时，超温引起过氧化物剧烈分解会引起着火爆炸。

② 精确控制氧化反应器操作压力，防止超压引起防爆板破裂。氧化反应器反应温度超过145℃，就会因过氧化氢异丙苯分解反应放出的热量使塔内物料温度急剧上升，产生高压造成防爆板爆破以致爆炸。另外，防爆板腐蚀或仪表控制失灵会使反应器压力控制过高，造成氧化反应器顶超压防爆板爆破。处理时停止通空气，停止加异丙苯，降温，更换防爆板，另外停车更换防爆板后检查检修仪表。

③ 要注意氧化和提浓系统的联锁、报警装置，定期校验，确保正常投用。

④ 防止过氧化氢异丙苯在管道内分解。管道内分解会引起整个系统的剧烈振动，甚至发生爆炸。其原因一是循环分解液中酸浓度太高，二是过氧化氢异丙苯在分解器上的加料管

线止逆阀失效。处理时要降低分解反应温度和分解器加料量。

(4) 生产岗位安全操作要求。

生产过程要严格执行工艺技术规程，遵守工艺纪律，做到平稳运行；严格执行安全操作规程；禁止无关人员进入操作岗位和动用生产设备、设施和工具；不得随便拆除安全附件和安全联锁装置，不准随意切断声、光报警等信号；控制溢料和漏料，严防“跑、冒、滴、漏”；正确穿戴和使用个体防护用品；正确判断和处理异常情况，紧急情况下，应先处理(包括停止一切检修作业，通知无关人员撤离现场）后报告。

在生产过程中，做好安全教育，结合试运转、安全生产的方案，对参加试运转的有关人员进行一次装置试运转前的安全操作规程、安全管理的培训，以提高参与人员执行各种规章制度的自觉性和落实安全责任重要性的认识，使其从思想上、组织上、制度上进一步落实安全措施，从而为生产安全措施的落实创造必要的条件。

10.1.3.4 耐压试验

化工生产装置中大量使用压力容器、管道，压力容器、管道的设计耐压数据要满足生产中各项工艺参数的要求，在生产中要防止由于工艺参数问题造成的隐患。因此，在新装置投产前、设备检修投入使用前要进行耐压试验。

压力容器的检测必须按照国家的法律法规要求进行。容器、管道的耐压试验是在超过设计的压力下进行的，耐压试验的目的是检查容器和管道的宏观强度、焊接的致密度及密封结构的可靠性，是对材料、设计、制造及检测等环节的综合性检查，通过试压发现压力容器、管道在制造及检修过程中出现的缺陷。耐压试验是保证设备安全运行的重要措施，要严格执行，下列容器必须进行耐压试验：新制造的压力容器、管道；停止使用 2 年以上重新启用的压力容器、管道；工作条件变化，而且超出了原设计参数的压力容器、管道；通过焊接修理后，更换部分配件的压力容器；使用单位对安全性能有质疑的压力容器、管道。

(1) 耐压试验的方法及要求

压力试验有液压试验和气压试验两种，一般情况都采用液压试验，因为液体的压缩性很小，所以液压试验比较安全。对压力容器有特殊要求时才进行气压（气密性）试验，如内衬耐火材料不易烘干的容器、生产时装有催化剂、不允许有微量残液的反应器壳体等。

如果试验不合格需要补焊或补焊后又经热处理的，必须重新进行压力试验，对需要进行热处理的容器，必须将所有焊接工作完成并经热处理后方可进行液压试验。对剧毒介质和设计要求不允许有微量介质泄漏的容器，在进行液压试验后还需做气密性试验。压力表的量程应在试验压力的 2 倍左右，不低于 1.5 倍或不高于 4 倍的试验压力。

1) 液压试验

凡是在压力试验时不会导致发生危险的液体，在低于其沸点温度下都可作为液压试验的介质，一般用水作为试压液体。液压试验装置如图 10-2 所示，液压试验应按下列方法和要求进行。

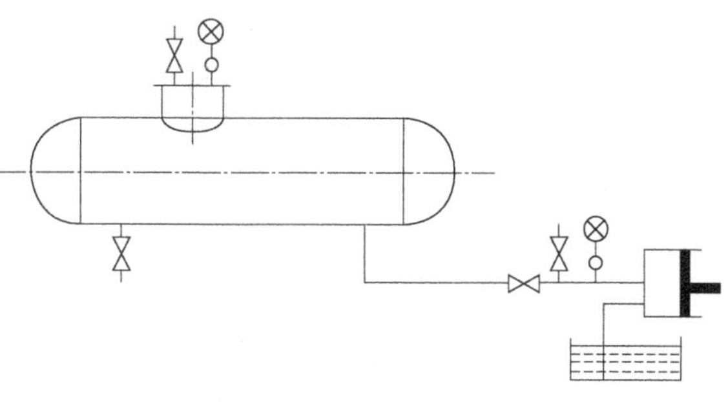

图 10-2 液压试验装置

① 液压试验时应先打开放空口，充液至放空口有液体溢出时，表明容器内空气已排尽，再关闭放空口的排气阀，

试验过程中应保持容器表面干燥。待容器壁温与液体温度接近时开始缓慢升压至设计压力，确认无泄漏后继续升压到规定的试验压力，保压 30 分钟，然后将压力降至规定试验压力的 80%，并保持足够长的时间（一般不少于 30 分钟），以便对所有的焊接接头及连接部位进行检查，如发现有泄漏应进行标记，卸压修补后重新试压，直至合格为止。在保压期间不得采用连续加压的做法维持压力不变，也不得带压紧固螺栓或向受压元件施加外力。

② 按液压试验合格标准判定，对抗拉强度 σ_b＞510MPa 的钢材，经表面无损检测抽查未发现裂纹即为合格。

③ 液压试验完毕后，应将液体排尽并用压缩空气将内部吹干。对奥氏体不锈钢制造的容器用水进行试验后，应除去水渍，防止氯离子腐蚀；无法达到这一要求时，应控制水中氯离子不超过 25mg/L。

2）气压试验

气体的可压缩性很大，因此气压试验比较危险，气压试验时必须有可靠的安全措施，该措施需试验单位技术总负责人批准，并经本单位安全部门现场检查监督。对高压容器和超高压容器不宜做气压试验。气压试验应按下列方法和要求进行。

① 气压试验所用气体应为干燥、清洁的空气、氮气或其他惰性气体。容器作定期检查时，若其内残留易燃气体将导致爆炸时，不得使用空气作为试验介质。对碳素钢和低合金钢容器，试验用气体温度不得低于 15℃，其他钢种的容器按图样规定。

② 气压试验时应缓慢升压至规定试验压力的 10%且不超过 0.05MPa，保压 5min 后对容器的所有焊接接头和连接部位进行初步泄漏检查，合格后继续缓慢升压至规定试验压力的 50%，然后按每级为规定试验压力 10%的级差逐步升到规定的试验压力。保压 10min 后将压力降至规定试验压力的 87%，并保压不少于 30min，进行全面的检查，如有泄漏则卸压修补后再按上述规定重新试验。在保压期间不得采用连续加压的做法维持压力不变，也不得带压紧固螺栓或向受压元件施加外力。

③ 气压试验合格的标准判定。试验过程中若发现有不正常现象，应立即停止试验，待查明原因后方可继续进行。

3）气密性试验

对剧毒介质和设计要求不允许有介质微量泄漏的容器，在液压试验后还要做气密性试验，气压试验合格的容器不必再做气密性试验。进行气密性试验时，一般应将容器的安全附件装配齐全，投用前如需在现场装配安全附件的，应在压力容器的质量证明书中注明装配安全附件后需再次进行现场气密性试验。气密性试验的试验压力一般取容器设计压力的 1.05 倍，试验时缓慢升压至规定的试验压力，保压 10min 后降至设计压力。对所有的焊接接头及连接部位进行泄漏检查，对小型容器亦可浸入水中检查，如有泄漏则卸压修补后重新进行液压试验和气密性试验。

4）塔体的试压条件

对塔体进行耐压试验前，首先要进行外部检查，要检查几何形状、焊缝、连接件及密封垫等是否符合要求，管件及附属装置是否齐备，螺栓等紧固件是否已紧固完毕。还应进行内部检查，检查内部是否清洁，有无异物，如有不耐试验压力的部件，应拆除或用盲板隔离。

试压时，要检查各部位紧固螺栓是否安装齐全。充液时塔内空气是否排尽。试压时应装两只压力表；压力表须经校验，其精度对低压塔不得低于 2.5 级，中压塔不得低于 1.5 级。量程为最大被测压力的 1.5～4 倍，最好为 2 倍，表盘直径为 100mm。压力表应装在塔的最高处与最低处，避免安设在加压装置出口管路附近，读数以最高处压力表数据为准。同时还应检查安全防护措施及试验准备工作，并要保持塔的外表面干燥。上述各种检查合格后，方可进行升压工作。当塔不能进行水压试验时，可以进行气压试验。

① 对接焊缝要进行100%无损探伤，合格标准与塔设计要求相同，要全面复查技术文件，制定出可靠的安全防护措施并经制造安装单位技术负责人和安全部门检查，批准后方可进行。

② 所用气体应为干燥与洁净的空气、氮气或其他惰性气体。对要求脱脂的塔，应用无油气体，气温不低于15℃。

③ 要控制升压幅度。先缓慢升压到规定试验压力的10%，保压10min，然后对所有焊缝和连接部位进行初次检查。合格后继续升压到规定试验压力的50%，其后按每级为规定的试验压力10%的级差逐渐升压到试验压力，保持10～30min，再降到设计压力，保压不少于30min并进行检查。

④ 全面检验。全面检验包括内外部检验的全部项目，还应做焊缝无损探伤。

(2) 压力容器的试验压力

压力容器的试验压力应该按照图样进行，没有图样的可以按照以下方法进行计算。

① 内压容器的计算

$$P_T=\frac{1.25P\,[\sigma]}{[\sigma]^t} \tag{10-1}$$

或

$$P_T=P+1 \tag{10-2}$$

取两式计算值较大者。当$\frac{[\sigma]}{[\sigma]^t}$大于1.8时，按1.8计算。

式中，P_T为试验压力，MPa；P为设计压力，MPa；$[\sigma]$为试验温度下的材料许用应力，MPa；$[\sigma]^t$为设计温度下的材料许用应力，MPa。

② 外压容器和真空容器的计算

$$P_T=1.25P \tag{10-3}$$

式中，P为设计外压力，MPa。

③ 夹套容器的计算

当内筒设计压力为正值时，则$P_T=\frac{1.25P\,[\sigma]}{[\sigma]^t}$或$P_T=P+1.1$，取两者中较大值。当内筒设计压力为负值时，则$P_T=1.25$MPa。

夹套的试验压力$P_T=\frac{1.25P\,[\sigma]}{[\sigma]^t}$或$P_T=P+1.1$，取两者中较大值。

④ 压力容器气压试验的试验压力计算

$$P_T=\frac{115P\,[\sigma]}{[\sigma]^t} \tag{10-4}$$

$$P_T=P+0.1 \tag{10-5}$$

取两式较大值。

外压容器和真空容器试验压力的计算

$$P_T=1.25P \tag{10-6}$$

(3) 耐压试验合格判定条件

① 液压试验后的压力容器合格的标准。无渗漏、无可见的变形、试验过程中无异常的响

声、对抗拉强度规定值下限大于或等于 510MPa 的材料，表面经无损检测抽查未发现裂纹。

② 气压试验合格的标准。气压试验过程中，压力容器无异常响声，经肥皂液或其他检漏液检查无漏气、无可见的变形即为合格。

③ 压力容器气密性试验合格的标准。经检查无泄漏，保压不少于 30 分钟即为合格。非铁金属制压力容器的耐压试验和气密性试验，应符合相应标准规定或设计图样的要求。

④ 压力容器气密性试验压力为设计压力的 1.05 倍；试验压力达到规定试验压力后保压 10 分钟，然后降至设计压力，将所有焊缝及连接部位涂刷肥皂液或其他检漏液，用肉眼仔细观察，无泄漏即为合格；若为小型容器，也可全部浸入水中检查，无气泡即为合格。

(4) 耐压试验的安全管理

化工生产企业中，容器试压是现场安全管理的重要内容，如果管理不善将成为重大安全隐患。

1) 耐压试验的安全要求

为保证在用压力容器的耐压（气密性）试验的安全性，除应符合耐压试验的有关技术规定外，还应满足下列要求。

① 耐压试验前，压力容器各连接部位的紧固螺栓必须装配齐全，紧固妥当。试验用压力表除应符合有关规定外，至少采用两个量程相同且经校验的压力表，并应安装在被试验容器顶部便于观察的位置。

② 以水为介质进行液压试验，其所用的水必须是洁净水。奥氏体不锈钢压力容器用水进行液压试验时，应严格控制水中的氯离子不超过 25mg/L。试验合格后，应立即将水渍去除干净。

③ 凡在试验时不会导致发生危险的液体，在低于其沸点的温度下，都可用作液压试验介质。一般采用水，当采用可燃性液体进行液压试验时，试验温度必须低于可燃性液体的闪点，试验场地附近不得有火源，且应配备适用的消防器材。

④ 压力容器中应充满液体，滞留在压力容器内的气体必须排净。压力容器外表面应保持干燥，压力容器壁温与液体温度接近时，才能缓慢升压至设计压力，压力容器液压试验过程中不得带压紧固螺栓或向受压元件施加外力。

⑤ 碳素钢、16 MnR 和正火 15 MnVR 制压力容器在液压试验时，液体温度不得低于 5℃；其他低合金钢制压力容器，液体温度不得低于 15℃。如果由于板厚等因素造成材料无延性转变温度升高，则需相应提高液体温度。其他材料制压力容器液压试验温度按设计图样规定。

⑥ 新制造的压力容器液压试验完毕后，应用压缩空气将其内部吹干。

2) 气压试验安全要求

压力容器气压试验的安全要求如下：

① 气压试验时，试验单位的安全部门应进行现场监督。

② 由于结构或支承原因，不能向压力容器内充灌液体，以及运行条件不允许残留试验液体的压力容器，可按设计图样规定采用气压试验。试验所用气体应为干燥洁净的空气、氮气或其他惰性气体。

③ 碳素钢和低合金钢制压力容器的试验用气体温度不得低于 15℃，其他材料制压力容器试验用气体温度应符合设计图样规定。

④ 应先缓慢升压至规定试验压力的 10%，保压 5～10min，并对所有焊缝和连接部位进行初次检查。如无泄漏可继续升压到规定试验压力的 50%，如无异常现象，其后按规定试

验压力的10%逐渐升压，直到试验压力，保压30 min。然后降到规定试验压力的87%，保压足够时间进行检查，检查期间压力应保持不变。不得采用连续加压来维持试验压力不变。气压试验过程中严禁带压紧固螺栓。

3）试压现场风险的消除措施

试压区域应设置警戒线，安全管理人员应进行现场监督。参加试运转人员应熟悉本岗安全技术操作规程、设备性能和工艺流程、试运转操作程序。试压前应详细检查设备、机具、仪表等设施的完好性，应对容器和管道各连接部位的紧固螺栓进行检查，应装配齐全、紧固适当，确定具备条件时方可试压。进行气压试验及中压（含中压）以上管道试压时应制定安全技术措施。压力表有出厂合格证并有铅封，铭牌压力为试验压力的1.5～2.5倍为宜。压力表应选用两块，并垂直安装在最易观察到的地方。水压试验时，设备和管道的最高点设置放空阀，以便上水时将空气排净，最低点应装设排水阀，试压后将水放净，冬季试压要采取防冻措施。气压试验时气压应稳定。管道吹扫及气压试验时，试压现场采取隔离措施，输入端的管道上应装入安全阀。试压时，临时采用法兰盖、盲板的厚度应满足设计要求。盲板的加入处应作明显标记，试压后应及时拆除。试压过程中检查密封面是否渗漏时，脸部不宜正对法兰侧面。试压时，盲板对面不许站人。现场所有人员都应严格遵守试压操作标准，服从统一指挥。

4）无法进行内外部检验或耐压试验压力容器的处理

设计图样注明无法进行内外部检验或耐压试验的压力容器，由使用单位提出申请，办理审批手续。因情况特殊不能按期进行内外部检验或耐压试验的压力容器，由使用单位提出申请并经使用单位技术负责人批准，征得原设计单位和检验单位同意，报使用单位上级主管部门审批，向发放《压力容器使用证》的安全监察机构备案后，方可推迟或免除耐压试验。对无法进行内外部检验和耐压试验或不能按期进行内外部检验和耐压试验的压力容器，均应制定可靠的监护和抢险措施，如因监护措施不落实出现问题，应由使用单位负责。

10.2 化工装置预试车安全技术

化工装置预试车也称模拟运转，在新装置正式运转之前，确认设备设计、施工等正常的情况下，可以采用水、空气等介质，在接近生产实际的条件下启动所有要开动的设备进行模拟性运转。化工装置模拟运转有利于缩短试车时间，提高生产操作技术人员的安全操作技能并积累启动及停车的操作经验。

10.2.1 设备的单机试车及联运试车

（1）设备的单机试车

在装置试运转之前，应先启动公用工程设备并进行单机试运转，确认设备运行稳定，确认操作技术人员能够熟练掌握设备操作技能。

① 启动水、电、汽等公用工程设备，启动受电、变电、配电、自用发电机等有关电气设备；运行有关用水设备，启动冷却塔、循环冷却水，接受工业用水等；启动空气压缩机，向系统开启压缩空气，检查仪表等控制系统；向系统输送蒸汽，检验蒸汽疏水器功能；启动

氮气等惰性气体保护设备，确认其运行状况。

② 启动制冷系统、送排风系统，确认其运行是否正常。

③ 启动排水设备及环保设施，确认装置区内三废处理设施的功能符合设计要求，环境保护设施有效。

④ 单机反应设备试运转的准备以及有关安全设备的检验、试运转，如确认消防设备及其他设备的功能等，包括以下内容。

a. 试运转前的安全检查。检验塔、槽、换热器等容器设备检查内部的清扫状况，确认无残留杂质并确认安装无异常；配管类检查确认配管及附件是否按图样安装，材质的选择能否满足工艺条件；泵、压缩机等转动类机械，按各自的特点确定检查要点，如泵应用手转动联轴（盘车），转子应无异常状态，驱动机采用电动机时，核对电动机的转动方向等；仪表通常在施工结束、装置启动前进行仪表检验，使其指示值可靠。

b. 施工质量的检查。凡化工装置使用易燃、易爆、剧毒介质以及特殊工艺条件的设备、管线经过焊接等施工的部位，应按相应规程要求进行探伤检查和残余应力处理，如发现焊缝有问题，必须重焊，直到验收合格，否则将导致严重后果。

c. 试压和气密性试验。任何设备、管线在安装施工后，应严格按规定进行试压和气密性试验，以检验施工质量，防止生产时“跑、冒、滴、漏”，造成事故。

d. 启动单机设备，确认其运行是否正常，并确认压缩空气等公用系统的情况，检查每台设备配置仪表等控制系统是否正常。

(2) 设备的联动试车

化工装置一般由储存设备部分、反应部分、回收部分、产品精制部分等组成。为使各部分能协同运行，在单元设备运行正常后进行各部分联动运行，确认整个反应装置的安全性。

① 确定联动试车的程序，编制试车方案。在产品部分同反应部分分开的装置中，联动试车的程序是先启动产品精制部分，然后启动原料准备调整部分，最后启动反应部分，不能分开的按工艺顺序试车。各个部分以冷循环、热循环的顺序进行，先按经审定的操作程序进入运转。运转初期，以较小容量、较低温度的状态进行运转。如果运转趋于稳定，则慢慢接近运转条件进行运转。其间需定时进行检验，检查实际值同设计值的差异，并认真进行数据分析。特别对新工艺，必须可靠并安全地调整运转条件，并决定以后的运转方案。

② 确保联动试车的运行安全。联动试车时，要进行以下措施确保试车安全运行。

a. 联动试车要有计划、有组织地进行，明确各自的操作任务，防止工作遗漏。

b. 关键操作按运转指挥人员的指示进行，不得自行改变操作方案，如转动机械的启动和停车以及变更运转条件等。

c. 如果所指示的操作结束，应立即向指挥人员报告结果。

d. 在启动的运转操作中，每项操作都要有人进行复核，确认正确后再进行下一项操作，不能不按顺序和不确认操作就往下进行；发现异常时，即使是小异常，操作人员也应立即向指挥人员报告，并听从指示；做好运行的交接班，并记好记录。

③ 强化运转安全检查。在联动模拟运转过程中，由于温度、压力、流量、振动等比正常运转时变化大，容易因膨胀、收缩、破损、磨损及杂物引起堵塞现象，因此应加强安全检查，注意配管和设备的动作情况，如有异常立即进行应急处理，重点关注以下情况。

a. 运行中可能由于管子的膨胀和收缩等，法兰等连接部位易产生泄漏，发现泄漏应停车检修。

b. 仪表的工作是否正常，按规定读取记录液位、温度、压力、真空等各种数据。

c. 根据试运转的情况，有计划地对重点工段、重要部位进行巡回检查，及时发现异常情况，对于高温、高压等条件苛刻或者条件变动较大时，应缩短巡检的间隔，加强监视，发现的问题及应急处理事项，应做好记录，如果是倒班试车的还应做详细的交接班工作。

10.2.2 化工单元操作试运转及装置性能试验

10.2.2.1 化工单元操作试运转

化工生产线由不同单元组成，每个单元内又分容器设备、传动设备，在联动试车前，应对单体设备的运行状况进行检验，并且要预先做好试压、试漏等准备工作。

(1) 单元试运转要领

a. 塔、槽、换热器、反应器等罐类设备按工艺条件装一定量的水，使用泵并按工艺的系统要求进行水循环，反应罐等进行热交换等性能试验，对再沸器等如果可能则应通入热源进行塔内的蒸发操作。

b. 转动机械类试运转每个班组员工最好至少进行启动及停车 3 次，使员工能够熟练掌握设备的操作要领。压缩机尽量用空气，泵用水进行试验，并稳定运转一定时间，但是不要使出口压力和出口温度过大。

c. 试运转时通水量等尽量接近实际运转，调节与流量及液位有关的仪表，在试运转期间检查自动动作回路和检测调节阀的动作状况。

d. 需要预处理的设备如烘炉等应按要求进行操作。

e. 单元操作试运转由生产主管统一负责指挥，试车现场要整洁、干净，并有明显的警戒线和警示标志。

(2) 化工单元试运转注意事项

a. 设备试运转前润滑、液压、冷却、气、汽等附属装置均应按系统进行检验，并符合试运转的要求。

b. 电气设备及系统的安装调试工作全部结束，并符合标准及设计要求。试运转送电启动前所有开关设备均处于断开位置；所有人员均已离开即将带电的设备及系统；配电室、仪表箱上锁，同时设置警示牌；通信联络设施齐全、可靠。

c. 试运转区域应设置围栏和警告牌，无关人员不得入内；不应对运转中机器的旋转部分进行清扫、擦抹和加注润滑油。在擦抹运转中机器的固定部分时，不应将棉纱、抹布缠在手上；检查轴封、填料的温度时应用仪器，不准用手触摸。

d. 试运转中对管道系统进行吹扫时，检查人员应站在被吹扫管道、设备的两侧，用靶板检查吹扫情况；试运转现场存放的施工时或生产后余留的各种可燃物和边角余料应彻底清理；试运转现场各种防火等应急急救器材齐全，性能完好。

10.2.2.2 装置性能试验

在模拟试车正常稳定后，按生产工艺要求和安全生产操作规程，进行装置性能试车，进行装置投料运行，检验化工生产装置的安全运行效果。

装置性能测定是化学投料中所要确认的目标之一，一般在联动模拟试运转稳定后，在化学投料过程中，根据规定的分析方法和测定方法所得的数据，确认装置的性能，主要确认项目为生产装置运行的安全可靠性、产品的性质和生产工艺条件的适应性、公用工程的运行情况及运行成本、装置的生产能力、"三废"排放是否合格、其他特殊规定的事项。

10.2.2.3 装置化工投料

按照性能试验确定的目标，在联动试车贯通流程后，进行装置进料运行。

① 装置开车要按预先制定的方案统一安排、统一领导，车间领导负责现场指挥，岗位操作工按要求和操作规程操作，并且安全生产措施一定要到位，如有有毒有害物质的岗位、密闭化生产岗位应备有防毒面具等。

② 装置进料前，要关闭所有的放空、排污等阀门，然后按规定流程，经班长检查复核，确认安全后，操作人员启动机泵进料；进料过程中，操作人员沿管线进行检查，防止物料泄漏或物料走错流程；装置开车过程中，严禁乱排乱放各种物料；装置升温、升压、加量按规定进行；操作调整阶段，应注意检查阀门开度是否合适，逐步提高处理量，使达到正常生产为止。

③ 对于生产装置，即便是安全设计认真详细，进料启动计划周密，生产中也可能发生故障，特别是新的工艺，要预防事故发生，需要有设计及装置运转的丰富经验。

10.2.2.4 试运转操作安全

(1) 反应器、反应管操作

仔细检查反应器、反应管的异常反应、反应的运行状态以及压力损失的状况。另外，在开始运转时虽然有利用喷射泵进行减压后再进行氮置换，但对反应器内部的衬里需充分注意，以防该衬里剥离，搪瓷反应罐防止内搪瓷破损。有关蒸汽重整炉等的外热式催化剂反应器，除监视内部温度外，还要认真监视外面的热点等现象。

(2) 换热器、冷却器操作

a. 对于釜式蒸发器和再沸器应先引入被蒸发液（冷液）。在被蒸发液侧的出口、入口阀关闭状态下引入高温侧的流体通常是发生事故的原因。

b. 将换热器、冷却器内的空气置换成工艺流体时，如果流体是易燃性的则用惰性气体置换，如果没有危险则用蒸汽置换。

c. 对冷却器、冷凝器要先通冷却水等冷介质，应打开管箱的放空口，完全排出内部的空气。

d. 换热器等引入流体时应慢慢地进行，以防引起急剧的温度上升和下降。不均匀的膨胀收缩会对管子的胀管部位、焊接部位以及法兰的螺栓等带来不良影响，造成泄漏。

e. 并列设置的换热器在开始通流体时，应仔细检查壳体侧、管箱侧的出口温度，检验流量的不平衡情况。另外，调节流量时，要用出口侧的阀进行调节。

(3) 阀操作

a. 开阀时，必须从配管上游侧的阀开始。同仪表有关的阀应一边注意仪表的动作一边慢慢地开阀。

b. 开阀时要慢，如果是液体则平均每次转动 1/4 圈，如果是气体则平均每次转动 1/10 圈。转动了 3 圈后，就可以全部打开，在开始打开阀时应注意有少许的"空转"，全部打开后将手轮退回一圈，使手轮成自由状态。

c. 开闭阀时用力要适当。如果阀盘及阀座的配合有伤痕，就必然产生泄漏。另外，野蛮操作会产生接头部位泄漏或引起锤击振动。特别是蒸汽管线，如果不缓慢地打开就会引起汽锤现象，产生较大的冲击和振动。

d. 除球形阀等以调节流量为目的的阀外，闸板阀类的一般使用状态为全闭或全开。

e. 安全阀安装首阀时，在运转中必须绝对打开，并加强安全检查和管理，原则上应上锁并加封。

（4）离心泵

离心泵的轴密封是压盖密封垫时，启动时应稍微松动密封垫，以防密封垫烧结在轴上。确认确实通了冷却水，并且水量适当。另外，冷却水使用热水时，其给水温度应适宜。在启动泵而且转速达到规定值以后，如果打开排泄阀，要马上检查下列情况：

转向、电流是否超过额定值；轴承箱及泵壳内有无异常声音及振动；润滑油是否从轴承箱泄漏；轴承及电动机定子的温度是否正常；机械密封有无泄漏等。

轴承及泵壳的振动，全振幅在任何状态下都应为 0.05 mm 以下。轴承温度一般在大气温度＋40℃以下，每 30min 检查一次，直到运转达到设计条件为止。

（5）压缩机

由于压缩机的运转方法因其形式及工艺过程的种类而异，所以在进入运转之前需先同工艺工程师、机械工程师进行充分协商。启动时应设定吸入阀、排出阀的开度，使启动电流和启动时间最小，对于往复压缩机要用卸载器进行空启动。运转中，在减少排出风量进行减负荷运转的同时注意是否发生以下问题。

a. 往复压缩机汽缸的加油量在试运转初期为规定加油量的 150%，进行磨合运转之后慢慢地减少其加油量，直至达到规定油量。附属配管在内的配管系统不应有泄漏和异常振动。

b. 对于离心压缩机，应给定流量、压力，以防在升速过程中及升速后引起喘振，确认阀的动作。

c. 仪表风、润滑油、密封油及冷却水等压缩机用的安全设备，在启动压缩机之前有意识地造成异常现象并进行观察，确认调节阀和报警器以及备用泵自动启动的动作情况。

d. 应注意所处理气体的吸入、排出温度及压力，特别是对处理冷凝温度高的气体的往复压缩机应注意温度，其温度不应在冷凝温度以下。

e. 运转后的振动和声音因压缩机的制造厂家、形式或使用条件的不同而不同，判断其状态是正常还是异常比较困难。因此，最好尊重、采纳制造厂家和转动机械有关专业工程师的意见，将其作为正常、异常的依据。

10.2.2.5 加热炉操作

① 被加热流体的循环和炉内的吹扫。打开烧嘴的通风装置后，如果炉底内存有易燃性气体，向炉内喷射蒸汽或惰性气体进行吹扫，在进行这些吹扫时，要打开烟囱的全部挡板。附有鼓风机时，启动鼓风机可对炉内进行吹扫。在烧嘴点火前对炉管先通被加热流体，流量要尽量接近设计值。

② 点火和升温。烧嘴点火应注意回火，要在考虑烧嘴常常发生的问题的基础上进行点火，升温速度虽然还要根据烧嘴的种类而定，但一般要使出口温度的升温速度控制在 50℃/min 左右。点火后立即检查各通路的出口温度，如果有温度不上升的通路则马上灭火并调查其原因。另外，对流体在管内蒸发的加热炉，由于通路之间容易产生流量不均匀现象，所以要注意出口温度，使流量保持均等。其中一个通路过热和产生气阻时，暂时增加流量直到流量稳定为止。

③ 检查热膨胀。从开始运转到正常运转这段时间对炉管、联轴箱、输送管等因热膨胀产生的移动和它们的支承物要注意监视。另外，对终端的螺栓也要同样注意是否完全紧固。

④ 气体烧嘴出现的问题。如果燃烧用空气不足，火焰就会变长，不规则，而且火焰不旺。火焰偏向有氧气的方向、趋向漏空气的观察孔和邻接烧嘴一侧，都不是正常形状，此时要调节通风装置，直到火焰稳定为止。呼吸状的燃烧是由通风不足引起的，应马上减少燃烧量，检查挡板；二次燃烧如果在燃烧用空气不足的状态下继续运转加热炉就会产生一氧化碳。烧油时，观察火焰即可容易辨别是否燃烧用空气不足，但燃烧气体时，即使是空气不足，火焰也是清澈的颜色，所以难以判断。在烟道内及有时在烟囱的顶部、空气预热器中引起二次燃烧时，应立即打开烧嘴的通风装置，打开通风装置仍不足时应减少燃烧量。

⑤ 油烧嘴。一般油烧嘴比气体烧嘴容易引起故障。油烧嘴经常发生问题，应采取必要措施处理。

⑥ 调整通风。运转时必须使加热炉内任何部分都保持负压。运转中容易产生正压的地方，在低负荷运转时是烟囱挡板的下侧，在最大负荷运转时是对流段的下部。因此，运转中必须检查这两处的通风情况，使其保持负压。如果观察孔的封闭状况差，就会进入多余的空气，热效率也差，所以应保持完全封闭。在开始运转时由于加热炉的负荷发生变动，故要打开烟囱的全部挡板进行运转。

10.2.2.6 试运转事故的预防

对于化工生产装置，即使是详细认真地进行设计，精心细致地进行安装，周密地计划启动，试运转中也会发生各种故障。特别是新开发的工艺，其故障较多。一般来说，试运转事故的原因比例如下：机械故障引起的事故占75%，设备操作不当引起的事故占20%，由工艺本身引起的事故占5%。因此要重点预防机械故障，从下列事项中检查原因：有关仪表部分的温度、压力和流量，有关设备部分的泵、压缩机、电动机等的负荷状态，公用工程运行状态等。试运转的组织者及操作人员要正确掌握和分析各种现象。可采取下列方法减少试运转事故。

① 正确分析运行中的各种现象，如比较设计条件与生产运转的数据，或比较发生故障之前的数据和正常时的数据，再稍微调整运转条件，消除可能引起事故的因素。

② 对于蒸馏来说，会引起液泛、雾沫夹带及其他阻碍正常蒸馏操作的现象，要查明其原因。

③ 要特别注意冷却、加热介质及工艺流体的出、入温度和压力的变化，对加热器未按设计量供给热能，又没有污染时：蒸汽加热的，检查疏水器效果及加热器内是否积存冷凝水；蒸汽以外的热介质加热的，检查热介质本身的温度及加热管内的液体流动是否畅通。

④ 换热器的故障，因启动时运转不恰当引起污染（污垢）时，要特别注意冷却、加热介质及工艺流体的出、入口温度和压力的变化。对加热器没有按设计供给热量，但没有污染时，如果是蒸汽加热，就会因疏水器效果不好而使加热器积存冷凝水。蒸汽以外的热介质虽然温度够，但没有热传递时，应考虑管内液体是否完全停止流动或流动不通畅。

⑤ 在装填催化剂的反应器中，运转条件正常，可是得不到所要求的反应生成物时，应考虑反应器内部的格子板及分布器等在结构上有缺陷，有关仪表有错误，反应器内发生偏流，反应系统的清洗或干燥不足等。如果没有这些问题，就需研究是否催化剂的活性及本身缺陷，是否活化不恰当。

10.2.3 化工装置生产技术及验收

10.2.3.1 化工装置生产技术

化工产品常常可以用不同的原料加工合成，尼龙化工原料都是易燃易爆等有害物质，原料不同其加工工艺就会随之改变；即使使用相同的原料生产同一种产品也可采用不同的工艺路线，生产工艺有的简单，有的复杂。一般的化工产品生产工艺涉及的危险介质多、控制参数苛刻，生产过程安全控制难度大，容易存在安全控制盲点。为检查化工装置设计、施工的隐患，纠正存在的问题，确保安全生产，必须严格按标准进行化工装置的验收。

10.2.3.2 化工装置验收

化工和石油化学工程及其他流水工业建设中的安全规范、规程和标准是一个庞大的系统，涉及建设和运行中的各个方面。在一个石油化工建设项目被批准后，确定设计基础条件时就应该确定该项目要执行的各种设计标准和规范。装置按照标准和规范进行验收。

（1）装置设计施工、生产维护过程的质量控制

质量保证与控制以及完整的质量管理体系是建设项目能够保证安全生产的最基础、最有效的条件。质量管理并非只是指检查要采购的设备、材料，而且还包含安全设计质量以及建设中的采购、现场建设所有阶段中的管理。

质量保证通过审查、评价这种质量管理计划是否稳妥并确认其完成情况，以保证所完成装置能顺利运转。因此，质量保证与质量管理的所有阶段都有关，对于确实能发挥质量保证作用的组织、程序、准备及部署状况、文件等也要全面监督。对于特定的设备、机器或材料，从更具体的专业角度出发，在其设计及采购阶段，确认设计的稳妥性或审查设计及检查采购文件，或者对特定的试验、检查进行汇检，或实行再试验、再检查方式。根据需要，质量保证还可附加监察工作，再确认业务的完成情况。进行质量控制时要做到以下几点。

a. 明确适当的组织、责任、权限以及符合所要求工序的人员，如新装置验收、停产大修领导小组的人员组成和职责应当明确。

b. 全部专业技术有关的人员都要参加此项工作。例如，决定设计图时，有关的全部专业技术部门必须派代表参加，提出意见，项目经理或项目工程师根据意见调整后征得全体人员同意。装置检修时，生产人员与维护人员要密切配合。

c. 设计中的各项目，例如在土木工程基础的设计中，有关的全部专业技术部门，即土木、配管、容器、机械、电气、仪表等技术人员应将各自的检验表分发给有关人员，请有关技术人员检验。特别是设计基础、地下管道、地下电缆等地下埋设物时，有关的专业技术人员应相互充分协商，决定埋设物的位置，而且在施工计划之前还要在协商的基础上进行设计。

d. 化工装置设计、试运行、投料运行、停产维修等各环节中，都要加强检查和现场管理，遇到重大问题要强化部门间的沟通，确定科学合理的解决方案，即使是与建设、采购有关的事项也要详细无遗漏地通知给有关人员。

（2）装置安全验收的内容

安全设计的验收，体现在化工企业建设工作的设计制造、施工、安装、试车、性能确认等各个环节中，其中设计是主要环节，安全性能的确认是验收的关键，主要从以下几个方面验收。

a. 安全设计资料齐全，设计符合法律、法规及行业标准要求。

b. 建设单位向安监部门申请安全设计的审查并提交有关资料，如安全预评价报告等，取得相关的行政许可。

c. 施工情况是否符合安全设计文件和施工技术标准规范施工，施工单位资质是否符合要求。

d. 经试生产确认装置的性能，装置是否符合设计要求，试生产过程出现的问题及对策措施有效性、设备操作安全等。

e. 试生产的产能和产品质量是否符合要求。

f. 生产设计安全验收评价，经专家咨询，安全评价机构出具安全验收评价报告。

10.2.4 生产开停车安全

生产开停车安全是生产过程中的重要步骤，无论是正常停车、紧急停车，开停车必须按方案确定的时间、步骤、工艺变化幅度以及确认的开停车操作顺序图有秩序地进行。

(1) 开车安全操作及管理

开车前应严格进行下列各项检查。

① 确认水、电、汽（气）符合开车要求，各种原料、材料、辅助材料的供应齐备。

② 检查阀门开闭状态及盲板抽堵情况，保证装置流程畅通，各种机电设备及电器仪表等均处在完好状态。

③ 保温、保压及清洗的设备要符合开车要求，必要时应重新置换、清洗和分析，使之合格。

④ 确保安全、消防设施完好，通信联络畅通，并通知消防、医疗卫生等有关部门。

⑤ 危险性较大的生产装置开车，相关部门人员应到现场。开车过程中应保持与有关岗位和部门之间的联络。消防车、救护车处于备防状态。

⑥ 开车过程中应严格按开车方案中的步骤进行，严格遵守升降温、升降压和加减负荷的幅度（速率）要求。

⑦ 开车过程中要严密注意工艺的变化和设备的运行情况，发现异常现象应及时处理，情况紧急时应停止开车，严禁强行开车。

⑧ 必要时停止一切检修作业，无关人员不准进入开车现场。

(2) 停车安全操作及管理

① 正常停车。正常停车情况要有详细记录，如果停车后装置要维修的还要考虑维修和再启动情况。停车操作应注意以下事项。

a. 停车过程中的操作应准确无误，关键操作采用监护复核制度，操作时都要注意观察是否符合操作要求，如开关动作的快慢等。

b. 降温降压的速度应严格按照工艺规定进行，防止温度变化过大，使易燃、易爆、有毒及腐蚀性介质产生泄漏。

c. 装置停车时，所有的转动机械、容器设备、管线中的物料要处理干净，对残留物料排放时，应采取相应的安全措施。

② 紧急停车。紧急停车是因某些原因不能继续运转的情况下，为了装置的安全，使装置的一部分或全部在尽量短的时间内安全停车。紧急停车的原因有内部原因和外部原因之分。

a. 装置外部原因。电力、蒸汽、压缩空气、工业用水、冷却水、净化水等公用工程停止供给或供给不足；地震、雷击、水灾、相邻区域发生火灾和爆炸等灾害；原料供给发生问题。

b. 装置内部原因。设备发生重大故障、泄漏严重，不能应急处理及装置内发生火灾、爆炸事故等。对化工装置来说，反复停车或开车会损害催化剂，降低设备的机械强度，而且也是引起二次事故的原因，所以不宜反复开停车。发生紧急情况时，运转指挥人员必须针对不同情况判断。

(3) 泄漏处理

① 泄漏源控制。利用截止阀切断泄漏源，在线堵漏减少泄漏量或利用备用泄料装置使其安全释放。

② 泄漏物处理。现场泄漏物要及时地进行覆盖、收容、稀释、处理。在处理时，还应按照危险化学品特性，采用合适的方法处理。

(4) 火灾控制

① 正确选择灭火剂并充分发挥其效能。常用的灭火剂有水、蒸汽、二氧化碳、干粉和泡沫等。由于灭火剂的种类较多，效能各不相同，所以在扑救火灾时，一定要根据燃烧物料的性质、设备设施的特点、火源点部位（高、低）及其火势等情况，选择适宜的灭火剂扑救火灾，充分发挥灭火剂各自的冷却与灭火的最大效能。

② 注意保护重点部位。例如，当某个区域内有大量易燃易爆或毒性化学物质时，就应该把这个部位作为重点保护对象，在实施冷却保护的同时，要尽快地组织力量消灭其周围的火源点，以防灾情扩大。

③ 易燃固体、自燃物品火灾一般可用水和泡沫扑救，只要控制住燃烧范围，逐步扑灭即可。但有少数易燃固体、自燃物品的扑救方法比较特殊。如二硝基苯甲醚、二硝基萘、萘等是易升华的易燃固体，受热放出易燃蒸气，能与空气形成爆炸性混合物，尤其是在室内，易发生爆炸。在扑救过程中应不时向燃烧区域上空及周围喷射雾状水，并消除周围一切点火源。

④ 防止高温危害。火场上高温的存在不仅造成火势蔓延扩大，也会威胁灭火人员安全。可以使用喷水降温、利用掩体保护、穿隔热服装保护、定时组织换班等方法避免高温危害。

⑤ 防止复燃、复爆。将火灾消灭后，要留有必要数量的灭火力量继续冷却燃烧区内的设备、设施、建（构）筑物等，消除点火源，同时将泄漏出的危险化学品及时处理。对可以用水灭火的场所要尽量使用蒸汽或喷雾水流稀释，排除空间内残存的可燃气体或蒸气，以防止复燃、复爆。

⑥ 防止毒害危害。发生火灾时，可能出现一氧化碳、二氧化碳、二氧化硫、光气等有毒物质。在扑救时，应当设置警戒区，进入警戒区的抢险人员应当佩戴个体防护装备，并采取适当的手段消除毒物。

习题

1. 新装置开车前需要进行哪些方面的检查？
2. 生产安全运行方案至少包括哪些内容？
3. 开车过程中的安全操作规程编制包括哪些内容？
4. 简述化工设备的安全操作规程要点。
5. 简述试压现场风险的消除措施。
6. 简述联动试车的安全措施。
7. 简述单元试运转注意事项。
8. 简述试运转事故的预防措施。

参考文献

[1] 朱志庆．化工工艺学 [M]. 2 版．北京：化学工业出版社，2017.

[2] 马洪，成少非．中国化学工业结构研究 [M]. 太原：山西人民出版社，北京：中国社会科学出版社，1988.

[3] 韩冬冰，等．化工工艺学 [M]. 北京：中国石化出版社，2003.

[4] 黄仲九，房鼎业．化学工艺学 [M]. 北京：高等教育出版社，2001.

[5] 徐绍平，殷德宏，仲剑初．化工工艺学 [M]. 大连：大连理工大学出版社，2004.

[6] 田春云．有机化工工艺学 [M]. 北京：中国石化出版社，1998.

[7] 吴指南．基本有机化工工艺学：修订版 [M]. 北京：化学工业出版社，1990.

[8] 张双全，吴国光．煤化学 [M]. 徐州：中国矿业大学出版社，2017.

[9] 张成芳．合成氨工艺与节能 [M]. 上海：华东化工学院出版社，1988.

[10] 廖巧丽，米镇涛．化学工艺学 [M]. 北京：化学工业出版社，2001.

[11] 蒋家俊．化学工艺学 [M]. 北京：高等教育出版社，1988.

[12] 符德学．无机化工工艺学 [M]. 西安：西安交通大学出版社，2005.

[13] 吴素芳．氢能与制氢技术 [M]. 杭州：浙江大学出版社，2014.

[14] 丁福臣，易玉峰．制氢储氢技术 [M]. 北京：化学工业出版社，2006.

[15] 马希平，胡延韶，顾书敏，等．环己烯水合反应工艺研究及参数优化 [J]. 化工科技，2003，H (4)：35-37.

[16] 陈五平．无机化工工艺学 [M]. 3 版．北京：化学工业出版社，2001.

[17] 吴济民，戴新民，陈聚良，等．环己烯水合反应生成环己醇工艺条件的优化 [J]. 化工进展，2003，22 (11)：1222-1224.

[18] 崔恩选．化学工艺学 [M]. 2 版．北京：高等教育出版社，1990.

[19] 大连化工研究设计院．纯碱工学 [M]. 2 版．北京：化学工业出版社，2004.

[20] 周眷艳，刘欣佟．国内外乙烯生产技术进展与评述 [J]. 化学工业，2008，26 (1)：23-26.

[21] 陈滨．乙烯工学 [M]. 北京：化学工业出版社，1997.

[22] 曾之平，王扶明．化工工艺学 [M]. 北京：化学工业出版社，1997.

[23] 崔小明，李明．苯乙烯生产技术及国内外市场前景 [J]. 弹性体，2005，15 (3)：53-59.

[24] 戴晓雁，康建华，印永祥．热等离子体裂解煤研究综述 [J]. 煤化工，2001 (1)：6-9.

[25] 徐恩彪．苯乙烯技术进展及展望 [J]. 化工质量，2006 (5)：38-41.

[26] 潘祖仁．高分子化学 [M]. 5 版．北京：化学工业出版社，2004.

[27] 黄丽．高分子材料 [M]. 2 版．北京：化学工业出版社，2010.

[28] 卢江，梁晖．高分子化学 [M]. 3 版．北京：化学工业出版社，2010.

[29] 王小妹，阮文红．高分子加工原理与技术 [M]. 2 版．北京：化学工业出版社，2010.

[30] 冯孝中，李亚东．高分子材料 [M]. 哈尔滨：哈尔滨工业大学出版社，2007.

[31] 贾红兵，朱绪飞．高分子材料 [M]. 南京：南京大学出版社，2009.

[32] 黄军左，葛建芳．高分子化学改性 [M]. 北京：中国石化出版社，2009.

[33] 米镇涛．化学工艺学 [M]. 2 版．北京：化学工业出版社，2006.

[34] 肖春梅，张帆，张力明，等．丙烯腈生产工艺及催化剂研究进展 [J]. 石油化工设计，2009，26 (2)：66-68.

[35] 张沛存．丙烯氨氧化合成丙烯腈的反应机理及其应用 [J]. 齐鲁石油化工，2009，37 (1)：21-25.

[36] 匡跃平．现代化学工业概览 [M]. 北京：中国石化出版社，2003.

[37] 王红霞．氯乙烯技术现状及进展 [J]. 石油化工，2002，31 (6)：483-487.

[38] 赵思运，金汉强．甲醇/一氧化碳羰基化法生产乙酸调研［J］．化学工业与工程技术，2006，27（1）：42-45.
[39] 朱传芳，房鼎业，季绍卿．丁辛醇生产工艺［M］．上海：华东理工大学出版社，1995.
[40] 段元琪．羰基合成化学［M］．北京：中国石化出版社，1996.
[41] 耿英杰．烷基化生产工艺与技术［M］．北京：中国石化出版社，1993.
[42] 唐培堃，冯亚青．精细有机合成化学与工艺学［M］．北京：化学工业出版社，2006.
[43] 王利民，邹刚．精细有机合成工艺［M］．北京：化学工业出版社，2008.
[44] 李和平，葛虹．精细化工工艺学［M］．北京：科学出版社，1997.
[45] 宋启煌．精细化工工艺学［M］．北京：化学工业出版社，1995.
[46] 章亚东，周彩荣．精细有机合成反应及工艺［M］．北京：化学工业出版社，2001.
[47] 赵顺地．精细有机合成原理及应用［M］．北京：化学工业出版社，2005.
[48] 林峰．精细有机合成技术［M］．北京：化学工业出版社，2009.
[49] 石万聪，盛承祥．增塑剂［M］．北京：化学工业出版社，1989.
[50] 张俊明．国内精细化工发展状况及对策［J］．精细化工原料及中间体，2006（1）：73.
[51] 曲景平．多学科交叉融合与精细化工新技术［J］．精细化工原料及中间体，2006（4）：7.
[52] 钟穗生．化学工程计算［M］．北京：北京师范大学出版社，1992.
[53] 吴志泉，涂晋林，徐汛．化工工艺计算［M］．上海：华东化工学院出版社，1992.
[54] 陈鸣德．化工计算［M］．北京：化学工业出版社，1990.
[55] 陈之川．工业化学与化工计算［M］．北京：化学工业出版社，1987.
[56] 于宏奇．化工计算［M］．北京：化学工业出版社，1987.
[57] 马栩泉，雷良恒，周荣琪．化工计算基础［M］．北京：化学工业出版社，1982.
[58] 阿尔伯特·赖特荷尔德．实用化学化工计算［M］．北京：化学工业出版社，1982.
[59] 陈声宗．化工设计［M］．2版．北京：化学工业出版社，2008.
[60] 师瑞娟，刘寿长，王辉，等．沉淀法制备苯选择加氢制环己烯双助剂Ru系催化剂研究［J］．分子催化，2005，19（2）：141-145.
[61] 汪斌．有机废气处理技术研究进展［J］．内蒙古环境科学，2009.21（2）：55-58.
[62] 依成武，刘洋，马丽，等．有机废气的危害及治理技术［J］．安徽农业科学，2009，37（1）：351-352.
[63] 王建强．新型钌催化剂的制备表征及苯选择加氢反应研究［D］．上海：复旦大学，2005.
[64] 李雅楠．改性HZSM-5催化环己烯水合反应的研究［D］．天津：天津大学，2012.
[65] 江莉，段晓军．生物技术在挥发性有机废气净化中的应用［J］．2008，35（10）：80-82.
[66] 雒和敏，赵阳丽，冯辉霞．固定化微生物技术在高浓度有机废水中的应用［J］．河南化工，2010，27（3）：6-8.
[67] 申曙光，王胜，庞先勇，等．煤在直流电弧等离子体中的气化［J］．煤炭转化，2003，26（1）：45-47.
[68] 青林．催化湿式氧化技术处理高浓度有机废水催化剂研究［J］．环境污染与防治，2009，31（8）：37-40.
[69] 立红．超滤技术在废水处理中的应用［J］．环境科技，2010（S1）：36-39.
[70] 欧明睿．纳米金复合催化剂制备及其催化环己烷氧化反应的研究［D］．湘潭：湘潭大学，2011.
[71] 林清香．环己烯催化水制备环己醇的研究［D］．杭州：浙江大学，2008.
[72] 赵丽霞．纳滤（NF）技术在废水处理中的应用研究［J］．内蒙古石油化工，2010（8）：42，43.
[73] 史建公．绿色化学与化工若干问题的探讨［J］．化学工业与工程技术，2006，27（1）：10-13.
[74] 闵恩泽，傅军．绿色化工技术的进展［J］．化工进展，1999，18（3）：5-10.
[75] 刘国辉，章文．绿色化工发展综述［J］．中国环保产业，2009（12）：19-25.

[76] 沈本贤，吴幼青，高晋生．煤等离子体裂解制乙炔的研究［J］．煤炭转化，1994，17（4）：67-71.

[77] 谢克昌．煤的结构与反应性［M］．北京：科学出版社，2002.

[78] 储伟．催化剂工程［M］．成都：四川大学出版社，2006.

[79] 朱国防，吴善洪．利用循环流化床技术实现热、电、煤气“三联产”的实验研究［J］．山东电力技术，1998（3）：19-23.

[80] 张华森．己二腈催化加氢制备己二胺的工艺及动力学研究［D］．河南：郑州大学，2011.

[81] 吴茂峰，刘作，渠伟．热电煤气“三联产”的试验探索［J］．能源技术，2003（24）：39-40.

[82] 郭树才，罗长齐，张代佳，等．褐煤固体热载体干馏新技术工业性试验［J］．大连理工大学学报，1995，35（1）：46-50.

[83] 赵骧．催化剂［M］．北京：中国物资出版社，2001.

[84] 马礼数．近代X射线多晶体衍射：实验技术与数据分析［M］．北京：化学工业出版社，2004.

[85] 王尚弟，孙俊全．催化剂工程导论［M］．北京：化学工业出版社，2007.

[86] 王桂茹．催化剂与催化作用［M］．大连：大连理工大学出版社，2004.

[87] 初杨．1,3-丁二烯直接氢氰化法制备己二腈工艺过程的模拟与优化［D］．青岛：青岛科技大学，2014.

[88] 田原宇，黄伟，鲍卫仁，等．煤等离子体热解制乙炔工艺的工程探讨［J］．现代化工，2002，22（2）：7-10.

[89] 邱介山，何孝军，马腾才．煤的水蒸气等离子体气化研究现状和前景［J］．煤炭转化，2002，25（2）：1-7.

[90] 李登新，高晋生．等离子体技术及其在煤制合成气中的应用［J］．煤炭转化，1999，22（2）：12-15.

[91] 谢克昌，田亚峻，陈宏刚．煤在 H_2/Ar 电弧等离子体中的热解［J］．化工学报，2001，52（6）：516-521.

[92] 戴波．等离子体裂解煤制乙炔的研究［D］．北京：清华大学，2000.

[93] 王明辉．化工单元过程课程设计［M］．北京：化学工业出版社，2002：126-128.